全国高职高专测绘类核心课程规划教材

遥感技术与制图

主　编　王冬梅

副主编　潘洁晨　唐红梅

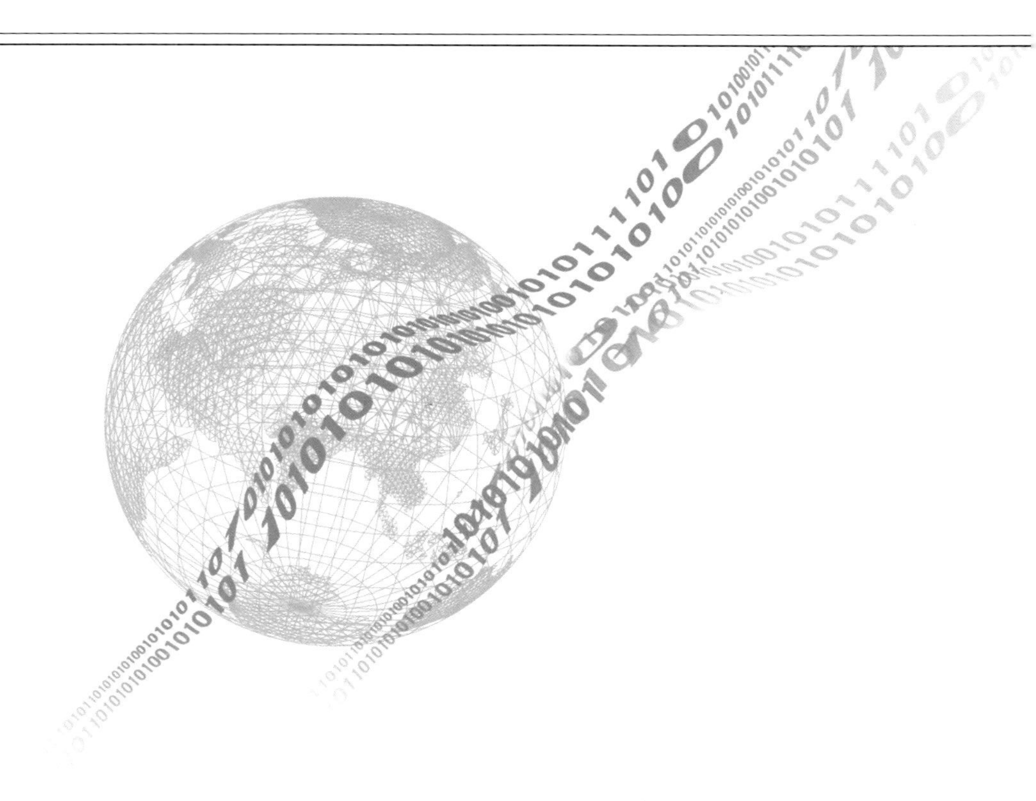

WUHAN UNIVERSITY PRESS
武汉大学出版社

图书在版编目(CIP)数据

遥感技术与制图/王冬梅主编. —武汉:武汉大学出版社,2015.8
全国高职高专测绘类核心课程规划教材
ISBN 978-7-307-16388-1

Ⅰ.遥…　Ⅱ.王…　Ⅲ.遥感技术—制图—高等职业教育—教材
Ⅳ.TP7

中国版本图书馆 CIP 数据核字(2015)第 163069 号

责任编辑:鲍　玲　　责任校对:李孟潇　　版式设计:马　佳

出版发行:**武汉大学出版社**　(430072　武昌　珞珈山)
(电子邮件:cbs22@ whu. edu. cn 网址:www. wdp. com. cn)
印刷:湖北省荆州市今印印务有限公司
开本:787 × 1092　1/16　印张:13.25　字数:321 千字　插页:1
版次:2015 年 8 月第 1 版　　2015 年 8 月第 1 次印刷
ISBN 978-7-307-16388-1　　定价:27.00 元

前 言

遥感是20世纪60年代新兴的科学领域之一。随着3S技术的不断发展与成熟，遥感技术越来越成为人们快速获取地表信息的主要手段，遥感技术为人类对地观测提供了从多维和宏观角度认识世界的新方法。遥感技术特有的宏观、综合、动态快速等特点，决定了它能被广泛地应用于国民经济与社会发展的各个领域，充分体现出它强大的生命力和广阔的前景。

目前，有关遥感技术应用方面的书籍很多，种类丰富，其内容各有侧重，有原理性讲述的、有技术性应用的、有软件操作的等诸多方面，但多基于学科体系开发组织内容，适用于本科及本科以上学历的教学或实践参考。本书则是以遥感技术系统为主线，以遥感图像制图的过程为主体，将具体遥感图像处理的工程实践，参考最新规范来编写的。全书共分6章，针对遥感图像制图的内容理论与实践相结合，适合于高职高专摄影测量与遥感技术、地图制图与地理信息技术、工程测量技术等专业的教学和参考。

本书由黄河水利职业技术学院王冬梅担任主编，潘洁晨（河南工程学院）、唐红梅（黄河水利职业技术学院）担任副主编。具体分工如下：第1章由熊娜（湖北城市建筑职业技术学院）编写；第2章由唐红梅（黄河水利职业技术学院）编写；第3章由王冬梅编写；第4章由孙瑞（黄河水利职业技术学院）编写；第5章由潘洁晨编写；第6章由陈普智（黄河水利职业技术学院）编写。全书由王冬梅负责统稿、定稿，并对部分章节进行补充和修改。

本书的编写得到了全国测绘地理信息职业教育教学指导委员会和武汉大学出版社的大力支持，是参与编写的各院校教师共同努力的结果。同时，本书在编写过程中参考了大量的资料，在此，谨向有关作者深表谢意！

由于作者水平有限且时间仓促，书中尚有欠妥之处，敬请专家和广大读者批评指正。有任何建议和意见请随时和我们联系，E-mail：wwddmm1014@ sohu. com，我们将及时给予回复，并将意见反馈在再版教材中。

编 者

2015年6月

目　录

第1章 绪　论

☞学习目标

本章主要介绍遥感技术的基本知识(包括遥感的概念、分类及应用领域、遥感技术系统和遥感的特点)，遥感技术的发展历程和3S集成。通过本章的学习，能够掌握遥感的基本概念，了解遥感的分类及应用领域，熟悉遥感技术系统的组成与遥感的特点，了解遥感技术的发展历程与发展趋势及有待解决的问题，了解遥感与GIS、GPS结合的相关知识。

1.1 遥感技术基础知识

1.1.1 遥感的概念

遥感是20世纪60年代在航空摄影和判读的基础上，随着航天技术和电子计算机技术的发展而逐渐形成的综合性感测技术。

遥感，简称RS，来源于英文Remote Sensing，即“遥远的感知”。广义的遥感，泛指一切无接触的远距离探测，包括对电磁场、力场、机械波(声波、地震波)等的探测。自然现象中也普遍存在着遥感，如蝙蝠、响尾蛇、人眼人耳等对外部环境非接触式的感知。狭义的遥感，是通过遥感器这类对电磁波敏感的仪器，在远离目标和非接触目标物体条件下探测目标地物，获取其反射、辐射或散射的电磁波信息(如电场、磁场、电磁波、地震波等信息)，并进行提取、判定、加工处理、分析与应用，揭示目标物的特征、性质及其变化的综合探测技术，简言之就是从远距离感知目标反射或自身辐射的电磁波、可见光、红外线，对目标进行探测和识别的技术。

太阳作为电磁辐射源，它所发出的光也是一种电磁波。太阳光从宇宙空间到达地球表面须穿过地球的大气层。太阳光在穿过大气层时，会受到大气层对太阳光的吸收和散射影响，因而使透过大气层的太阳光能量受到衰减。但是，大气层对太阳光的吸收和散射影响随太阳光的波长而变化。地面上的物体就会对由太阳光所构成的电磁波产生反射和吸收。由于每一种物体的物理和化学特性以及入射光的波长不同，因此它们对入射光的反射率也不同。各种物体对入射光反射的规律叫做物体的反射光谱，通过对反射光谱的测定可得知物体的某些特性。任何物体都具有光谱特性，具体地说，它们都具有不同的吸收、反射、辐射光谱的性能。在同一光谱区各种物体反映的情况不同，同一物体对不同光谱的反映也有明显差别。即使是同一物体，在不同的时间和地点，由于太阳光照射角度不同，它们反射和吸收的光谱也各不相同。遥感技术就是利用遥感器感测地物目标的光谱特征，并将特征记录下来，对物体作出判断。因此，遥感技术主要建立在物体反射或发射电磁波的原理基础之上。

1.1.2 遥感的分类及应用领域

1. 遥感分类

遥感的分类方法很多，主要从以下几个方面对其进行划分：

(1)按遥感平台分类

遥感平台是遥感过程中乘载遥感器的运载工具，它如同在地面摄影时安放照相机的三脚架，是在空中或空间安放遥感器的装置。主要的遥感平台有高空气球、飞机、火箭、人造卫星、载人宇宙飞船等。根据遥感平台的不同，遥感可分为：

地面遥感，即把传感器设置在地面平台上，如车载、船载、手提、固定或活动高架平台等。

航空遥感，即把传感器设置在航空器上，如气球、航模、飞机及其他航空器和遥感平台等。

航天遥感，即把传感器设置在航天器上，如人造卫星、航天飞机、宇宙飞船、空间实验室等。

(2)按遥感器记录方式分类

遥感器是远距离感测地物环境辐射或反射电磁波的仪器。遥感器接收到的数字和图像信息，通常采用三种记录方式：胶片、图像和数字磁带。其信息通过校正、变换、分解、组合等光学处理或图像数字处理过程，提供给用户分析、判读，或在地理信息系统和专家系统的支持下，制成专题地图或统计图表，为资源勘察、环境监测、国土测绘、军事侦察提供信息服务。

根据遥感器记录方式的不同，遥感可分为：

成像遥感，是指能够获得图像信息方式的遥感。根据其成像原理，可分为摄影方式遥感和非摄影方式遥感。一般来说，摄影方式遥感是指用光学原理摄影成像的方法获得的图像信息的遥感，如使用多光谱摄影机进行的航空和航天遥感。非摄影方式遥感是指用光电转换原理扫描成像方法获得的图像信息的遥感，如使用红外扫描仪、多光谱扫描仪、侧视雷达等进行的航空和航天遥感。

非成像遥感，是指只能获得数据和曲线记录的遥感，如使用红外辐射温度计、微波辐射计、激光测高仪等进行的航空和航天遥感。

显然，两种遥感方式所获得信息的根本区别在于是否为图像信息。凡所获信息是图像的，就是成像遥感；否则，就是非成像遥感。

(3)按传感器工作方式分类

主动遥感，指传感器带有能发射信号(电磁波)的辐射源，工作时主动向目标物发射，同时接收目标物反射或散射回来的电磁波，以此所进行的探测。

被动遥感，指传感器不向被探测的目标物发射电磁波，而是直接接收来自地物反射自然辐射源(如太阳)的电磁辐射或自身发出的电磁辐射，而进行的探测。

(4)按传感器的探测波段分类

遥感按常用的电磁波谱段不同分为紫外遥感、可见光遥感、红外遥感和微波遥感。

紫外遥感，对波长 0.05~0.38μm 的紫外光的主要遥感方法是紫外摄影。

可见光遥感，对波长为 0.38~0.76μm 的可见光的遥感，是应用比较广泛的一种遥感方式，一般采用感光胶片(图像遥感)或光电探测器作为感测元件。可见光摄影遥感具有较高的地面分辨率，但只能在晴朗的白昼使用。

红外遥感，又分为近红外或摄影红外遥感，波长为 0.76~1.5μm，用感光胶片直接感测；中红外遥感，波长为 1.5~5.5μm；远红外遥感，波长为 5.5~1000μm。中、远红外遥感通常用于遥感物体的辐射，具有昼夜工作的能力。常用的红外遥感器是光学机械扫描仪。

微波遥感，对波长为 1~1000mm 的电磁波(即微波)的遥感。微波遥感具有昼夜工作能力，但空间分辨率低。雷达是典型的主动微波系统，常采用合成孔径雷达作为微波遥感器。

现代遥感技术的发展趋势是由紫外波谱段逐渐向 X 射线和 γ 射线扩展。从单一的电磁波扩展到声波、引力波、地震波等多种波的综合。

(5)按遥感的应用领域分类

从遥感的具体应用领域可分为环境遥感、大气遥感、资源遥感、海洋遥感、地质遥感、农业遥感、林业遥感等。

1)环境遥感

环境遥感是以探测地球表层环境的现象及其动态为目的的遥感技术。可理解为涉及资源、大气、海洋、环境生态等所有遥感活动的代名词。而旨在探测和研究环境污染的空间分布、时间尺度、性质、发展动态、影响和危害程度，以便采取环境保护措施或制定生态环境规划的遥感活动，虽属环境遥感之列，但一般不称其为环境遥感。环境遥感在数据获取上具有多层次、多时相、多功能、多专题的特点；在应用方面具有多源数据处理、多学科综合分析、多维动态监测和多用途的特点。

环境遥感是通过摄影和扫描两种方法获得环境污染的遥感图像的。摄影有黑白全色摄影、黑白红外摄影、天然彩色摄影和彩色红外摄影。彩色红外摄影效果最好，获得的环境污染影像轮廓清晰，能鉴别出各种农作物和其他植物受污染后的长势优劣。扫描主要是多光谱扫描和红外扫描，用于观测河流、湖泊、水库、海洋的水体污染和热污染有较好效果。在红外扫描图像上常能发现污水排入水体后的影响范围和扩散特征。

航空和航天遥感对环境污染的监测可做到大面积同步，这是别的手段所做不到的。环境卫星可每隔一定时段对地面重复成像，进行连续监测，掌握环境污染的动态变化，预报污染发展趋势，这是遥感手段研究环境的独特之处。环境卫星的任务是定时提供全球或局部地区的环境图像，从而取得地球的各种环境要素的定量数据。这种数据是每隔一定时段的观测记录，具有动态性。环境卫星能向区域接收中心输送所收集的资料，并由区域接收中心汇总提供有关部门使用。

遥感技术在环境领域的应用，目前主要体现在大面积的宏观环境质量和生态监测方面，在大气环境质量、水体环境质量和植被生态监测等方面中都有比较广泛的应用。

大气环境遥感。卫星遥感可在瞬间获取区域地表的大气信息，用于大气污染调查，可避免大气污染时空易变性所产生的误差，并便于动态监测。大气环境遥感主要应用在气溶胶、臭氧、城市热岛、沙尘暴和酸沉降等方面监测研究之中。由于在遥感信息中，大气污染信息是叠加于多变的地面信息之上的弱信息，常规的信息提取方法均不适用，因此多年来该方向的研究进展缓慢。

水环境遥感。水色遥感的目的是试图从传感器接收的辐射中分离出水体后向散射部分，并据此提取水体的组分信息。水环境遥感的任务是通过对遥感影像的分析，获得水体的分布、泥沙、叶绿素、有机质等的状况和水深、水温等要素信息，从而对一个地区的水资源和水环境等做出评价。目前，水质参数的反演研究主要还是基于统计关系的定量反演或定性反映水污染状况，因此，水质参数遥感反演机理的研究有待于加强。

植被生态遥感。植被生态调查是遥感的重要应用领域。植被是环境的重要组成因子，也是反映区域生态环境的最好标志之一，同时也是土壤、水文等要素的解译标志。植被解译的目的是在遥感影像上有效地确定植被的分布、类型、长势等信息，以及对植被的生物量做出估算，因而，它可以为环境监测、生物多样性保护及农业、林业等有关部门提供信息服务。

土壤遥感。土壤是覆盖地球表面的具有农业生产力的资源，它还与很多环境问题相关，如流域非点源污染、沙尘暴等。地球的岩石圈、水圈、大气圈和生物圈与土壤相互影响、相互作用。土壤遥感的任务是通过遥感影像的解译，识别和划分出土壤类型，制作土壤图，分析土壤的分布规律。

此外，土地覆被/土地利用是人类生存和发展的基础，也是流域(区域)生态环境评价和规划的基础。同时，土地覆被/土地利用变化(LUCC)是目前全球变化研究的重要部分，是全球环境变化的重要研究方向和核心主题。进入20世纪90年代以来，国际上加强了对LUCC在全球环境变化中的研究工作，使之成为目前全球变化研究的前沿和热点课题。监测和测量土地覆被/土地利用变化过程是进一步分析土地覆被/土地利用变化机制并模拟和评价其不同生态环境影响所不可缺少的基础。

遥感技术在环境领域的应用，一方面环境问题为遥感技术的应用提供了舞台，另一方面环境问题的研究也促进了遥感技术的进一步发展。这两个方面相互促进，使作为环境科学和遥感科学的交叉学科的环境遥感成为研究热点之一。目前，环境遥感已经成为全球性、区域(流域)性乃至城市层次的生态环境问题研究的重要手段，为生态环境规划和环境系统研究提供了强有力的工具。

2)大气遥感

仪器不直接同某处大气接触，在一定距离以外测定某处大气的成分、运动状态和气象要素值的探测方法和技术。气象雷达和气象卫星等都属于大气遥感的范畴。

大气不仅本身能够发射各种频率的流体力学波和电磁波，而且当这些波在大气中传播时，会发生折射、散射、吸收、频散等经典物理或量子物理效应。由于这些作用，当大气成分的浓度、气温、气压、气流、云雾和降水等大气状态改变时，波信号的频谱、相位、振幅和偏振度等物理特征就发生各种特定的变化，从而储存了丰富的大气信息，向远处传送。这样的波称为大气信号。研制能够发射、接收、分析并显示各种大气信号物理特征的实验设备，建立从大气信号物理特征中提取大气信息的理论和方法，即反演理论，是大气遥感研究的基本任务。为此，必须应用红外、微波、激光、声学和电子计算机等一系列的新技术成果，揭示大气信号在大气中形成和传播的物理机制和规律，区别不同大气状态下的大气信号特征，确立描述大气信号物理特征与大气成分浓度、运动状态和气象要素等空间分布之间定量关系的大气遥感方程。这些理论既涉及力学和电磁学等物理学问题，又和大气动力学、大气湍流、大气光学、大气辐射学、云和降水物理学和大气电学等大气物理学问题有密切的联系。

大气遥感的研究开始于20世纪20年代，应用吸收光谱定量分析理论和实验技术，在地面观测透过大气层的太阳紫外和近红外光谱的辐射信号，推算出大气层内臭氧和水汽的总含量。到20世纪40年代中期，用于军事侦察的微波雷达发现了来自云雨的回波信号。进一步研究表明，回波强度和降水强度密切相关。由此气象雷达获得迅速发展，成为探测降水、监测台风和风暴等灾害性天气的有效手段。

20世纪60年代以后，红外、微波、激光、声学和电子计算机等新技术蓬勃发展，对大气信号的认识遍及声波、紫外、可见光、红外、微波、无线电波等波段，形成了声波大气遥感、光学大气遥感、激光大气遥感、红外大气遥感、微波大气遥感等各个分支。大气遥感被广泛应用于气象卫星、空间实验室、飞机和地面气象观测，成为气象观测中具有广阔发展前景的重要领域。

根据遥感方式不同，大气遥感分为被动式大气遥感和主动式大气遥感两大类。

被动式大气遥感是利用大气本身发射的辐射或其他自然辐射源发射的辐射同大气相互作用的物理效应，进行大气探测的方法和技术。

主动式大气遥感是由人采用多种手段向大气发射各种频率的高功率的波信号，然后接收、分析并显示被大气反射回来的回波信号，从中提取大气成分和气象要素的信息的方法和技术。

根据探测位置的不同，大气遥感可以分为星载大气遥感和地基大气遥感。

星载大气遥感是指利用卫星搭载的大气红外超光谱探测器来获得大气数据。

气象卫星分为两类，一种是极轨气象卫星，另一种是静止气象卫星。前者分辨率较高，但是对于特定地区的扫描周期较长，这样的卫星每天在固定时间内经过同一地区2次，因而每隔12小时就可获得一份全球的气象资料，有6颗在同时运转，就成了每两小时更新一次；而后者则是分辨率较低，但覆盖区域广，因而5颗这样的卫星就可形成覆盖全球中、低纬度地区的观测网，每一小时就可以更新一次。

气象卫星分为两个系列：极轨气象卫星和静止气象卫星。极轨气象卫星大气探测的主要目的是获取全球均匀分布的大气温度、湿度、大气成分(如臭氧、气溶胶、甲烷等)的三维结构的定量遥感产品，为全球数值天气预报和气候预测模式提供初始信息；静止气象卫星大气探测的主要目的是获取高频次区域大气温度、湿度及大气成分的三维定量遥感产品，为区域中小尺度天气预报模式以及短期和短时天气预报提供热力厂和动力厂(温度、湿度、辐射值)、空间四维变化信息，进而达到提高区域中小尺度天气预报、台风、暴雨等重大灾害性天气预报准确率的目的。

地基大气遥感就是将红外超光谱探测器放置于地面来获得大气数据。从地面测量向下的辐射相对于卫星，可以避免高空气体物质也会随温度、压力不同辐射红外光对探测器测量精度的影响，从而可以给出极好的行星边界层数据，结合卫星及地基光谱仪测量可以提供完整，准确的气候信息。

3)资源遥感

资源遥感是以地球资源的探测、开发、利用、规划、管理和保护为主要内容的遥感技术及其应用过程，是以概查自然资源和监测再生资源的动态变化为主要目的，是遥感技术应用的主要领域之一。

自然资源可通过多平台、多时相、多波段的数据采集，直接表现成、隐含于遥感信息之中。利用遥感信息技术勘测地球资源具有成本低、速度快、精度高等特点，有利于克服自然界恶劣环境的限制，可减少勘测投资的盲目性，保证图像数据的不断更新。

4)海洋遥感

海洋遥感是利用传感器对海洋进行远距离非接触观测，以获取海洋景观和海洋要素的图像或数据资料。海洋不断向环境辐射电磁波能量，海面还会反射或散射太阳和人造辐射源(如雷达)射来的电磁波能量，故可设计一些专门的传感器，把它装载在人造卫星、宇宙飞船、飞机、火箭和气球等携带的工作平台上，接收并记录这些电磁辐射能，再经过传输、加工和处理，得到海洋图像或数据资料。

根据遥感方式不同，海洋遥感分为被动式海洋遥感和主动式海洋遥感两大类。主动式遥感是先由遥感器向海面发射电磁波，再由接收到的回波提取海洋信息或成像。这种传感器包括侧视雷达、微波散射计、雷达高度计、激光雷达和激光荧光计等。被动式遥感只接收海面热辐射能或散射太阳光和天空光的能量，从中提取海洋信息或成像。这种传感器包括各种照相机、可见光和红外扫描仪、微波辐射计等。

海洋遥感技术是海洋环境监测的重要手段。卫星遥感技术的突飞猛进，为人类提供了从空间观测大范围海洋现象的可能性。海洋遥感系统必须具备如下性能：具有同步、大范围、实时获取资料的能力，观测频率高。这样可把大尺度海洋现象记录下来，并能进行动态观测和海况预报；测量精度和资料的空间分辨能力应达到定量分析的要求；具备全天时(昼夜)、全天候工作能力和穿云透雾的能力；具有一定的透视海水能力，以便取得海水较深部的信息。

5)地质遥感

地质遥感是综合应用现代遥感技术来研究地质规律，进行地质调查和资源勘察的一种方法。它从宏观的角度，着眼于由空中取得的地质信息，即以各种地质体对电磁辐射的反应作为基本依据，结合其他各种地质资料及遥感资料的综合应用，以分析、判断一定地区内的地质构造情况。

地质遥感工作的基本内容是地面及航空遥感试验，发挥适用于地质找矿、地质环境的遥感系统，进行图像、数字数据的处理和地质判释。地质遥感需要应用电子计算机技术、电磁辐射理论、现代光学和电子技术以及数学地质的理论与方法，是促进地质工作现代化的一个重要技术领域。

6)农业遥感

农业遥感是指利用遥感技术进行农业资源调查、土地利用现状分析、农业病虫害监测、农作物估产等农业应用的综合技术，可通过遥感集市云平台获取农作物影像数据，包括农作物生长情况，预报预测农作物病虫害。农业遥感是将遥感技术与农学各学科及其技术结合起来，为农业发展服务的一门综合性很强的技术。主要包括利用遥感技术进行土地资源的调查，土地利用现状的调查与分析，农作物长势的监测与分析，病虫害的预测，以及农作物的估产等，是当前遥感应用的最大用户之一。

农作物遥感基本原理是遥感影像的红波段和近红外波段的反射率及其组合与作物的叶

面积指数、太阳光有效辐射、生物量具有较好的相关性。通过卫星传感器记录的地球表面信息，辨别作物类型，建立不同条件下的产量预报模型，集成农学知识和遥感观测数据，实现作物产量的遥感监测预报。我们可从遥感集市下载获取影像数据，通过各大终端产品定期获取专题信息产品监测与服务报告，同时又避免手工方法收集数据费时费力且具有某种破坏性的缺陷。

利用遥感技术监测农作物种植面积、农作物长势信息，快速监测和评估农业干旱和病虫害等灾害信息，估算全球范围、全国和区域范围的农作物产量，为粮食供应数量分析与预测预警提供信息。

遥感卫星能够快速准确地获取地面信息，结合地理信息系统(GIS)和全球定位系统(GPS)等其他现代高新技术，可以实现农情信息收集和分析的定时、定量、定位，客观性强，不受人为干扰，方便农事决策，使发展精准农业成为可能。

农业部门在未来对遥感技术将有多方面的要求，例如：要求能在有云、雨、雪天都能获得遥感信息，实现全天候遥感探测；由于农作物、农事活动、生物等多在小尺度空间生存活动，因此要求空间分辨率较高；农事活动、特别是农作物和牧草的生长和发育随时间变化较快，因此要求遥感的时间分辨率高。也就是说，要求经常获得遥感信息(至少1周或半个月获得一次信息)；农业活动是在一定空间进行的，要求定点、定位、定量，以满足精准农业，如精准灌溉、精准施肥、精准播种、精准防治病虫害等的需要，从而进一步充分发挥遥感技术的作用。在农业资源动态监测方面，将要求针对全国范围内的基本资源与生态环境状况，建立空间型信息系统，形成较短如每年动态更新一次的能力，对国家资源热点问题，如耕地动态变化等每年提供一次专题报告和相应的资源环境辅助决策信息。在农作物长势监测和产量预报方面，将向着高精度、短周期、低成本方向进一步深入。

在灾害监测与评估方面将建成综合监测与评估业务化运行系统，使之具备定期发布灾情、随时监测评估洪涝灾害和重大自然灾害的应急反应能力。可以预料，21世纪初随着高中低轨道结合、大小微型卫星协同、高低精度分辨率互补的全球对地观测网的形成，地理信息产业的进一步成熟和空间定位精度的提高，遥感技术将在农业资源环境调查和动态监测、土地退化、节水农业、精准农业、农业可持续发展、全国主要农作物及牧草的遥感长势监测与估产、重大自然灾害监测和损失评估、遥感对象的识别和信息提取等方面应用更加广泛。

7)林业遥感

林业遥感是一种利用物体反射或辐射电磁波的固有特性，通过研究电磁波特性，达到识别物体及其环境的技术。通过遥感集市云平台监控林木的生长情况、预报预测林业病虫害等。

林业遥感的特点是由林业工作和遥感本身的特点所决定的，遥感技术在林业中主要应用于资源清查与监测、火灾监测预报、病虫害监测、火灾评估等方面。

林业资源的辽阔性，决定了林业资源调查工作的艰巨性和复杂性。抽样技术的建立和进步，要求林业遥感具有不同高度的遥感平台，以获取多层次遥感资料，配合多阶抽样技术，提高资源调查的速度和精度。

林业资源的再生性和周期性，决定了遥感技术必须连续的提供林业资源信息，包括年内的季相变化(多时相遥感)和一定年间的资源变化(动态遥感)。

林业资源包括林业用地面积、森林蓄积量及其动态变化，这些状况都需要定量数据并具有一定的精度。所以，林业资源遥感强调定量分析，以适应林业资源调查和管理。

林业环境取决于地理环境，反过来又作用于周围的地理环境。这就要求林业遥感具有各种类型的传感器和不同的胶片，接受和记录各种属性的地物，为合理规划、发展林业生产提供科学依据。

森林资源的开发、利用和保护需要紧跟经济发展的步伐，掌握资源的动态变化、及时做出决策显得尤为重要。采用国内外低、中、高分辨率卫星影像实现森林类型、林木定量信息、病虫害及火灾损失等方面的全局监测，同时可采用航空和无人机航拍影像补充关键区域，进行重点监测。

2. 遥感的应用领域

(1)遥感在资源调查方面的应用

遥感在资源调查中可发挥很大的作用，特别在自然资源调查中，近年来做了很多工作，取得了丰硕的成果和可观的效益。其主要表现在国民经济建设中的农业、林业、地质矿产及水利建设等部门中。

1)在农业、林业方面的应用

遥感在农林方面的应用主要是在农、林土地资源调查，土地利用现状调查，农林病虫害，土壤干旱、盐化、沙化的调查及监测，以及农作物长势的监测与估产、森林资源的清查等方面。近年来，在牧场草场资源调查、短中期农林灾害、农用水资源，以及野生动物生态环境调查等方面也相继开展工作，取得了成果。

遥感在土地资源与土壤调查中，得到广泛应用。遥感加快了调查工作的进度，工作精度、质量也有很大提高。例如，我国利用560幅陆地卫星图像，仅用两年时间完成了全国15种土地利用类型的分析和量算统计工作，提供了全国和各省的土地利用基本数据和有关图件。

作物估产是体现遥感在农业方面综合应用的最好例证。自1974年以来，美国、前苏联、阿根廷、中国、日本、印度等国先后进行了不同范围、不同作物的估产工作。美国对世界小麦产量的估产精度已达90%以上，并扩大到对玉米、大豆等八种以上作物的估产。

遥感在林业上的应用也很广泛。例如，我国近年完成的“三北”防护林遥感综合调查。在包括西北大部、华北北部和东北西北部总面积为128万平方公里的“三北”造林一期工程的调查中，完成了对现有防护林类型、分布、面积和保存率；草地数量、质量和分布；土地资源类型、分布、数量及利用现状的调查。提供了200余幅各类遥感专题系列图，并建成了全区资源与环境信息系统，为掌握防护林区现状、林区的进一步发展和规划奠定了基础。

2)在地质矿产方面的应用

遥感在地质及其矿产资源方面的应用主要表现在基础地质工作、矿产地质工作，以及工程地质、地震地质、灾害地质的地质综合调查等方面。遥感已成为地质矿产调查研究中的一种先进工作手段和重要方法。

遥感图像视域宽阔，客观真实地反映出各种地质现象及其相互间的关系，形象地反映出区域地质构造，以及区域地质构造间的空间关系，为跨区域甚至全球的区域地质研究提供了极有利的条件和基础。例如，近年来对雅鲁藏布江深断裂带的延伸和走向的研究、郯庐断裂的延伸和走向问题的论证，以及重新修编的 1：400 万中国构造体系图的工作，都是建立在遥感图像基础上的新的认识和发现的体现，解决了一些地质学界长期争论或按常规很难解决的问题。遥感为持不同学术观点的地质学者提供了一个可共同参照的基础，推动和促进了地质学的发展。

遥感在矿产地质工作中的应用已取得许多成果，获得了一致的好评。例如，我国地矿系统采用遥感地质调查方法，在小秦岭金矿田地区划分出线性构造 1030 条，环形构造 138 个，古采峒 1000 余处；综合化探、物探成果提出 13 个远景地段。经检查发现含金石英脉带、蚀变构造带 22 条，已见金矿 3 处，全部工作仅历时一年时间。遥感地质方法已成为矿产地质工作的重要方法。

工程地质、地震地质、水文地质以及灾害地质等综合地质调查中也广泛地应用了遥感这一现代化手段。仅在 1980—1985 年期间，地矿部遥感地质工作者就为较大工程做了工程稳定性评价课题 13 个，研究大型滑坡 4 个。地矿部遥感中心在长江三峡的重庆至宜昌间先后进行了彩色及侧视雷达成像飞行。利用获得的资料对三峡库区进行了详细的工程地质判读分析，对新滩坡体的形态、形成机理及发展趋势作了较为详细的分析，为国家提供了有关三峡工程建设的基础资料。

基于遥感在地质矿产调查中的广泛应用以及取得的显著效益，我国地勘部门相继成立了专业的遥感应用和科研机构，遥感地质队伍也不断扩大，硕果累累，展现出遥感在地质矿产资源方面美好的发展前景。

3）在水文、水资源方面的应用

遥感在水文水资源方面的应用，如水资源的调查、流域规划、水土流失调查、冰雪监测、海口海岸带及浅海地形调查、海洋调查研究等方面，都能发挥重要作用。特别是在人类足迹难以到达的荒凉地区，遥感技术可成为水文水资源调查的有效手段。例如，我国青藏高原在以往 300 年来先后经历了 150 多次探险考察，曾查出 500 多个湖泊，而近年来采用航空像片、卫星图像判读，不仅对这些湖泊的面积、形状进行了修正定位，而且还补充了地面考察或地图上未标明的 300 多个湖泊。

遥感图像，特别是红外遥感图像在识别含水层、判断充水断层、查明富水地段位置方面是很有利的。例如，美国在夏威夷群岛，利用红外遥感发现了 200 多处地下淡水出露点，从而解决了该岛对淡水的需求。我国在大连地区开展航空热红外遥感试验，在该地区沿海共发现 22 处从未有历史记录的淡水泉点，通过对这些泉点的分析，确定了地下淡水排泄地段，为解决沿海地区人畜饮水水源提供了一个重要途径。

利用遥感图像进行海岸带岸线测量、河口及近岸悬浮泥沙运移，以及海洋环境监测，如海水温度、盐度、水深、洋流、波浪、潮汐等海洋诸要素的测量，都可发挥重要作用，对海洋的开发具有重要意义，特别是遥感图像可提供大尺度、现实性强、多层次、全天候、客观逼真的丰富信息，为海洋研究及指导海洋渔业生产提供了基础。

（2）遥感在环境监测评价及对抗自然灾害方面的应用

1）在环境监测方面的应用

遥感在环境监测中主要是利用遥感提供的瞬间成像的大范围图像，对大气污染、水体污染、土地污染以及海洋污染等进行监测。由于遥感所提供的信息快速及时，现实性好，以及真实客观、形象的特点，可实时地了解和掌握污染源的位置、污染物的性质、污染物的动态变化，以及污染对环境的影响，为及时采取防护或疏导措施，以及环境评价提供了基础。例如，地矿部水文方法队与地质遥感中心合作，对长江下游苏州河口至吴淞口的水污染现状做了调查研究，他们利用航空热红外扫描图像，共判读出异常点29处，绘制了约25公里江段的污染判读图。他们还对北起大连，南至海南岛海岸沿线的港口及海上平台对海水的污染情况进行了航空红外监测，为国家海洋局执法提供了依据。

长江三峡水利枢纽工程是一项规模宏大、技术复杂、具有重大经济效益和社会效益的巨大工程，但是，在长江干流上兴建三峡大坝，必将对其生态、环境及社会产生深刻的影响。为此，在系统地开展三峡工程对生态与环境的影响及其对策的研究中，以及在实地调查工作中都采用了遥感综合分析的方法，充分发挥了遥感在三峡环境论证与信息储备中的作用。并在库区环境本底调查、环境演变分析、环境动态监测等方面取得许多明显效果，为我国三峡工程的科学决策提供了可靠的资料和基础。

近年来，我国相继在长春、太原、北京、天津、广州等大中城市，利用航空遥感进行城市环境的监测和评价，这标志着我国遥感在环境监测方面的应用正向更为广泛深入的方向发展。

2)在对抗自然灾害中的应用

自然灾害是指环境异常或环境的突发性变化，给人类生活和生存带来的灾难。近年来遥感技术在预报灾害方面取得很多重要成就，成为预报自然灾害的有力工具和手段。

气象卫星当前已进入业务性运转，形成多层次的预报网络，在灾害性天气监测、天气分析预报、气象研究等方面，发挥了十分重要的作用。我国“风云一号”、“风云二号”气象卫星的研制和相继发射成功，标志着我国的气象预报技术已从单项、短期、小范围的预报发展成综合性、中长期、大范围的准确预报。为我国的旱情、洪水，以及滑坡、泥石流和病虫害的准确预报提供了可靠资料，为采取减灾措施提供了可靠基础。

森林火灾一直是威胁林业建设的重要灾害之一，早在20世纪70年代，我国就进行机载遥感-林火探测实验，在3000m高空通过热红外传感器可发现地面0.1m^2的火源。1987年5月，黑龙江省大兴安岭森林特大火灾中，遥感在准确确定火源位置、范围，以及火源蔓延趋势，为扑灭大火提供及时准确的火情信息上，以及在监测火势发展，灾后评估火灾损失和恢复重建规划方面，都发挥了重要的作用，获得显著的社会经济效益。

近年来，在利用多时相遥感资料和地理信息系统技术对黄土高原水土流失进行综合调查和研究；利用全球定位系统(GPS)技术，监测地壳及其板块的运动，进行大区域的地球动力学研究，探索地震的发生机理，进行地震的中长期预报；利用多时相大比例尺航空遥感图像结合气象预报资料和地面勘查进行滑坡、泥石流的调查与监测，保障重点工程及铁路沿线的安全；以及利用远距离卫星通讯技术，提高灾害预报的及时性和准确性，为救灾和决策提供依据等方面，都取得很大成效和重大的进展。

(3)遥感在区域分析及建设规划方面的应用

遥感图像是地表面一定区域景观的真实、客观的记录和形象显示。地理学区域分析也充分利用和发挥了遥感图像的这一特点和优势，成为遥感在地理学应用的重要方面。例如，我国早期开展的腾冲、长春、新疆及长江中下游地区的遥感试验，以及近年来开展的黄土高原遥感综合调查，“三北”防护林遥感综合调查等大型遥感工程中，都是以遥感分析为先导，以区域分析为基础取得的成果。我国在遥感的区域分析应用中，已形成一定的特色，进入世界先进水平行列。

近年来，随着城市化及城市建设的热潮，城市遥感方兴未艾。城市遥感可提供诸如城市土地利用现状，城市用地分析，城市环境监测及评价，城镇布局结构分析，城市道路交通分析，城市人口分析及城镇的生态分析等城市发展的基础信息，为城市建设规划及决策服务。

城市遥感在全国各大、中城市较为普遍地开展起来，并在应用的深度和广度上有不同程度的提高。特别是随着城市遥感应用的深化，城市地理信息系统的建立及在城市总体规划、城市建设的辅助决策中的应用，将城市遥感应用提高到一个更高层次的阶段。

(4)遥感在全球性宏观研究中的应用

遥感的全球性研究虽然目前尚未系统地进行，形成规模。但是，随着社会经济的发展，特别是诸如世界人口增加，资源危机，环境恶化等一系列涉及全球性的问题，越来越引起人们的关注。全球性研究(Global Study)已提到日程上，得到世界各国普遍的重视，全球性研究必将有一个较大的发展。

全球研究的目的主要是宏观地、整体性地对人类赖以生存的岩石圈、大气圈、水圈、生物圈的研究，以此带动区域性研究的深化，促进全球环境的改善。因此，这无疑为遥感发挥自身的特点和优势，开拓了又一应用领域。遥感可为全球研究提供各种便利条件，促进全球性研究的进一步开展和深化。例如，可利用遥感、全球定位系统(GPS)监测和研究板块的运移，深大断裂活动，研究地形构造的成因及其机制；利用气象卫星资料及其他遥感信息，进行全球性气象研究及世界灾情的预报；海洋动力学研究，地球表面固态水的分布，世界冰川的进退，以及世界大环境的监测和治理等。遥感必将在全球性研究中发挥出更大的作用，作出更大的贡献。

(5)遥感在其他方面的应用

1)在测绘制图方面的应用

航空摄影测量一直是测绘制图的一种主要资料来源和重要的技术方法，形成了完整而系统的学科体系。当代遥感的发展使测绘制图的资料来源更为多样化，资料的准确可靠性及其快速及时性和适时动态性等方面都有较大的改观；成图周期大为缩短；影像地图、数字地图等新图种和制图新工艺大量涌现，使测绘制图产生了新的变化和进展。例如，我国依据近年来所发射的卫星获得的图像，完成了黄河三角洲 1∶5 万和 1∶10 万地图的编制，绘制完成了我国第一幅南沙群岛影像地图。遥感还能在各种气候气象条件复杂，常规方法难于进行工作的地区获得资料，填补地面工作的空白。例如，巴西亚马孙河流域有近 500 万平方千米的热带雨林区，那里人烟稀少，云雾终日不散，常规测量工作难以进行。利用遥感侧视雷达技术，在不到一年的时间里就完成了该地区 1∶40 万雷达扫描成像工作，取得了有价值的资料，为该地区测量制图提供了基础。利用遥感图像进行各种专题图的编制，以及编制中小比例尺大区域的省(区)、全国乃至大洲影像地图已较普遍，西欧各国已应用 SPOT 卫星资料修编和更新 1∶5 万地形图等。随着遥感信息在空间分辨率、光谱分辨率以及时相分辨率方面的提高，遥感将为测绘制图技术的发展应用，开拓出更加美好的前景。

2)在历史遗迹、考古调查方面的应用

近年来在进行野外考古调查中，配合应用遥感图像分析，发现了许多重大的历史遗迹，取得显著的成果。例如，英国遥感专家通过计算机增强的卫星图像，在英国伦敦以北约30km的地下发现了罗马时代的古城堡遗迹。我国也曾利用遥感提供的信息，进行北京圆明园遗迹考察，长城遗迹的考察，以及内蒙古金代古城的发现等方面取得很好的效果。遥感为野外考古调查带来了变革，成为考古工作者有力的工具和手段，促进和加快了野外考古工作。

③军事上的应用

遥感在军事上的应用是不言而喻的。事实上，军事应用是遥感最早最成功的应用，今天遥感的发展是得益于遥感军事上的成功应用而迅速发展起来的。目前，发射的绕地球运行的卫星，绝大部分是与军事有关的。当今战争的胜负，不仅决定于军事实力(人力、武器)的对比上，准确可靠的信息获取，传输和决策对战争的胜负起着关键性的作用。英国、阿根廷的马岛战争、中东战争，以及海湾战争都充分证实了遥感在军事战争中所起的至关重要的作用。

1.1.3 遥感技术系统

现代遥感技术系统一般由四部分组成：遥感平台、遥感器、遥感数据接收与处理系统和遥感资料分析解译系统，如图1.1所示，其中遥感平台、遥感器、遥感数据接收与处理系统是决定遥感技术应用成败的三个主要技术因素，遥感分析应用工作者必须对它们有所了解和掌握。

1. 遥感平台

在遥感中搭载遥感仪器的工具称为平台或载体，它既是遥感仪器赖以工作的场所，又是遥感中“遥”字的具体表现。平台的运行特征及其姿态稳定状况直接影响遥感仪器的性能和遥感资料的质量。目标遥感平台主要有飞机、火箭和卫星等。

2. 遥感器

在遥感中，收集、记录和传送遥感信息的装置称为遥感器，也称为传感器，它是遥感的核心，“感”字的体现。目前应用的遥感器主要有：摄影机、摄像仪、扫描仪、雷达、光谱辐射仪等。平台和遥感器代表着遥感技术的水平。

3. 遥感数据接收与处理系统

为了接收从遥感平台传送来的图像胶片和数字磁带数据，必须建立地面接收站。地面接收站由地面数据接收和记录系统、图像数据处理系统两部分组成。地面数据接收和记录系统的大型抛物天线，能够接收遥感平台发回的数据，这些数据是以电信号的形式传来，经检波后，被记录在视频磁带上。然后把这些视频磁带，数据磁带或其他形式的图像资料等，送往图像数据处理机构。图像处理机构的任务是将数据接收和记录系统记录在磁带上的视频图像信息和数据，进行加工处理和储存。最后根据用户的要求，制成一定规格的图像胶片和数据产品，作为商品提供给用户。

4. 遥感资料的分析解译系统

用户得到的遥感资料，是经过预处理的图像胶片或数据，然后再根据各自的应用目的，对这些资料进行分析、研究、判断解译，从中提取有用信息，并将其翻译成为我们所用的文字资料或图件，这一工作称为“解译”。目前，解译已经形成一些规范的技术路线和方法。

(1)常规目视解译技术

所谓常规目视解译是指人们用手持放大镜或立体镜等简单工具，凭借解译人员的经验，来识别目标物的性质和变化规律的方法。由于目视解译所用的仪器设备简单，在野外和室内都可进行。既能获得一定的效果，还可验证仪器方法的准确程度，所以它是一种最基本的解译方法。但是，目前解译既受解译人员专业水平和经验的影响，也受眼睛视觉功能的限制，并且速度慢，不够精确。

(2)电子计算机解译技术

电子计算机解译是20世纪发展起来的一种解译方法，它利用电子计算机对遥感影像数据进行分析处理，提取有用信息，进而对待判目标实行自动识别和分类。该技术既快速、客观、准确，又能直接得到解译结果，是遥感分析解译的发展方向。

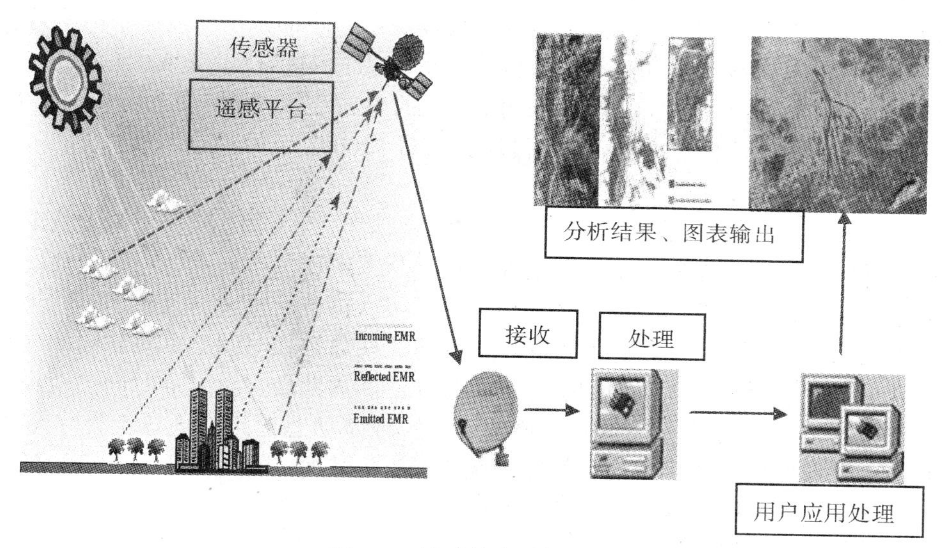

图 1.1 遥感技术系统组成

1.1.4 遥感技术的特点

遥感作为一门对地观测的综合性科学，它的出现和发展既是人们认识和探索自然界的客观需要，更有其他技术手段无法比拟的特点。

①大面积观测。

遥感探测能在较短的时间内，从空中乃至宇宙空间对大范围地区进行对地观测，并从中获取有价值的遥感数据。航摄飞机高度可达10km左右，陆地卫星轨道高度达到910km左右。一张陆地卫星图像，其覆盖面积可达3万多平方千米，约相当于我国海南岛的面积。我国只要600多张的陆地卫星图像就可以全部覆盖。这种展示宏观景象的图像，拓展了人们的视觉空间，对地球资源和环境分析极为重要。

②时效性强。

遥感技术获取信息的速度快，周期短。由于卫星围绕地球运转，从而能及时获取所经地区的各种自然现象的最新资料，以便更新原有资料，或根据新旧资料变化进行动态监测，这是人工实地测量和航空摄影测量无法比拟的。例如，陆地卫星4、5，每16天可覆盖地球一遍，NOAA气象卫星每天能收到两次图像。Meteosat每30分钟获得同一地区的图像。

③获取信息受条件限制少。

在地球上有很多地方，自然条件极为恶劣，人类难以到达，如沙漠、沼泽、崇山峻岭等。采用不受地面条件限制的遥感技术，特别是航天遥感可方便及时地获取各种宝贵资料。

④获取信息的手段多，信息量大。

根据不同的任务，遥感技术用不同的波段和不同的遥感仪器，取得所需的信息；不仅能利用可见光波段探测物体，而且能利用人眼看不见的紫外线、红外线和微波波段进行探测；不仅能探测地表的性质，而且可以探测到目标物的一定深度，利用不同波段对物体不同的穿透性，还可获取地物内部信息。例如，地面深层、水的下层，冰层下的水体，沙漠下面的地物特性等；微波波段还具有全天候工作的能力；遥感技术获取的信息量非常大，以四波段陆地卫星多光谱扫描图像为例，像元点的分辨率为79m×57m，每一波段含有7600000个像元，一幅标准图像包括4个波段，共有3200万个像元点。

⑤数据具有综合性。

遥感技术获取的数据具有综合性。遥感探测所获取的是同一时段、覆盖大范围地区的遥感数据，这些数据综合地展现了地球上许多自然与人文现象，宏观地反映了地球上各种事物的形态与分布，真实地体现了地质、地貌、土壤、植被、水文、人工构筑物等地物的特征，全面地揭示了地理事物之间的关联性，并且这些数据在时间上具有相同的现势性。

遥感数据能动态反映地面事物的变化。遥感探测能周期性、重复地对同一地区进行对地观测，这有助于人们通过所获取的遥感数据，发现并动态地跟踪地球上许多事物的变化，同时，研究自然界的变化规律，尤其是在监视天气状况、自然灾害、环境污染甚至军事目标等方面，遥感的运用就显得格外重要。

1.2 遥感技术的发展历程与发展趋势

1.2.1 遥感技术的发展历程

遥感是以航空摄影技术为基础，在20世纪60年代初发展起来的一门新兴技术。开始为航空遥感，自1972年美国发射了第一颗陆地卫星后，这就标志着航天遥感时代的开始。经过几十年的迅速发展，成为一门实用的、先进的空间探测技术。

1. 萌芽时期及初期发展阶段

(1)无记录地面遥感阶段(1608—1838)

1608年，汉斯·李波尔赛制造了世界第一架望远镜。1609年，伽利略制作了放大三倍的科学望远镜并首次观测月球。1794年，气球首次升空侦察为观测远距离目标开辟了先河，但望远镜观测不能把观测到的事物用图像的方式记录下来。

(2)有记录地面遥感阶段(1839—1857)

对探测目标的记录与成像始于摄影技术的发展，并与望远镜相结合发展为远距离摄影。1839 年达盖尔(Daguarre)发表了他和尼普斯(Niepce)拍摄的照片，第一次成功地将拍摄事物记录在胶片上。1849 年法国人艾米·劳塞达特(Aime Laussedat)制订了摄影测量计划，成为有目的有记录的地面遥感发展阶段的标志。

(3)空中摄影遥感阶段(1858—1956)

1858 年，G. F. 陶乔用系留气球拍摄了法国巴黎的鸟瞰像片。1860 年，J. 布莱克乘气球升空至 630m，成功拍摄了美国波士顿的照片。1903 年，J. 纽布朗特设计了一种捆绑在飞鸽身上的微型相机，这些试验性的空间摄影，为后来的实用化航空摄影打下了基础。1909 年，W. 莱特在意大利的森拓赛尔上空用飞机进行了空中摄影，出现了第一张航空像片。

第一次世界大战期间(1914—1918)，航空摄影成为军事侦探的重要手段，并形成一定的规模，同时像片的判读水平也大大提高，形成了独立的航空摄影测量学的学科体系。

第二次世界大战期间(1931—1945)，出现了彩色摄影、红外摄影、雷达技术等，航空摄影得到进一步发展，微波雷达的出现及红外技术的出现与发展，使遥感探测的电磁波谱段得到了扩展。

2. 现代遥感发展阶段

现代遥感的发展，即是自 1957 年至今的航天遥感的发展。

现代遥感史以 20 世纪 60 年代末人类首次登上月球为重要里程碑，随后美国宇航局(NASN)、欧空局(ESA)和其他一些国家，如加拿大、日本、印度和中国先后建立了各自的遥感系统。

1957 年 10 月 4 日，前苏联第一颗人造地球卫星的成功发射，标志着空间观测进入新纪元。

20 世纪 60 年代，美国发射了 TIROS、ATS、ESSA 等气象卫星和载人宇宙飞船。1972 年 7 月，美国发射了第一颗地球资源技术卫星 ERTS-1(后改名为 Landsat-1)，标志着地球遥感新时代的开始，卫星装有 MSS 传感器，分辨率为 79m；1982 年 Landsat-4 发射，装有 TM 传感器，分辨率提高到 30m；最新的 Landsat-8 于 2013 年 2 月发射，装有 OLI、TIRS，分辨率可至 15m，至今运行正常。

1986 年法国发射 SPOT-1，装有 PAN 和 XS 遥感器，分辨率提高 10m。SPOT 系列卫星是法国空间研究中心 CNES 研制的一种地球观测卫星系统，至今已发射 SPOT 卫星 1~6 号，1986 年以来，SPOT 已经接收、存档超过 700 万幅全球卫星数据，提供了准确、丰富、可靠、动态的地理信息源，满足了制图、农业、林业、土地利用、水利、国防、环境、地质勘探等多个应用领域不断变化的需要。

1999 年美国发射的 IKONOS 是世界上第一颗提供高分辨率卫星影像的商业遥感卫星。IKONOS 卫星的成功发射不仅实现了提供高清晰度且分辨率达 1m 的卫星影像，而且开拓了一个新的更快捷、更经济获得最新基础地理信息的途径，更是创立了崭新的商业化卫星影像的标准。IKONOS 是可采集 1m 分辨率全色和 4m 分辨率多光谱影像的商业卫星，同时全色和多光谱影像可融合成 1m 分辨率的彩色影像。时至今日，IKONOS 已采集超过 2.5 亿平方千米，涉及每个大洲的影像，许多影像被中央和地方政府广泛用于国家防御、军队制图、海空运输等领域。从 681km 高度的轨道上，IKONOS 的重访周期为 3 天，并且可从卫星直接向全球 12 个地面站地传输数据。

低空间高时相的 AVHRR(气象卫星 NOAA 系统系列，星下点分辨率为 1km)以及其他各种航空航天多光谱传感器亦相继投入运行，形成现代遥感技术高速发展的盛期。除了常规遥感技术迅猛发展，开拓性的成像光谱仪的研制在 20 世纪 80 年代开始，并逐渐形成高光谱分辨率的新遥感时代。由于高光谱数据能以足够的光谱分辨率区分出那些具有诊断性光谱特征的地标物质，这些是传统宽波段遥感数据所不能探测的，使得成像光谱仪的波谱分辨率得到不断提高。此外，许多具有更高空间分辨率和更高波谱分辨率的商用及军事应用卫星也陆续升空。

信息技术和传感器技术的飞速发展带来了遥感数据源的极大丰富，每天都有数量庞大的不同分辨率的遥感信息，从各种传感器上接收下来。这些高分辨率、高光谱的遥感数据为遥感定量化、动态化、网络化、使用化和产业化及利用遥感数据进行地物特征的提取，提供了丰富的数据源。

1.2.2 遥感技术的现状与发展趋势

随着科学技术的进步，光谱信息成像化，雷达成像多极化，光学探测多向化，地学分析智能化，环境研究动态化以及资源研究定量化，大大提高了遥感技术的实时性和运行性，使其向多尺度、多频率、全天候、高精度和高效快速的目标发展。

遥感技术总的发展趋势是提高遥感器的分辨率和综合利用信息的能力，研制先进遥感器、信息传输和处理设备以实现遥感系统全天候工作和实时获取信息，以及增强遥感系统的抗干扰能力。

1. 遥感影像获取技术越来越先进

①随着高性能新型传感器研制开发水平以及环境资源遥感对高精度遥感数据要求的提高，高空间分辨率和高光谱分辨率已是卫星遥感影像获取技术的总发展趋势。遥感传感器的改进和突破主要集中在成像雷达和光谱仪，高分辨率的遥感资料对地质勘测和海洋陆地生物资源调查十分有效。

②雷达遥感具有全天候全天时获取影像以及穿透地物的能力，在对地观测领域有很大优势。干涉雷达技术、被动微波合成孔径成像技术、三维成像技术以及植物穿透性宽波段雷达技术会变得越来越重要，成为实现全天候对地观测的主要技术，大大提高了环境资源的动态监测能力。

③开发和完善陆地表面温度和发射率的分离技术，定量估算和监测陆地表面的能量交换和平衡过程，将在全球气候变化的研究中发挥更大的作用。

④由航天、航空和地面观测台站网络等组成以地球为研究对象的综合对地观测数据获取系统，具有提供定位、定性和定量以及全天候、全时域和全空间的数据能力，为地学研究、资源开发、环境保护以及区域经济持续协调发展提供科学数据和信息服务。

2. 遥感信息处理方法和模型越来越科学

神经网络、小波、分形、认知模型、地学专家知识以及影像处理系统的集成等信息模型和技术，会大大提高多源遥感技术的融合、分类识别以及提取的精度和可靠性。统计分类、模糊技术、专家知识和神经网络分类的有机结合构成了一个复合的分类器，大大提高了分类的精度和类数。多平台、多层面、多传感器、多时相、多光谱、多角度以及多空间分辨率的融合与复合应用，是目前遥感技术的重要发展方向。不确定性遥感信息模型和人工智能决策支持系统的开发应用也有待进一步研究。

3. 3S一体化

计算机和空间技术的发展、信息共享的需要以及地球空间与生态环境数据的空间分布式和动态时序等特点，将推动3S(GPS、GIS、RS)一体化。全球定位系统(GPS)为遥感(RS)对地观测信息提供实时或准实时的定位信息和地面高程模型；遥感为地理信息系统(GIS)提供自然环境信息，为地理现象的空间分析提供定位、定性和定量的空间动态数据；地理信息系统为遥感影像处理提供辅助，用于图像处理时的几何配准和辐射纠正、选择训练区以及辅助关心区域等。在环境模拟分析中，遥感与地理信息系统的结合可实现环境分析结果的可视化。3S一体化将最终建成新型的地面三维信息和地理编码影像的实时或准实时获取与处理系统。

4. 建立高速、高精度和大容量的遥感数据处理系统

随着3S一体化，资源与环境的遥感数据量和计算机处理量也将大幅度增加，遥感数据处理系统就必须要有更高的处理速度和精度。神经网络具有全并行处理、自适应学习和联想功能等特点，在解决计算机视觉和模式识别等特别复杂的数据信息方面有明显优势。认真总结专家知识，建立知识库，寻求研究定量精确化算法，发展快速有效的遥感数据压缩算法，建立高速、高精度和大容量的遥感数据处理系统。

5. 建立国家环境资源信息系统

国家环境资源信息是重要的战略资源，环境资源数据库是国家环境资源信息系统的核心。我们要提高对环境资源的宏观调控能力，为我国社会经济和资源环境的协调可持续发展提供科学的数据和决策支持。

6. 建立国家环境遥感应用系统

国家环境遥感应用系统将利用卫星遥感数据和地面环境监测数据，建立天地一体化的国家级生态环境遥感监测预报系统以及重大污染事故应急监测系统，可定期报告大气环境、水环境和生态环境的状况。环境遥感地理信息系统是其支撑系统，在各种应用软件的辅助下实现环境遥感数据的存储、处理和管理；环境遥感专业应用系统是其应用平台，在环境专业模型的支持下实现环境遥感数据的环境应用；环境遥感决策支持系统是其最上层系统，在环境预测评价和决策模型的驱动下进行环境预测评价分析，制定环境保护的辅助决策方案；数据网络环境是其数据输入和输出的开放网络环境，实现环境海量数据的快速流通。

1.2.3 遥感有待解决的问题

我们从遥感数据的处理与遥感数据的应用两个方面来分析，提出以下遥感有待解决的问题：

1. 遥感数据的处理方面

①随着各类传感器空间分辨率的提高，高分辨率遥感数据的获取，有利于分类精度的提高，但也增加了计算机分类的难度。

②高分辨率遥感数据不易获取较大空间范围的数据，较低分辨率数据空间节后信息不够详细这对矛盾，在遥感科学中必须研究利用不同尺度遥感数据获取地表信息时的时空对应关系和不同尺度数据间的转换关系及互补关系。

③同种传感器不同时期获取的图像会存在由于视角不同引起的图像形变，当多幅图像被镶嵌在一起时，困难更为突出。由于图像采集时间、获取方式等不同，多源图像配准仍然存在诸多问题，需要不断开展研究。

④遥感数据进行信息自动提取是一个长期的遥感科学难题。如何全面比较分析目前遥感数据分类算法各自的特点，至今没有验证分类效果的标准。此外，单像元、单时相、单景图像分类已远远不能满足分类制图的需要。科学和用户需求常常是针对某个流域或行政边界，甚至是整个国家或全球范围的。因此，研究多时相、大范围图像分类算法势在必行。基于多时相、多源遥感数据的变化检测、估计与分类是遥感应用处理中的共性关键技术，目前存在变化信息提取方法单一、与人工目视水平有较大差异、自动化程度低等问题。

⑤多源遥感数据信息提取集成是一个新的研究领域。它与数据融合和信息融合不同。数据融合主要是指将不同来源或不同分辨率的数据中的空间变化和辐射特征继承到相对较少的几个特征参数中，以便于进一步解析或分析图像，提取信息。而信息融合从概念上虽然内涵宽泛，但实际应用上主要是指在定性提取信息（如图像分类）时，如何从不同来源得到的定性信息集成起来以达到更准确的定性信息。如何综合运用各类信息提取技术，集成多尺度信息提取的结果以更好地从各类遥感数据提取定量信息是值得研究的问题。

⑥定量遥感基础理论与方法不足。表现为：实用的遥感模型不足，模型参数提取困难，反演理论与方法的实用化不够，基于先验知识的参数估计的实现中的数据源问题等。从定性、半定性半定量到定量，有一个必然的过渡过程。定量遥感重要，但国内刚刚起步，基础技术突破力度与规模化应用还非常不够。波谱特征分析和面向专业应用的波谱特性库是提高遥感定量应用能力的重要基础。

⑦缺乏数据平台和数据验证结果，影响遥感技术的研究和应用水平。

2. *遥感数据的应用方面*

①科学应用中的四维数据同化问题。四维数据同化中的四维是空间和时间维，数据同化是指对过程的数值模拟和包括遥感数据在内的实际观测数据的集成使用，最终能生成具有时间一致性、空间一致性和物理一致性的数据集，其目的是通过遥感数据的辅助改善环境模型的模拟精度，改善遥感数据产品的精度。四维数据同化技术对于遥感观测与地学系统过程模拟的结合至关重要。同时，它也是遥感信息同和的终极目的之一。现在，有不同的卫星数据，还有航空甚至是地面测量数据，能够提供地球表面参数，但是如何集各种信息提取方法之长，形成质量更好、时间采样频率更高的地表参数产品，是当前遥感应用中要解决的问题。

②在网络应用环境下各种软件、工具和数据库不能很好地集成。

③自主的高精度数据资源缺乏，需要更高分辨率数据的应用技术，但必须考虑业务化运行系统的运行成本的可承受性。

④遥感业务运行系统建设的规范化和标准化还不够。在不同部门和不同应用领域中数据缺少连续性和一致性。新的数据源和技术难以嵌入应用于原有应用系统。

⑤数据资源是共同面临的大问题，包括遥感数据的稳定性和连续性问题及对基础地理、地质等数据存在公共需求问题。必须在管理层面上走数据联合的道路，相互自愿，形成机制，共同受益。

1.2.4 RS与GIS、GPS的结合

遥感(RS)技术通过不同遥感传感器来获取地表数据，然后进行处理、分析，最后获得感兴趣地物的有关信息，并且随着遥感技术的发展，这种技术所能获得的信息越来越丰富。地理信息系统(GIS)的长处在于对数据进行分析。如果将两者集成起来，一方面，遥感能帮助地理信息系统(GIS)系统解决数据获取和更新的问题；另一方面，可以利用地理信息系统(GIS)中的数据帮助遥感图像处理。由于全球定位系统(GPS)在实时定位方面的优势，使得GPS与遥感图像处理系统的集成变得很自然。不管是地理信息系统，还是遥感图像处理系统，处理的都是带坐标的数据，而全球定位系统(GPS)是当前获取坐标最快、最方便的方式之一，同时精度也越来越高。3S集成，即遥感(RS)、地理信息系统(GIS)和全球定位系统(GPS)的集成可谓是水到渠成的事。

1. RS与GIS的结合

地理信息系统(GIS)是以地理空间数据库为基础，在计算机软硬件的支持下，对空间相关数据进行采集、管理、运算、分析、模拟和显示，并采用地理模型分析方法，适时提供多种空间和动态的地理信息，为地理研究和地理决策服务而建立起来的计算机技术系统。

地理信息系统是遥感图像处理和应用的技术支撑，如遥感图像的几何配准、专题要素的演变分析、图像输出等。遥感图像则是地理信息系统的重要信息源，如向地理信息系统提供最现实的基础信息，利用遥感立体图像可自动生成数字高程模型(DEM)，为地理信息系统提供地形信息。通过数字图像处理、模式识别等技术，对航天遥感数据进行专题制图，以获取专题要素的基本图像数据及属性信息，为地理信息系统提供图形信息。遥感(RS)与地理信息系统内在的紧密关系，决定了两者发展的必然结合。这种结合现在主要应用在地形测绘、数字高程模型(DEM)数据自动提取、制图特征提取、提高空间分辨率和城市与区域规划以及变形监测等方面。

地理信息系统和遥感是两个相互独立发展起来的技术领域，但它们存在着密切的关系，一方面，遥感信息是地理信息系统中重要的信息源；另一方面，遥感调查中需要利用地理信息系统中的辅助数据(包括各种地图、地面实测数据、统计资料等)来改善遥感数据的分类精度和制图精度。

(1)RS与GIS结合的方式

总的来说，地理信息系统(GIS)与遥感(RS)的结合主要有以下两种方式：

通过数据接口，使数据在彼此独立的地理信息系统和遥感图像分析系统两者之间交换传递。这种结合是相互独立、平行的，它可以将图像处理后的结果输入地理信息系统，同时也能将地理信息系统空间分析的结果输入图像处理软件，从而实现信息共享。

地理信息系统和图像处理系统直接组成一个完整的综合系统(集成系统)。当地理信息系统与遥感的结合以遥感为主体时，地理信息系统是作为基本数据库，用以提供一系列基本数据，来弥补遥感数据的不足，从而提高遥感数据的分类精度。

(2)遥感调查中地理信息系统的应用

在遥感调查中，地理信息系统的应用主要有三个方面：

1)遥感数据预处理

在遥感数据几何校正时，通常是以地理信息系统中的地图为基准，通过选取控制点的方法，对遥感图像进行几何校正。此外通过地图与遥感图像的叠置，还可以切割出所需区域的遥感数据。

遥感数据的辐射校正除了校正由于大气引起的辐射畸变及传感器引起的辐射畸变外，在地形起伏较大的地区，为了消除地形对影像的影响，需要利用地理信息系统中的DEM数据对遥感数据进行辐射校正。

2)遥感数据分类

地理信息系统在遥感数据分类中的应用主要是利用系统中各种辅助数据参与分类，最常用的辅助数据是地形数据，另外还有土壤、植被、森林等各种专题图数据。

遥感专家很早就认识到辅助数据(包括各种地图、地面实测数据、统计资料等)在遥感图像分类中的重要性。在过去的二十几年中，已发展了很多利用辅助数据提高分类精度的方法，地理信息系统的发展使得辅助数据和遥感数据的结合更加广泛和深入。

3)遥感制图

地图是遥感调查最主要的成果，地图上除了类型界线外，还需要有行政界线、注记等要素，这些要素往往不能直接从遥感数据中得到；另外，一些道路、河流由于分辨率的限制，也不能从遥感数据中提取出。为了使分类结果能以地图形式输出，需要采用信息覆合的方法，把地理信息系统中的行政界线、注记等要素叠加到分类结果图上，从而形成完整的地图。

(3)遥感图像判读专家系统

在GIS和遥感结合的领域中，遥感图像判读专家系统的发展十分引人注目。专家系统通常由三个部分组成：知识库(KBS)、推理机(INE)和用户接口(UIS)。遥感图像判读专家系统汇集了遥感及有关领域专家的知识及经验，利用计算机模拟专家的思维过程，研究和解决不确定的、经验性的问题，充分利用地理信息系统中的各种辅助数据，从而提高遥感数据的分类精度。目前，遥感图像判读专家系统在知识的表示和获取方面还存在很大困难，还有许多的基础工作要做。

2. RS与GPS的结合

全球定位系统(GPS)是一种利用卫星定位技术快速、实时确定地面目标点空间坐标的方法。

遥感与全球定位系统的结合应用，将大大减少遥感图像处理所需要的地面控制点，并且可实时获取数据、实时进行处理，使遥感图像的应用信息直接进入地理信息系统，为地理信息系统数据的现势性提供新的数据接口，由此可加速新一代遥感应用技术系统的自动化进程以及作业流程和处理技术的变革。目前，遥感与全球定位系统的结合主要应用于地形复杂的困难地区制图、地质勘探、考古、导航、环境动态监测以及军事侦察和指挥等方面。

3S集成是GIS、GPS和RS三者发展的必然结果。3S的迅猛发展使得传统的地球系统科学所涵盖的内容发生了变化，形成了综合的、完整的对地观测系统，提高了人类认识地球的能力。现在也有人不仅限于3S，提出更多的系统集成，将“3S”再加上数字摄影测量系统(DPS)和专家系统(ES)构成“5S”，还有将3S系统与实况采集系统(LCS)和环境分析系统(EAS)进行集成以实现地表物体和环境信息的实时采集、处理和分析。

全球定位系统为遥感对地观测信息提供实时或准实时的定位信息和地面高程模型；遥感为地理信息系统提供自然环境信息，为地理现象的空间分析提供定位、定性和定量的空间动态数据；地理信息系统为遥感影像处理提供辅助，用于图像处理时的几何配准和辐射订正、选择训练区以及辅助关心区域等。在环境模拟分析中，遥感与地理信息系统的结合可实现环境分析结果的可视化。3S一体化将最终建成新型的地面三维信息和地理编码影像的实时或准实时获取与处理系统。

习题与思考题

1. 什么是遥感？
2. 遥感有哪些分类方法？
3. 遥感主要应用于哪些领域？
4. 遥感技术系统由哪些部分组成？
5. 遥感技术的特点有哪些？
6. 简要说明遥感技术的发展趋势及在发展过程中需要解决的问题。

第2章 遥感的物理基础与数据获取

☞学习目标

本章主要介绍遥感物理基础的电磁学部分，包括电磁波和电磁波谱，太阳辐射和地球辐射，大气对电磁辐射的影响，地物反射波谱特征。此外，还介绍了遥感平台和传感器相关知识。通过本章的学习，掌握电磁波和电磁波谱，太阳辐射和地球辐射，大气对电磁辐射的影响，地物反射波谱特征，遥感平台和传感器等相关知识。

2.1 遥感的物理基础

2.1.1 电磁波与电磁波谱

1. 电磁波

振动的传播称为波。电磁振动的传播是电磁波。为直观起见，以绳子抖动这种最简单的机械波为例，在绳子的一端有一个上下振动的振源，振动沿绳向前传播。从整体看波峰和波谷不断向前运动，而绳子的质点只做上下运动并没有向前运动。波动是各质点在平衡位置振动而能量向前传播的现象。如果质点的振动方向与波的传播方向相同，称纵波，如振动弹簧一端，使振动传向弹簧另一端，若质点振动方向与波的传播方向垂直，称横波，如前文所述绳子抖动产生的波。电磁波是典型的横波。在横波中，传播方向可以是垂直振动方向的任何方向，且振动方向一般会随时间变化，如图2.1所示。如果振动方向不随时

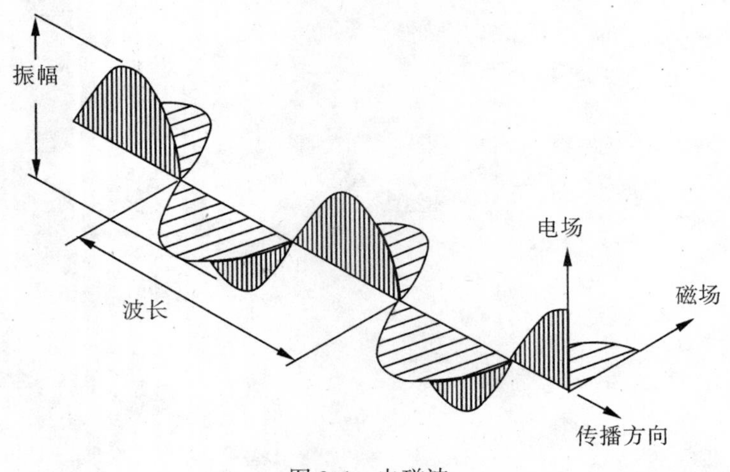

图2.1 电磁波

间变化，则称为线偏振的横波，电磁波具有偏振现象。

两列以上的波在同一空间传播时，空间质点的振动表现为各单列波质点振动的矢量合成，即波的叠加原理。

当电磁振荡进入空间，变化的磁场激发了涡旋电场，变化的电场又激发了涡旋磁场，使电磁振荡在空间传播，这就是电磁波。其方向是由电磁振荡向各个不同方向传播的，如图 2.2 所示。

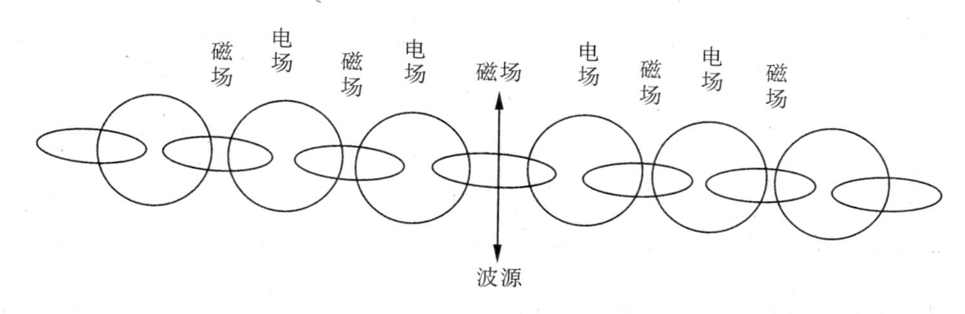

图 2.2 电磁振荡的传播

2. 电磁波谱

1889 年赫兹用电磁振荡的方法发现了电磁波。经实验证明，电磁波的性质与光波的性质相同。随着对光本性认识的深化，光波和电磁波被统一起来。此后又发现了更多形式的波也具有电磁波的性质，如 1891 年发现的 X 射线，1896 年发现的 γ 射线等。按电磁波在真空中传播的波长或频率，递增或递减排列，则构成了电磁波谱。该波谱按频率从高到低进行排列，可以划分为 γ 射线、X 射线、紫外线、可见光、红外线、无线电波。在真空状态下频率 f 与波长 λ 之积等于光速 c。电磁波谱区段的界限是渐变的，一般按产生电磁波的方法或测量电磁波的方法来划分。习惯上电磁波区段的划分见表 2.1。

表 2.1 **电磁波谱**

波段		波长	
长波 中波和短波 超短波		大于 3000m 10~3000m 1~10m	
微波		1mm~1m	
红外波段	超远红外 远红外 中红外 近红外	0.76 ~ 1000 μm	15~1000μm 6~15μm 3~6μm 0.76~3μm

续表

波段		波长	
可见光	红	0.38~0.76μm	0.62~0.76μm
	橙		0.59~0.62μm
	黄		0.56~0.59μm
	绿		0.50~0.56μm
	青		0.47~0.50μm
	蓝		0.43~0.47μm
	紫		0.38~0.43μm
紫外线		10^{-3}~3.8×10^{-1}μm	
X射线		10^{-6}~10^{-3}μm	
γ射线		小于10^{-6}μm	

遥感中较多地使用可见光、红外、紫外和微波波段。可见光波段虽然波谱区间很窄，但对遥感技术而言却非常重要。

3. 电磁波性质

电磁波的性质包括：

①是横波；②在真空以光速传播；③满足：

$$c = \lambda \cdot f$$
$$E = h \cdot f \tag{2-1}$$

式中，E为能量，单位：J；h为普朗克常数，$h=6.626\times10^{-34}$ J·s；f为频率；λ为波长；c为光速，$c=3\times10^{8}$m/s。

4. 电磁波具有波粒二象性

在近代物理中电磁波称为电磁辐射。电磁波传播到气体、液体、固体介质时，会发生反射、折射、吸收、透射等现象。在辐射传播过程中，若碰到粒子还会发生散射现象，从而引起电磁波的强度、方向等发生变化。这种变化随波长而改变，因此，电磁辐射是波长的函数。

2.1.2 太阳辐射

太阳是太阳系的中心天体。受太阳影响的范围是直径大约120亿千米的广阔空间。在太阳系空间，除了包括地球及其卫星在内的行星系统、彗星、流星等天体外，还布满了从太阳发射的电磁波的全波辐射及粒子流。地球上的能源主要来自太阳。

太阳的光谱通常指光球产生的光谱，光球发射的能量大部分集中于可见光波段，如图2.3所示，图中清楚地描绘了黑体在6000K时的辐射曲线，在大气层外接收到的太阳辐照度曲线及太阳辐射穿过大气层后在海平面接收到的太阳辐照度曲线。

从大气层外太阳辐照度曲线可以看出，太阳辐射的光谱是连续光谱，且辐射特性与绝对黑体辐射特性基本一致。但是用高分辨率光谱仪观察太阳光谱时，会发现连续光谱的明亮背景上有许多离散的暗谱线，叫做夫琅和费吸收线，大约有26000条，由这些吸收线已

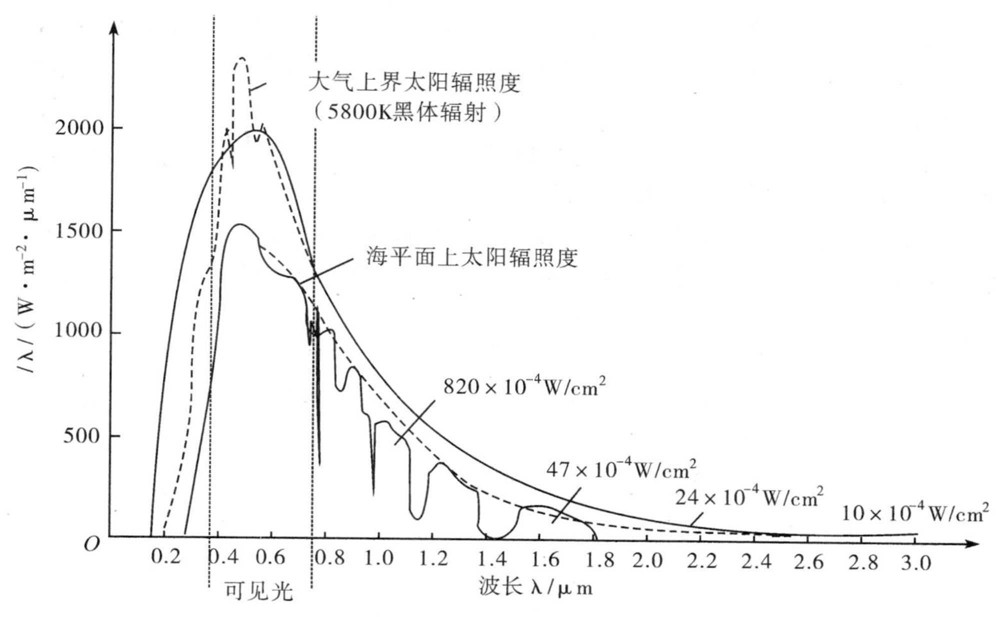

图 2.3 太阳辐照度分布曲线

认证出太阳光球中存在 69 种元素及它们在太阳大气中所占的比例，如 H 占 78.4%，He 占 19.8%，O 占 0.8%等。太阳辐射能量各个波段所占比例见表 2.2，这个比例仅表示通常情况。太阳辐射从近紫外到中红外这一波段区间能量最集中而且相对来说最稳定，太阳强度变化最小。在其他波段如 X 射线、γ 射线、远紫外及微波波段，尽管它们的能量加起来不到 1%，变化却很大，一旦太阳活动剧烈，如黑子和耀斑爆发，其强度也会有剧烈增长，最大时刻差上千倍甚至还多。因此会影响地球磁场，中断或干扰无线电通信，也会影响宇航员或飞行员的飞行。但就遥感而言，被动遥感主要利用可见光、红外等稳定辐射，使太阳活动对遥感的影响减至最小。

表 2.2 **太阳辐射各波段的百分比**

波长/μm	波段名称	能量比例/%
小于 10^{-3}	X、γ 射线	0.02
10^{-3}~0.2	远紫外	0.02
0.20~0.31	中紫外	1.95
0.31~0.38	近紫外	5.32
0.38~0.76	可见光	43.50
0.76~1.5	近红外	36.80
1.5~5.6	中红外	12.00
5.6~1000	远红外	0.41
大于 1000	微波	0.41

如前文图 2. 3 所示，海平面处的太阳辐照度曲线与大气层外的曲线有很大不同。其差异主要是地球大气引起的。由于大气中的水、氧、臭氧、二氧化碳等分子对太阳辐射的吸收作用，加之大气的散射使太阳辐射产生很大衰减，图中那些衰减最大的区间便是大气分子吸收的最强波段。

如前文图 2. 3 所示，辐照度是太阳垂直投射到被测平面上的测量值。如果太阳倾斜入射，则辐照度必然产生变化并与太阳入射光线及地平面产生夹角，即与太阳高度角有关。如图 2. 4 所示，表示太阳光线射入地平面的一个剖面，h 为高度角，I 为垂直于太阳入射方向的辐照度，I'为斜入射到地面上时的辐照度，辐射通量 Φ 不变，则 AB 间面积为 S，BC 间面积为 $S \cdot \sin h$。

$$\Phi = I' \cdot S = I \cdot S \cdot \sin h \tag{2-2}$$

由于太阳高度角的年内变化，因此同一观测点太阳辐照度经常变化。

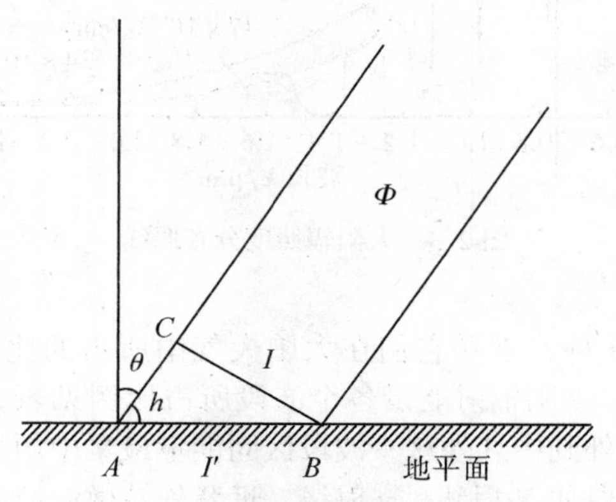

图 2. 4 辐照度随高度角的变化

2. 1. 3 太阳辐射与大气的相互作用

太阳是被动遥感最主要的辐射源。太阳辐射有时习惯称作太阳光，太阳光通过地球大气照射到地面，经过地面物体反射又返回，再经过大气到达传感器。这时传感器探测到的辐射强度与太阳辐射到达地球大气上空时的辐射强度相比，已有了很大的变化，包括入射和反射后二次经过大气的影响和地物反射的影响。本节主要讨论大气的影响。

1. *大气层次与成分*

地球被大气圈所包围，大气圈上界无明显界线，离地面越高大气越稀薄，逐步过渡到太阳系空间。一般认为大气厚度约 1000km，且在垂直方向自下而上分为对流层、平流层、中间层、热层(增温层)，热层再往上就是接近大气层外的顶部空间，也称散逸层。近来，也常把平流层和中间层统称为平流层，热层和散逸层统称为电离层，电离层再向上为外大气层空间，如图 2. 5 所示。

对流层中空气做垂直运动而形成对流，热量的传递产生天气现象，其高度在 7～12km，并随纬度降低而增加。温度随高度的增加而降低。

平流层中没有明显对流，几乎没有天气现象，温度由下部的等温层逐渐向上升高，由于存在臭氧层，吸收紫外线而升温。平流层的上部又称中间层，中间层内温度随高度增加而递减。

电离层的下部又称热层，上部称散逸层。从热层向上温度激增，且热层是人造地球卫星运行的高度，热层和中间层由于空气稀薄，大气中 O_2、N_2 等分子受太阳辐射的紫外线、X 射线影响，处于电离状态，形成了 D 层、E 层、F 层 3 个电离层。随着高度增加，电离层的电子浓度增大。一般来说，在中纬度地区，D 层白天出现，夜晚消失，E 层白天强，晚上弱，F 层有时又分为 F_1、F_2层，F_1 主要在夏季白天存在，而 F_2层则经常存在。在极区，冬季 D、E、F_1层消失。这些电离层的主要作用是反射地面发射的无线电波，D 层和 E 层主要反射长波和中波，短波则穿过 D 层和 E 层从 F 层反射，超短波可以穿过 F 层。遥感所用波段都比无线电波短得多，因此可以穿过电离层，辐射强度不受影响。800km 以上的散逸层，空气极为稀薄，已对遥感产生不了影响，因此真正对太阳辐射影响最大的是对流层和平流层。

大气主要成分为分子和其他微粒。分子主要有 N_2 和 O_2，约占 99%，其余 1% 是 O_3、CO_2、H_2O 及其他（N_2O、CH_4、NH_3 等）。其他微粒主要有烟、尘埃、雾霾、小水滴及溶胶。气溶胶是一种固体、液体的悬浮物，有固体的核心，如尘埃、花粉、微生物、海水的盐粒等，在核心外包有液体，直径为 0.01~30μm，多分布在高度 5km 以下。

km	层	分层	内容
	外大气层		通信卫星、气象卫星（36 000km）
35 000	外大气层	质子层	H^+
1 000	外大气层	氦层	He^{++}
	电离层		600~800℃　资源卫星、气象卫星（800~900km）
400	电离层		F 电离层　230℃　10^4 电子/cm^3
300	电离层		10^{10}分子/cm^3（航天飞机 200~250km）（侦察卫星 150~200km）
110	电离层		E 电离层　10^8 电子/cm^3
100	电离层		1.3×10^{14}分子/cm^3
80	平流层	冷层	D 电离层 −55~−75℃　10^{15}分子/cm^3
35	平流层	暖层	70~100℃　4×10^{16}分子/cm^3（气球）
30	平流层	暖层	O_3 层　4×10^{17}分子/cm^3
25	平流层	同温层	−55℃　1.8×10^{18}分子/cm^3（气球、喷气式飞机）
12	对流层	上层	−55℃　8.6×10^{18}分子/cm^3
6	对流层	中层	（飞机）
	对流层	中层	C 电离层
2	对流层	下层	5~10℃　2.7×10^{19}分子/cm^3（一般飞机、气球）

图 2.5　大气垂直分层

2. 大气对辐射的吸收作用

太阳辐射穿过大气层时，大气分子对电磁波的某些波段有吸收作用。吸收作用使辐射能量转变为分子的内能，从而引起这些波段太阳辐射强度的衰弱，甚至某些波段的电磁波完全不能通过大气。因此在太阳辐射到达地面时，形成了电磁波的某些缺失带。大气中几种主要分子对太阳辐射的吸收率，如图 2.6 所示，可以看出每种分子形成吸收带的位置，其中水的吸收带主要有 2.5～3.0μm，5～7μm，0.94μm，1.13μm，1.38μm，1.86μm，3.24μm 以及 24μm 以上对微波的强吸收带；二氧化碳的吸收峰主要是 2.8μm 和 4.3μm；臭氧在 10～40km 高度对 0.2～0.32μm 有很强的吸收带，此外 0.6μm 和 9.6μm 的吸收也很强；氧气主要吸收小于 0.2μm 的辐射，0.6μm 和 0.76μm 也有窄带吸收。此外，大气中的其他微粒虽然也有吸收作用，但不起主导作用。

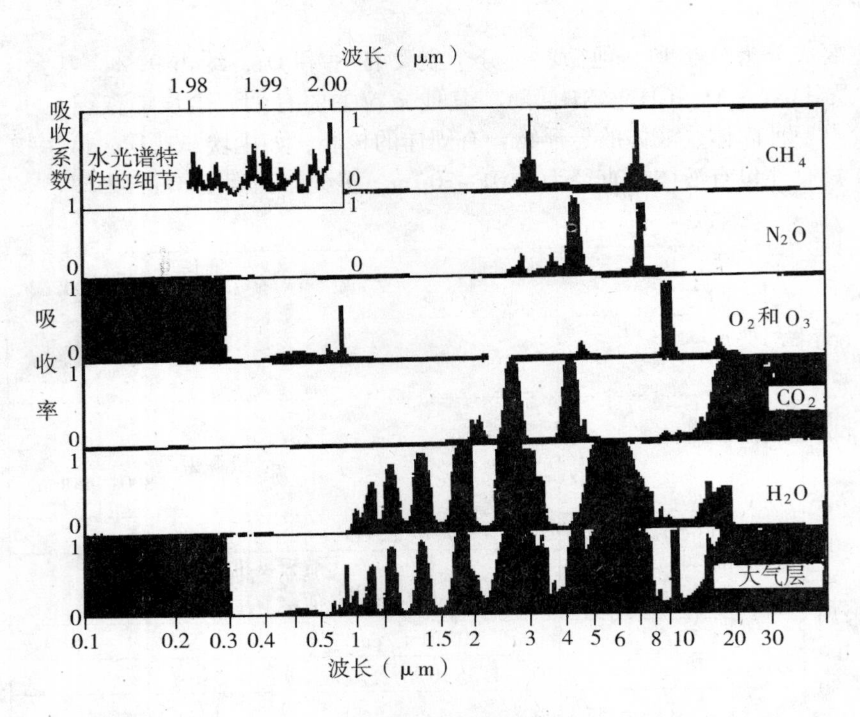

图 2.6 大气吸收谱

3. 大气散射

辐射在传播过程中遇到小微粒而使传播方向改变，并向各个方向散开称散射。散射使原传播方向的辐射强度减弱，而增加向其他各方向的辐射。尽管强度不大，但从遥感数据角度分析，太阳辐射再照到地面又反射到传感器的过程中，二次通过大气，在照射地面时，由于散射增加了漫入射的成分，使反射的辐射成分有所改变。返回传感器时，除反射光外还增加了散射光进入传感器。通过二次影响增加了信号中的噪声成分，造成遥感图像的质量下降。

散射现象的实质是电磁波在传输中遇到大气微粒而产生的一种衍射现象。因此，这种现象只有当大气中的分子或其他微粒的直径小于或相当于辐射波长时才发生。大气散射有以下三种情况：

(1)瑞利散射

当大气中的粒子直径比波长小得多时发生的散射称为瑞利散射。这种散射主要由大气中的原子和分子，如氮、二氧化碳、臭氧和氧分子等引起。特别是对可见光而言，瑞利散射现象非常明显，因为这种散射的特点是散射强度与波长的四次方(λ^4)成反比，$I\propto\lambda^{-4}$，即波长越长，散射越弱。当向四面八方的散射光线较弱时，原传播方向上的透过率便越强。当太阳辐射垂直穿过大气层时，可见光波段损失的能量可达10%。

瑞利散射对可见光的影响很大，如图2.7所示。无云的晴空呈现蓝色就是因为蓝光波长短，散射强度较大，因此蓝光向四面八方散射，使整个天空蔚蓝，使太阳辐射传播方向的蓝光被大大削弱。这种现象在日出和日落时更为明显，因为这时太阳高度角小，阳光斜射向地面，通过的大气层比阳光直射是要厚得多。在过长的传播中蓝光波长最短，几乎被散射殆尽，波长次短的绿光散射强度也居其次，大部分被散射掉了。只剩下波长最长的红光，反射最弱，因此透过大气最多。加上剩余的极少量绿光，最后合成呈现橘红色。所以，朝霞和夕阳都偏橘红色。瑞利散射对于红外和微波，由于波长更长，散射强度更弱，可以认为几乎不受影响。

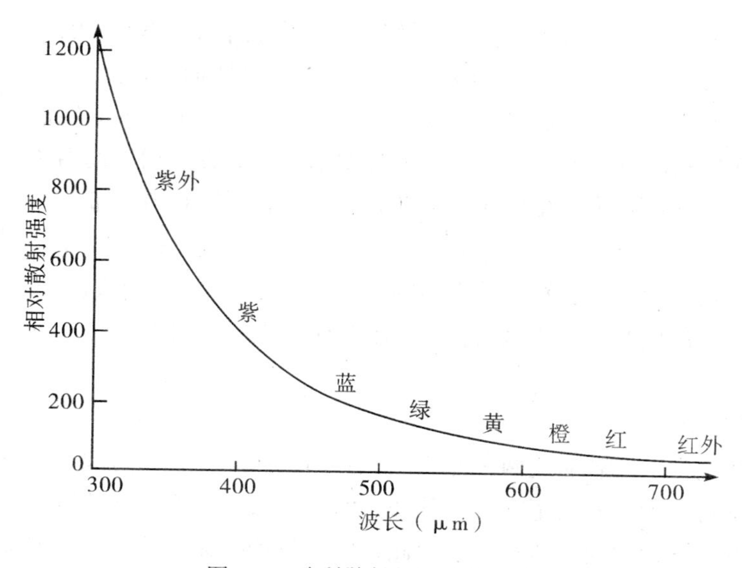

图2.7 瑞利散射与波长的关系

(2)米氏散射

当大气中粒子的直径与辐射的波长相当时发生的散射称为米氏散射。这种散射主要由大气中的微粒，如烟、尘埃、小水滴及气溶胶等引起。米氏散射的散射强度与波长的二次方(λ^2)成反比，即$I\propto\lambda^{-2}$，并且散射在光线向前方向比向后方向更强，方向性比较明显。如云雾粒子的大小与红外线(0.76~15μm)的波长接近，所以云雾对红外线的散射主要是米氏散射。因此，潮湿天气米氏散射影响较大。

(3)无选择性散射

当大气中粒子的直径比波长大得多时发生的散射称为无选择性散射。这种散射的特点是散射强度与波长无关，也就是说，在符合无选择性散射的条件的波段中，任何波长的散射强度相同。如云、雾粒子直径虽然与红外线波长接近，但相比可见光波段，云雾中水滴的粒子直径就比波长大得多，因而对可见光中各个波长的光散射强度相同，所以人们看到云雾呈白色，并且无论从云上还是乘飞机从云层上面看，都是白色。

由以上分析可知，散射造成太阳辐射的衰减，但是散射强度遵循的规律与波长密切相关。而太阳的电磁波辐射几乎包括电磁辐射的各个波段。因此，在大气状况相同时，同时会出现各种类型的散射。对于大气分子、原子引起的瑞利散射主要发生在可见光和近红外波段。对于大气微粒引起的米氏反射从近紫外到红外波段都有影响，当波长进入红外波段后，米氏散射的影响超过瑞利散射。大气云层中，小雨滴的直径相对其他微粒最大，对可见光只有无选择性散射发生，云层越厚，散射越强，而对微波来说，微波波长比粒子的直径大得多，则又属于瑞利散射的类型，散射强度与波长四次方成反比，波长越长散射强度越小，所以微波才可能有最小反射，最大透射，而被称为具有穿云透雾的能力。

4. 大气窗口及透射分析

(1)折射现象

电磁波穿过大气层时，除发生吸收和散射外，还会出现传播方向的改变，即折射。大气的折射率与大气密度相关，密度越大折射率越大。离地面越高，空气越稀薄折射也越小。正因为电磁波传播过程中折射率的变化，电磁波在大气中传播的轨迹是一条曲线，到达地面后，地面接收的电磁波方向与实际上与太阳辐射的方向相比偏离了一个角度，即折射值 $R = \theta - \theta'$。当太阳垂直入射时，天顶距为0，折射值R=0，随太阳天顶距加大，折射值增加，天顶距为45°时，折射值 $R=1'$；天顶距为90°时，折射值 $R=35'$，这时折射值达到最大。这也是为什么早晨看到的太阳圆面比中午时看到的太阳圆面大，因为当太阳在地平线上时，折射角度最大，甚至它还没有出地平线，由于折射，地面上已可以见到它了。

(2)大气的反射

电磁波传播过程中，若通过两种介质的交界面，还会出现反射现象。气体、尘埃的反射作用很小，反射现象主要发生在云层顶部，取决于云量，而且各波段均受到不同程度的影响，削弱了电磁波到达地面的强度。因此，应尽量选择无云的天气接受遥感信号。

(3)大气窗口

折射改变了太阳辐射的方向，并不改变太阳辐射的强度。因此，就辐射强度而言，太阳辐射经过大气传输后，主要是反射、吸收和散射的共同影响衰减了辐射强度，剩余部分即为透过部分。对遥感传感器而言，只能选择透过率高的波段，才有观测意义。

通常把电磁波通过大气层时较少被反射、吸收或散射的，透过率较高的波段称为大气窗口。

大气窗口的光谱段主要有(图2.8)：

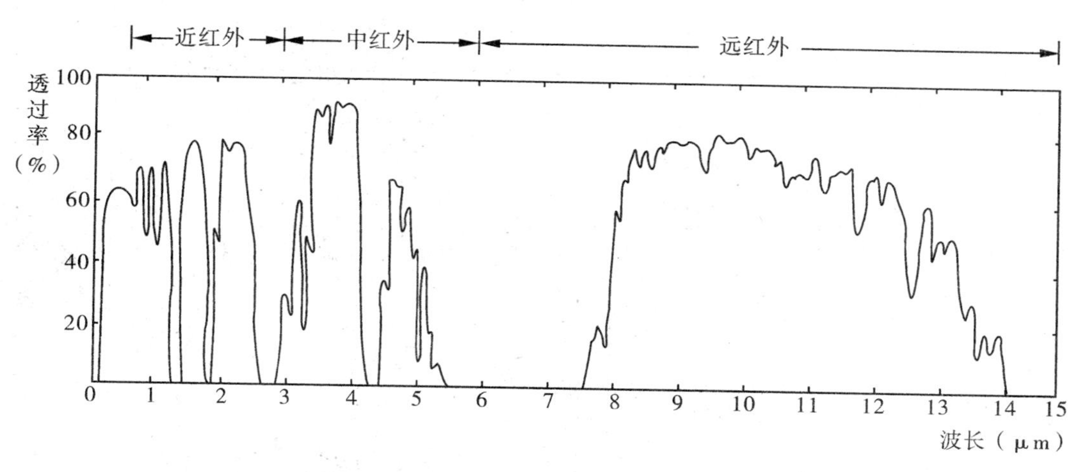

图 2.8 大气窗口

①0.3~1.3μm，即紫外、可见光、近红外波段。这一波段是摄影成像的最佳波段，也是许多卫星传感器扫描成像的常用波段，如 Landsat 卫星的 TM1~4 波段，SPOT 卫星的 HRV 波段。

②1.5~1.8μm 和 2.0~3.5μm，即近、中红外波段，是白天日照条件好时扫描成像的常见波段，如 TM 的 5、7 波段等，用以探测植物含水量以及云、雪，或用于地质制图等。

③3.5~5.5μm，即远红外波段。该波段除了反射外，地面物体也可以自身发射热辐射能量。如 NOAA 卫星的 AVHRR 传感器用 3.55~3.93 探测海面温度，获得昼夜云图。

④8~14μm，即远红外波段，主要通透来自地物热辐射的能量，适于夜间成像。

⑤0.8~2.5cm，即微波波段，由于微波穿云透雾能力强，这一区间可以全天候观测，而且是主动遥感方式，如侧视雷达。Radarsat 的卫星雷达影像也在这一区间，常用的波段为 0.8cm、3cm、5cm、10cm，甚至可将该窗口扩展至 0.05~300cm。

2.1.4 太阳辐射与地面的相互作用

太阳辐射近似于温度为 6000K 的黑体辐射，而地球辐射则接近于温度为 300K 的黑体辐射。最大辐射的对应波长分别为 $\lambda_{max日}=0.48\mu m$ 和 $\lambda_{max地}=9.66\mu m$，两者相差较远。太阳和地表实际电磁辐射的差异，如图 2.9 所示，太阳辐射主要集中在 0.3~2.5μm，属于紫外、可见光到近红外区段。当太阳辐射到达地表后，就短波而言，地表反射的太阳辐射成为地表的主要辐射来源，而来自地球自身的辐射，几乎可以忽略不计。地球自身的辐射主要集中在长波，即 6μm 以上的热红外区段。该区段太阳辐射的影响几乎可以忽略不计，因此只考虑地表物体自身的热辐射。两峰交叉之处是两种辐射共同起作用的部分，在 2.5~6μm，即中红外波段，地球对太阳辐射的反射和地表物体自身的热辐射均不能忽略。地球辐射的分段特征可用表 2.3 来概括。

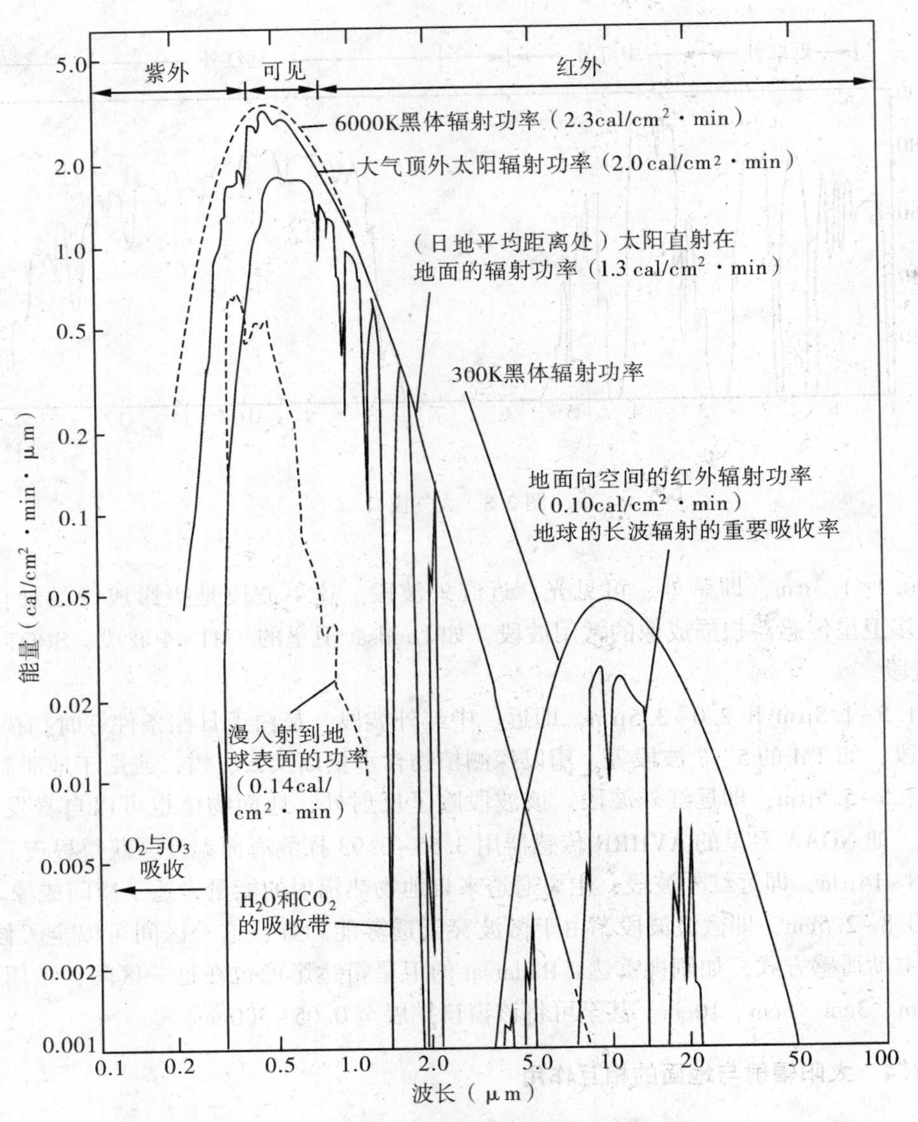

图 2.9 太阳与地表辐射的电磁波谱

表 2.3 **地球辐射的分段特性**

波段名称	可见光与近红外	中红外	远红外
波长	0.3~2.5μm	2.5~6μm	>6μm
辐射特性	地表反射太阳辐射为主	地表反射太阳辐射和自身的热辐射	地表物体自身热辐射为主

地表自身热辐射根据黑体辐射规律及基尔霍夫定律：

$$M = \varepsilon M_0 \tag{2-3}$$

式中，ε 为物体的比辐射率或发射率；M 为黑体辐射出射度；M_0为实际物体辐射出射度。

由于公式中的变量都与地表温度 T 和波长 λ 有关，因此式(2-3)又可写作

$$M(\lambda,\ T)=\varepsilon(\lambda,\ T)M_0(\lambda,\ T) \tag{2-4}$$

式中，T 指地表温度，存在日变化和年变化，因此在测量中常用红外辐射计来探测。图2.10给出了一天内地表附近的温度变化。

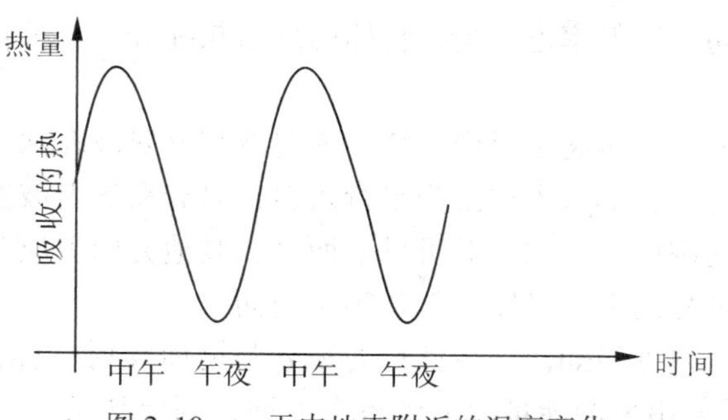

图2.10 一天内地表附近的温度变化

温度一定时，物体的比辐射率随波长变化。可见比辐射率(发射率)波谱特性曲线的形态特征可以反映地面物体本身的特性，包括物体本身的组成、温度、表面粗糙度等物理特性。特别是曲线形态特殊时可以用发射率曲线来识别地面物体，尤其在夜间，太阳辐射消失后，地面发出的能量以发射光谱为主。探测其红外辐射及微波辐射并与同样温度条件下的比辐射率(发射率)曲线比较，是识别地物的重要方法之一。

2.1.5 地物的光谱特性

1. 概述

在可见光与近红外波段(0.3~2.5μm)，地表物体自身的热辐射几乎等于零。地物发出的波谱主要以反射太阳辐射为主。当然，太阳辐射到达地面后，物体除了反射作用外，还有对电磁辐射的吸收作用，如黑色物体的吸收能力较强。最后，电磁辐射未被吸收和反射的其余部分则是透过的部分，即

到达地面的太阳辐射能量=反射能量+吸收能量+透射能量

一般地说，绝大多数物体对可见光都不具备透射能力，而有些物体，例如水，对一定波长的电磁波则透射能力较强，特别是0.45~0.56μm的蓝、绿光波段，一般水体的透射深度可达10~20m，混浊水体则为1~2m，清澈水体甚至可透到100m的深度。对于一般不能透过可见光的地面物体对波长5cm的电磁波则有透射能力，例如，超长波的透射能力就很强，可以透过地面岩石、土壤。利用这一特性制作成功的超长波探测装置探测地下的超长波辐射，可以不破坏地面物体而探测地下层面情况，在遥感界和石油地质界取得了令人瞩目的成果。

在反射、吸收、透射物理性质中，使用最普遍最常用的仍是反射这一性质，也是本节的主要内容。

2. 反射率与反射波率

(1)反射率

物体反射的辐射能量 P_ρ 占 P_0 总入射能量的百分比，称为反射率 ρ。

$$\rho = P_\rho / P_0 \times 100\% \tag{2-5}$$

不同物体的反射率也不同，这主要取决于物体本身的性质(表面状况)以及入射电磁波的波长和入射角度，反射率的范围总是 $\rho \leqslant 1$，利用反射率可以判断物体的性质。

(2)物体的反射

物体表面状况不同，反射率也不同。物体的反射状况分为三种：镜面反射、漫反射和实际物体反射。

镜面反射是指物体的反射满足反射定律。入射波和反射波在同一平面内，入射角与反射角相等。当镜面反射时，如果入射波为平行入射，只有在反射波射出的方向上才能探测到电磁波，而其他方向则探测不到。对可见光而言，其他方向上应该是黑的。自然界中真正的界面很少，非常平静的水面可以近似认为是镜面。

漫反射是指不论入射方向如何，虽然反射率 ρ 与镜面反射一样，但反射方向却是“四面八方”。也就是把反射出来的能量分散到各个方向，因此从某一方向看反射面，其亮度一定小于镜面反射的亮度。严格地说，对漫反射面，当入射辐照度 I 一定时，从任何角度观察反射面，其反射辐射亮度是一个常数，这种反射面又叫朗伯面。设平面的总辐射率 ρ，某一方面上的反射因子 ρ'，则

$$P = \pi\rho' \tag{2-6}$$

式中，ρ' 为常数，与方向角或高度角无关。自然界中真正的朗伯面也很少，新鲜的氧化镁(MgO)、硫酸钡($BaSO_4$)、碳酸镁($MgCO_3$)表面，在反射天顶角 $\theta \leqslant 45°$ 时，可以近似看成朗伯面。

实际物体反射多数都处于两种理想模型之间，即介于镜面和朗伯面(漫反射面)之间，一般讲，实际物体表面在有入射波时各个方向都有反射能量，但大小不同。在入射辐照度相同时反射辐射亮度的大小即与入射方位角和天顶角有关。设 ϕ_i、θ_i 分别为入射方向的方位角和天顶角，ϕ_r、θ_r 分别为某一反射方向的方位角和天顶角，如图 2.11 所示，那么方

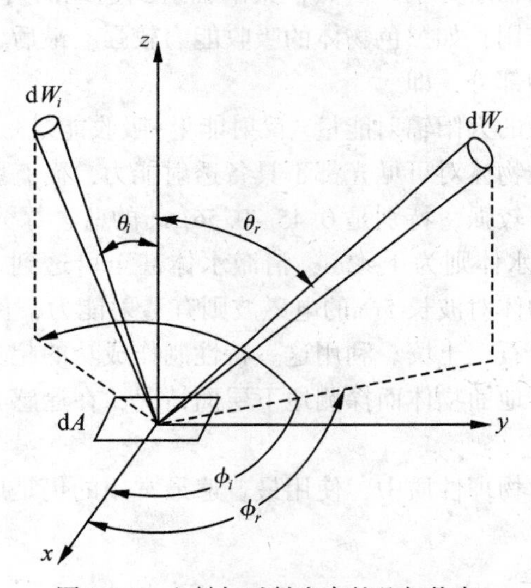

图 2.11 入射与反射光束的几何状态

向反射因子 ρ' 可以表示为

$$\rho'(\phi_i, \theta_i, \phi_r, \theta_r) = L_r(\phi_r, \theta_r) / I_i(\phi_i, \theta_i) \tag{2-7}$$

I_i 为某一方向入射辐射的照度；L_r 为观察对象的反射亮度。这些物理量均与方位角和天顶角有关，只有当朗伯体时才都成为与角度无关的量。应注意的是，入射辐照度应该由两部分组成，一部分是太阳的直接辐射，是由太阳辐射来的平行光束穿过大气直接照射地面，其辐照度大小与太阳天顶角 ϕ_i 和日地距离 D 有关；另一部分是太阳辐射经过大气散射后由漫入射到地面的部分，因为是四面八方射入，其辐照度大小与入射角度无关。这样式(2-7)变为：

$$L_r(\phi_r, \theta_r) = \rho'(\phi_i, \theta_i, \phi_r, \theta_r) I_i(\theta_i, D) + \rho''(\phi_r, \theta_r) I_D \tag{2-8}$$

式中，ρ'' 为入射时的方向反射因子，I_D 为漫反射辐照度。

(3)反射波谱

地物的反射波谱是指地物反射率随波长的变化规律。通常用平面坐标曲线表示，横坐标表示波长 λ，纵坐标表示反射率 ρ，如图 2.12 所示，同一物体的波谱曲线反映出不同波段的不同反射率，将此与遥感传感器的对应波段接收的辐射数据相对照，可以得到遥感数据与对应地物的识别规律。

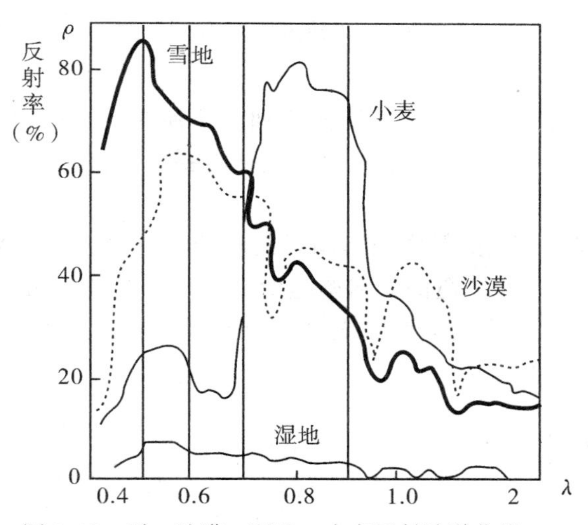

图 2.12　雪、沙漠、湿地、小麦反射波谱曲线

3. 地物反射波谱曲线

地物反射波谱曲线除随不同地物(反射率)不同外，同种地物在不同内部结构和外部条件下形态表现(反射率)也不同。一般说来，地物反射率随波长变化有规律可循，从而为遥感影像的判读提供依据。

(1)植被

植被的反射波谱曲线(光谱特征)规律性明显而独特，如图 2.13 所示，主要分成三段：可见光波段(0.4～0.76μm)有一个小的反射峰，位置在 0.55μm(绿)处，两侧 0.45μm(蓝)和 0.67μm(红)则有两个吸收带。这一特征是由于叶绿素的影响，叶绿素对蓝光和红光吸收作用强，而对绿光反射作用强。再近红外波段(0.7～0.8μm)有一反射的

“陡坡”，至 1.1μm 附近有一峰值，形成植被的独有特征。这是由于植被叶细胞结构的影响，除了吸收和透射的部分，形成的高反射率。在中红外波段(1.3~2.5μm)受到绿色植物含水量的影响，吸收率大增，反射率大大下降，特别以 1.45μm、1.95μm 和 2.7μm 为中心是水的吸收带，形成低谷。

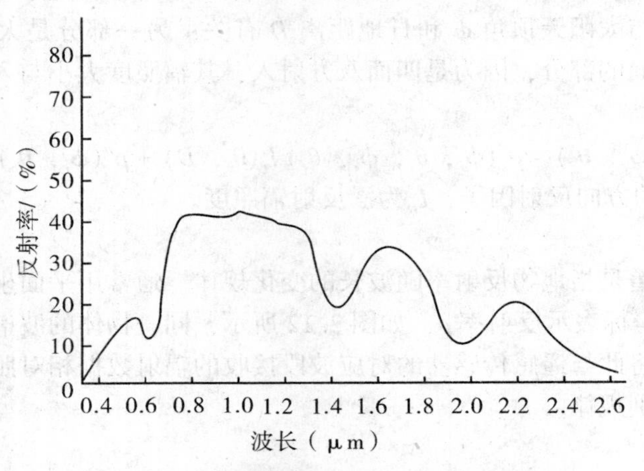

图 2.13 绿色植物反射波谱曲线

植物波谱在上述基本特征下仍有细部差别，这种差别与植物种类、季节、病虫害影响、含水量多少等有关系。为了区分植被种类，需要对植被波谱进行研究。

(2)土壤

自然状态下土壤表面的反射率没有明显的峰值和谷值，一般来讲土质越细反射率越高，有机质含量越高和含水量越高反射率越低，此外土类和肥力也会对反射率产生影响，如图 2.14 所示。由于土壤反射波谱曲线呈比较平滑的特征，所以在不同光谱段的遥感影像上，土壤的亮度区别不明显。

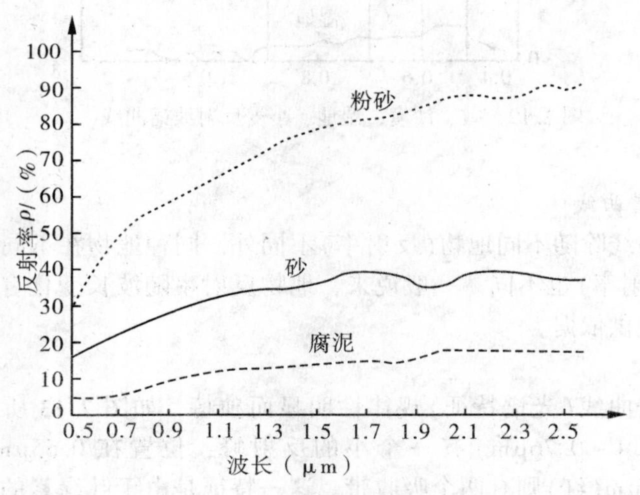

图 2.14 三种土壤的反射波谱曲线

(3)水体

水体的反射主要在蓝绿光波段，其他波段吸收都很强，特别到了近红外波段，吸收就更强，如图2.15所示。正因为如此，在遥感影像上，特别是近红外光影像上，水体呈黑色。但当水中含有其他物质时，反射光谱曲线会发生变化。水中含泥沙时，由于泥沙散射，可见光波段反射率会增加，峰值出现在黄红区。水中含叶绿素时，近红外波段明显抬升，这些都成为影像分析的重要依据。

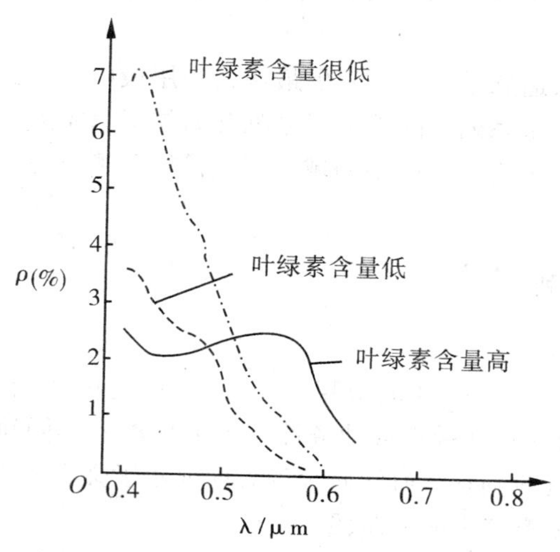

图2.15 具有不同叶绿素浓度的海水的波谱曲线

(4)岩石

岩石的反射波谱曲线无统一的特征，矿物成分、矿物含量、风化程度、含水状况、颗粒大小、表面光滑程度、色泽等都会对曲线形态产生影响。图2.16是几种不同岩石的反射波谱曲线。

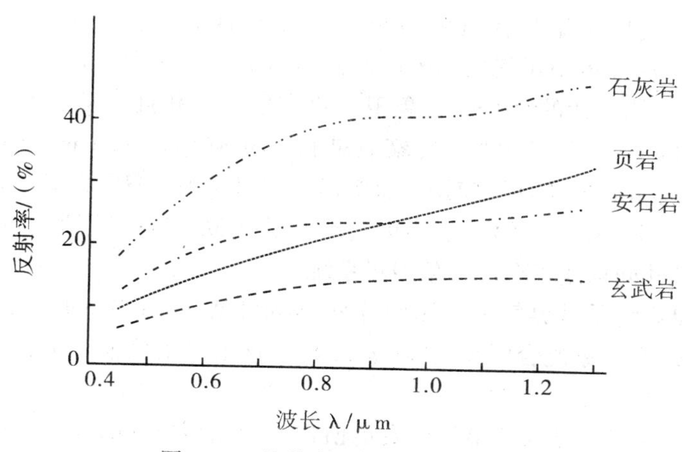

图2.16 几种岩石的反射波谱曲线

2.2 遥感平台与分类

遥感平台是搭载传感器的工具。根据运载工具的类型，可分为地面平台、航空平台和航天平台。地面平台包括车、船、塔等，高度均在0~50m的范围内。航空平台的高为700~900km。航空平台包括低、中、高空飞机，以及飞艇、气球等，高度在百米至十余千米不等。航天平台的高度在150km以上，其中最高的是静止卫星，位于赤道上空36000km的高度上。

在遥感平台中，航天遥感平台目前发展最快，应用最广。根据航天遥感平台的服务内容，可以将其分为气象卫星系列、陆地卫星系列和海洋卫星系列。虽然不同的卫星系列所获得的遥感信息常常对应于不同的应用领域，但在进行监测研究时，常常根据不同卫星资料的特点，选择多种平台资料。

2.2.1 气象卫星系列

1. 气象卫星概述

气象卫星是最早发展起来的环境卫星。从1960年美国发射第一颗实验性气象卫星(TIROS-1)以来，已经有多种实验性或业务性气象卫星进入不同轨道。气象卫星资料已在气象预报、气象研究、资料调查、海洋研究等方面显示了强大的生命力。

气象卫星的发展主要有三个明显阶段：

20世纪60年代发展了第一代气象卫星。主要代表有：泰诺斯(Television and Infrared Observation Satellite，TIROS)，即电视和红外辐射观测卫星。1960—1965年共收射了10颗，均为极轨气象卫星；艾萨(Environmental Service Administration Satellites，ESSA)，即环境科学服务业务卫星。它相当于第二代TIROS卫星，1966年2月发射的ESSA1是第一颗业务应用卫星；“雨云”(Nimus)实验性卫星气象专用于进行新的观测仪器的实验，以及对船舶、浮标站等气象观测资料的收集方式进行实验；艾托斯(Application Technology Satellite，ATS)，即应用技术实验卫星，是静止实验卫星。

1970—1977年发展了第二代气象卫星。发射了ITOS-1(Improved TIROS Operational System)，它是TIROS业务卫星气象的改造型，相当于TIROS第三代，之后进一步为诺瓦(NOAA)业务卫星。第一代的“雨云”气象卫星仍在发展，并且又发展了SMS(Synchronous Meteorological Satellite)，即地球同步气象卫星和GOES(Geostationary Operational Environmental Satellite)，即静止同步环境应用卫星等静止卫星系列。这一时期，苏联的“流星”Ⅱ型气象卫星(Meteop Ⅱ)和日本的对地静止气象卫星(GMS)以及欧洲空间局的Meteosat等也发展起来，并且共同构成了全球气象卫星系统。

全球气象卫星系统是世界气象监测网计划(World Weather Watch，W. W. W)的最重要组成部分，由64个国家配合同步实验(表2.4)，该卫星系统包括5个静止卫星系列和2个极轨卫星系列。

1978年以后气象卫星进入了第三个发展阶段，主要以NOAA系列为代表。每颗卫星的寿命在两年左右，采用近极地太阳同步近圆形轨道，双星系统，轨道高度分别是870km和833km，轨道倾角为98.9°和98.7°，周期为101.4min。

我国的气象卫星发展比较晚。“风云一号”气象卫星(FY-1)是我国发射的第一颗环境遥感卫星。其主要任务是获取全球的昼夜云图资料及进行空间海洋水色遥感实验。卫星于1988年9月7日准确进入太阳同步轨道。1990年9月3日，风云一号的第二颗FY-1-B发射成功。其所携带的传感器有甚高分辨率扫射辐射计，共有5个探测通道，可用于天气预报、提供植被指数，区分云和雪进行海洋水色观测等。

风云二号(FY-2)于1997年6月10日由长征三号火箭从西昌卫星发射中心发射升空，是地球同步轨道静止气象卫星，由中国航天科技集团公司所属的航天技术研究院、中国空间技术研究院、第四研究院及中国科学院上海物理技术所、空间中心、信息产业部电子18所等单位共同研制，是一颗完全自主研制的卫星，是中国第一颗自旋稳定静止气象卫星。主要功能是对地观测，每小时获取一次对地观测的可见光，红外与水汽云图。

表2.4 全球气象卫星系统

(静止气象卫星)			
承担国家	卫星名称	卫星监视区域	
日本	GMS	西太平洋、东南亚、澳大利亚	E70°
美国	SMS/GOES	北美大陆西部、东太平洋	W140°
美国	SMS/GOES	北美大陆东部、南美大陆	W70°
欧空局	Meteosat	欧洲、非洲大陆	0°
俄罗斯	COMS	亚洲大陆中部印度洋	E70°
(极轨气象卫星)			
承担国家	卫星名称	备 注	
美国	NOAA 系列	从800~1500km高度，南北向绕地球运行，对东西约3000km的带状地域进行观测，一日两次，在极地地区观测密集	
俄罗斯	Meteop 系列		

2. 气象卫星特点

①轨道。

气象卫星的轨道分为两种，即低轨和高轨。低轨就是近极地太阳同步轨道，简称极地轨道。轨道高度为800~1600km，南北向绕地球运转，对东西宽约2800km的带状地域进行观测。由于与太阳同步，使卫星每天在固定的时间(地方时)经过每个地点的上空，使资料获得时具有相同的照明条件。一日两次(对某一点而言)，在极地地球观测频繁。高轨是指地球同步轨道，轨道高度36000km左右，绕地球一周需24小时，卫星公转角速度和地球自转角速度相等，相对于地球似乎固定于高空某一点，故称地球同步卫星或静止气象卫星。静止卫星能观测1/4地球面积，由3~4颗卫星形成空间监测网，对全球中低纬地区进行监测。对某一固定地区，每隔20~30min获取一次资料。由于它相对于地球静止，所以可作为通信中间站，用于传送各种天气资料，如天气图、预报图等。

②短周期同步观测。

静止气象卫星具有较高的重复周期(0.5小时1次)；极轨卫星如NOAA等具有中等重

复覆盖周期，0.5~1 天/次。总的来说，气象卫星时间分辨率较高，有助于对地面快速变化的动态监测。

③成像面积大，有利于获得宏观同步信息，减少数据处理容量。

气象卫星扫描宽度约 2800km，只需 2~3 条轨道就可以覆盖我国。相对于其他卫星资料(如陆地卫星)更加容易获得完全同步，低云量或无云的影像。

④资料来源连续，实时性强，成本低。

气象卫星获得的遥感资料包括：可见光和红外云图等图像资料；云量、云分布、大气垂直温度、大气水汽含量、臭氧含量、云顶温度、海面温度等数据资料；太阳质子、射线和 X 射线的高空大气物理参数等空间环境监测资料；以及对于图像资料和数据资料等加工处理后的派生资料。另外，由于气象卫星兼有通信卫星的作用，利用气象卫星上的数据收集系统(DCS)可以同时收集来自气球、飞机、船舶、海上漂浮站、无人气象战等的各种资料，并转发给地面专门的资料收集和处理中心。

3. 气象卫星资料的应用领域

(1)天气分析和气象预报

气象卫星云图可以根据云的大小、亮度、边界形状、水平结构、纹理等识别各种云系的分布，推断出锋面、气旋(水平范围达数千米)、台风(水平范围达数百到数千米)、冰雹等的存在和位置，从而对这种大尺度和中尺度的天气现象进行成功的定位、跟踪及预报。

(2)气候研究和气候变迁的研究

根据近年研究表明，控制长期天气过程和气候变动的因素有太阳活动、下垫面变化，例如，二氧化碳增加，地表固体水的分布特别是两极冰雪覆盖量的变化，以及海洋与大气的耦合环流中大气与海洋的能量交换等。这些方面研究的资料通过气象卫星可以获得。气象卫星可以直接获得二氧化碳的含量数据，通过云图的辐射信息的分析可以获得冰雪覆盖的信息。

(3)资源环境其他领域

气象卫星上携带的传感器不仅对大气圈而且对地球表面进行探测，有时也对日地空间进行探测，因此气象卫星的用途是多方面的。在海洋学方面运用气象卫星有宽广的领域。连续的气象卫星红外云图和可见光云图，可以从波谱和温度中区分出不同波谱，不同温度的水团、水流位置、范围、界限、运移情况并推算出其运移速度，从而了解水团、漩涡的分布、洋流的变动等，为确保航海安全提供保障。气象卫星云图观测海流是十分有效的，通过研究海面温度分布状况，利用 NOAA 卫星的传感器获得的红外云图，经水汽订正，可测量海面温度，绘制大范围的海面温度图，精度可达 1℃。根据海面温度分布图以及云图，还可以辨别海洋暖流和寒流交界处的“锋面”位置和摆动情况，为确定渔场和可能出现的鱼种提供信息，并实时发出鱼情，海况预报。另外，气象卫星资料在环境监测方面也发挥作用，如森林火灾、尘暴、水污染等的监测。通过气象卫星资料了解林火位置、范围，估计损失的材积量，并根据火灾区的风向、温度、降水等条件来预报火势的发展，以及对林火的烟尘扩散污染范围进行预测。

2.2.2 陆地卫星系列

从 1958 年以来，美国国家宇航局(NASA)发射的“水星”，“双子星”等宇宙飞船以及

“阿波罗”(Apollo)载人飞船，拍摄了大量地表照片，提供了从宇宙空间探测、分析、研究地球资源的可能性。陆地卫星系列是指地球资源卫星，继美国成功发射第一颗陆地卫星之后，俄罗斯、法国、印度、中国等都发射了陆地卫星。陆地卫星在重复成像的基础上，产生世界范围的图像，对地球科学的发展具有很大的推动作用，同时由于提供了数字化的多波段图像数据，促进了数字化影像处理技术的发展，扩大了陆地卫星的应用广度和深度。

1. 主要的陆地卫星系列

(1)陆地卫星(Landsat)

陆地卫星，即“地球资源卫星”计划，在美国内务部和国家宇航局的共同努力下，于1972年7月23日发射了第一颗地球资源卫星(1975年后改名为“陆地卫星”)。其中Landsat-5是1984年发射的，Landsat-7是1999年4月发射的，设计寿命是6年。Landsat-7卫星(图2.17)是NASA“地球使命计划”中的一部分，又是美国“国防气象卫星计划”(DMSP)和泰罗斯(TIROS)卫星的继承卫星，同时也是NASA1972年开始实施的Landsat计划中的最后一颗卫星。这颗卫星的发射，标志着一个时代：即大型、昂贵的Landsat系列地球观测卫星时代即将结束，NASA的下一步将发展较小、较便宜，研制周期较短的地球观测卫星。

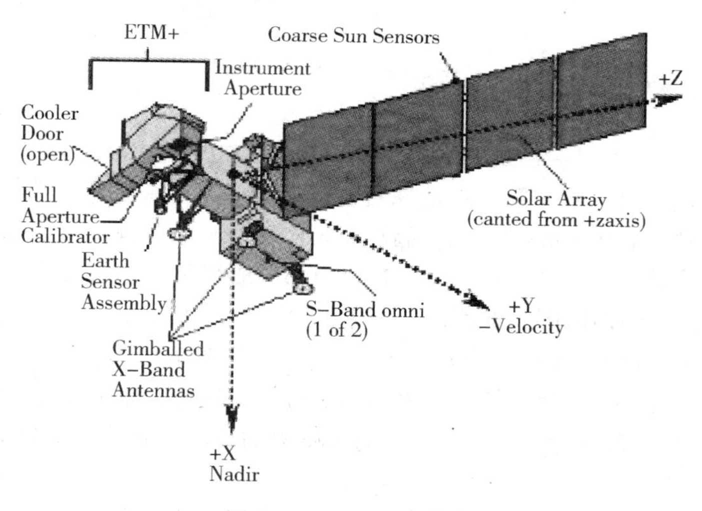

图 2.17 Landsat-7 外观

Landsat的轨道为太阳同步的近极地圆形轨道，保证北半球中纬度地区获得中等太阳高度角的上午影像，且卫星通过某一地点的地方时相同。每16至18天覆盖地球一次(重复覆盖周期)，图像的覆盖范围为$185\times185km^2$(Landsat-7为$185\times170km^2$)。Landsat上携带的传感器所具有的空间分辨率在不断提高，由80m提高到30m，Landsat-7的ETM又提高的到15m。

(2)SPOT卫星

SPOT卫星，即地球观察卫星系统，由瑞典、比利时等国家参加，由法国国家空间研究中心(CNES)设计制造的。1986年发射第一颗，到1998年已经发射了4颗。SPOT(图2.18)的轨道是太阳同步圆形近极地轨道，轨道高度830km左右，卫星的覆盖周期是26

天，重复感测能力一般是3~5天，部分地区达到1天。较之陆地卫星，其最大优势是最高空间分辨率达10m，并且SPOT卫星的传感器带有可定向的发射镜，使仪器具有偏离天底点(倾斜)观察的能力，可获得垂直和倾斜的图像。因而其重复观察能力由26天提高到1~5天，并且不同轨道扫描重叠产生立体像对，可以提供立体观测地面，描绘等高线，进行立体测图和立体显示的可能性。

图2.18 SPOT外观

(3)中国资源一号卫星——中巴地球资源卫星(CBERS)

1999年10月14日，我国第一颗地球资源遥感卫星(又称资源一号卫星)在太原卫星发射中心成功发射。早在1985年，我国就研制了中国国土普查卫星，这是一种短寿命、低轨道的返回式航天遥感卫星。在当时，各用户部分取得了不小的成功。但普查卫星受气候条件限制，长江以南地区因长期阴雨，绝大部分像片不能使用，致使全国国土资源与环境普查工作未能达到预期目的。资源一号卫星是继国土普查卫星之后，我国发射的第一颗地球资源卫星。资源一号卫星的轨道是太阳同步近极地轨道，轨道高度778km，卫星的重访周期是26天，设计寿命为2年。其携带的传感器的最高空间分辨率是19.5m。

(4)其他陆地卫星

在过去的发展过程中，许多航天器都具有进行地球资源监测的目的，属于陆地卫星系列。如美国1973年发射的天空实验室(Skylab)，1978年发射的热容量制图卫星(HCMM)，印度发射的地球资源卫星(Bnaskara)，欧空局的空间实验室(Spacelab)等。

2. 高空间分辨率陆地卫星

1999年9月美国IKONOS-2(IKONOS-1于1999年4月发射失败)的成功发射使陆地卫星系列中又增加了高空间分辨率的数据源。IKONOS使用线性阵列技术获得4个波段的4m分辨率多光谱数据和一个波段的1m分辨率的全色数据。其波段分配为：多光谱波段1(蓝色)为0.45~0.53μm，波段2(绿色)为0.52~0.61μm，波段3(红色)为0.64~0.72μm，波段4(近红色)为0.77~0.88μm。全色波段为0.45~0.90μm。数据收集可达到2048灰度级，记录为11bit。由于卫星设计为易于调整和操作，几秒钟内就可以调整到指向新位置。这样很容易根据用户的需要取得新数据。全景图像可达到$11\times11\text{km}^2$，实际图像的大小可根据用户的需要拼接和调整。比较 IKONOS 和 TM 的后 3 个波段。显然就光谱性质而言，不如 TM 的前 4 个波段，IKONOS 去掉了 TM 的后 3 个波段。显然就光谱性质而言，不如 TM 了。但从空间分辨率来说，相比 TM 的 30m，IKONOS 大大提高了数据的空间分辨率特性。4m 彩色和 1m 全色可以和航空像片媲美。

正因为如此，几乎与 IKONOS 发射同时，也出现载有高分辨率传感器的快鸟(Quickbird)和轨道观察 3 号(OrbView-3)等卫星。其传感器的光谱波段都与 IKONOS 相同，只是在图像覆盖尺度和传感器倾斜角度上有些差别。

2.2.3 海洋卫星系列

从 20 世纪 60 年代气象卫星发射后，除获得了大量气象和气象信息外，还同时提供了大量海洋信息，如海洋温度、海流运动、海水浑浊度等信息，引起了广大海洋学界的极大兴趣。1978 年 6 月 26 日，美国发射了世界上第一颗海洋卫星 Seasat1。这颗卫星因电源部分发生故障仅工作了 105 天(故又称为百日卫星)。这颗实验性卫星寿命虽然很短，但是在遥感方面却是成功的，开创了海洋遥感和微波遥感的新阶段，为观察海况，研究海面形态，海面温度、风场、海冰、大气含水量等开辟了新途径。

1. 海洋遥感特点

由于海洋具有其特殊性，如面积很大，反射较强，海水具有透明性的差异以及海面特殊状况等，海洋遥感具有以下特点：

①需要高空和空间的遥感平台，已进行大面积同步覆盖观测。

由于海洋具有范围广、幅度大、变化快的特点，只有从高空和空间平台上才能获得大面积同步覆盖的信息，进行海洋的研究。

②以微波为主。

微波可以在各种天气条件下，透过云层获取全天候、全天时的世界海洋信息，并且微波还可以较好地获取海水温度、盐度和海面粗糙度等信息。

③电磁波与激光、声波的结合是扩大海洋遥感探测手段的一条新路。

海洋遥感从可见光到红外到微波虽都被利用，但仍局限在以海水表面为深度的薄层，而利用声波可突破深度上的局限性，将遥感技术的应用范围延伸到深海甚至海底。

④海面实测资料的校正。

海洋遥感要有其他海洋手段和海面实测资料作参考方能有效发挥作用。

2. 海洋卫星简介

(1)Seasat1

Seasat1 卫星发射于 1978 年，为近极地太阳同步近圆形轨道。卫星能覆盖全球 95%的地区，即南北纬 72 度之间地区，一次扫描覆盖海面宽度 1900km。卫星是装载 5 种传感器，其中 4 种是微波传感器。

(2)“雨云”7 号卫星(Nimbus-7)

Nimbus-7 于 1978 年 10 月 24 日发射，为太阳同步极地轨道。虽为气象卫星，但在检测大气的同时带有专测海洋信息的传感器。

(3)日本海洋观测卫星(MOSI)

MOSI 于 1978 年 2 月发射，为太阳同步轨道。其目的是获取大陆架浅海的海洋数据，为生物资源开发、海洋环境保护提供海洋学方面的资料。

(4)ERS(欧空局)

ERS-1 作为 20 世纪 90 年代新一代空间计划的先驱于 1991 年发射，1995 年 ERS-2 发射成功。它们均使用全天候测量和成像微波技术，提供全球重复性观测数据。为太阳同步极地轨道卫星系统，观测领域包括海况、洋面风、海洋循环及海洋、冰层等。

(5)加拿大雷达卫星(Radarsat)

Radarsat 于 1995 年 11 月发射成功，它所携带的合成孔径雷达是一台功率很强的微波传感器。主要用于资源管理，冰、海洋和环境检测等。

2.3 遥感传感器与成像原理

2.3.1 摄影型传感器

摄影是通过成像设备获取物体的摄像技术。传统摄影依靠光学及放置在焦平面的感光胶片来记录物体影像。数字摄影通过放置在焦平面的光敏元件，经光/电转换，以数字信号来记录物体的影像。依据探测波长不同，又可分为近紫外摄影、可见光摄影、红外摄影、多光谱摄影等。

1. 摄影机

摄影机是成像遥感最常用的传感器，可装载在地面平台、航空平台以及航天平台上，有分幅式摄影机和全景式摄影机之分。

(1)分幅式摄影机

一次曝光得到目标物一幅像片，如图 2.19 所示，镜头分常角(视场角 50°~70°)、宽

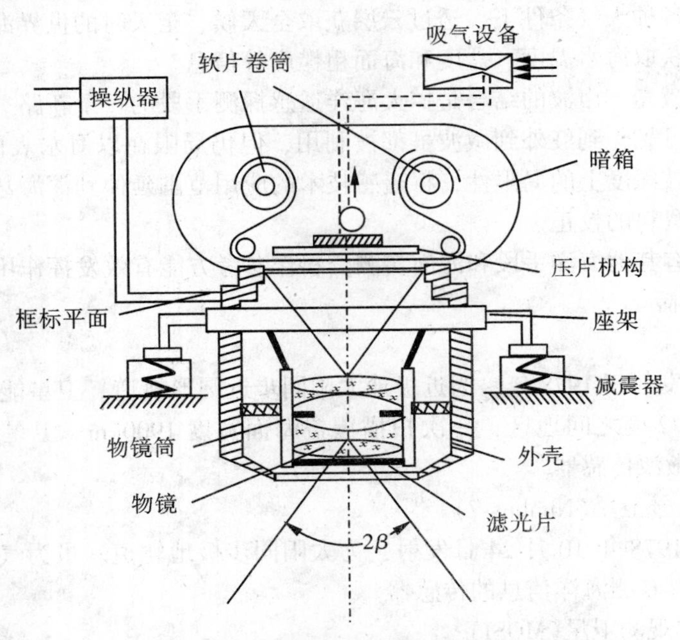

图 2.19 单镜头分幅式摄影机构造

角(视场角 70°~105°)和特宽角(视场角 105°~135°)。同平台高度下，视场角愈大，地面覆盖范围愈大。焦距 f 小于 100mm 为短焦距；100~200mm 为中焦距；大于 200mm 为长焦距。航空摄影相机的焦距在 150mm 左右，如 RC10、RC20 和 RMK 型等。航天摄影机焦距需要大于 300mm，甚至大于 1000mm。遥感摄影机镜头中心的光学分辨率通常在 70~100 线对/mm。分幅式摄影机像幅通常有 230mm×230mm 和 180mm×180mm 两种。此外，还有小像幅(60mm×60mm)和大像幅的(230mm×460mm)。

对可见光遥感，摄影外壳只需是不透光材料，如金属、人造革、塑料等。对红外摄影，则只能用金属材料。

(2)全景式摄影机

全景式摄影机又称扫描摄影机。依结构和工作方式可分为缝隙式摄影机和镜头转动式摄影机。

缝隙式摄影机又称航带摄影机，通过焦平面前方设置的与飞行方向垂直的狭缝快门获取横向的狭带摄像，如图 2.20 所示。

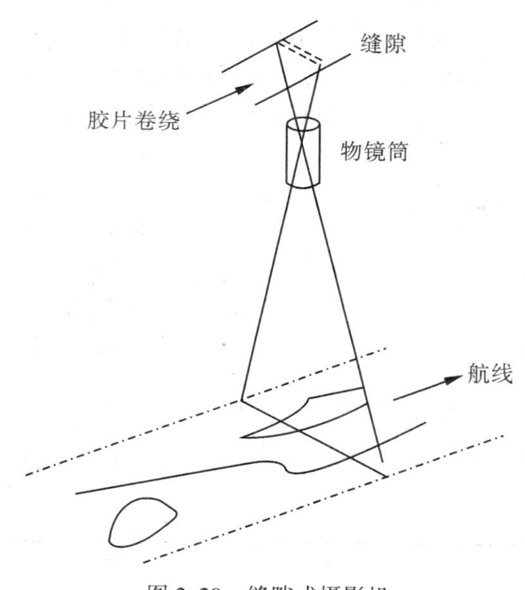

图 2.20　缝隙式摄影机

镜头转动式全景摄影机有两种工作方式，一种是转动镜头的物镜，狭缝设在物镜筒的后端，随着物镜筒的转动，在后方向弧形胶片上聚焦成像。另一种是用棱镜镜头转动、连续卷片成像。

全景摄影机焦距长(可超过 600mm)，可在长 23cm(航向)，宽 128cm(横向)的胶片上成像，主要用于军事侦察。通常的遥感探测和制图则大多采用分幅式摄影。

(3)多光谱摄影机

可同时直接获取可见光和近红外范围内若干波段影像。有 3 种类型：多相机组合型、多镜头组合型和光束分离型。

多相机组合型是将几架相机同时组装在一个外壳上，每架相机配置不同的滤光片和胶片，以获取同一地物不同波段的影像。

多镜头组合型是在同一架相机上装置多个镜头，配以不同波长的滤光片，在一张大胶片上拍摄同一地物不同波长的影像。

光束分离型是用一个镜头，通过二向反射镜或光栅分光，将不同波段在各焦平面上记录影像。

(4)数码摄像机

成像原理与一般摄影机结构也类似。所不同的是，其记录介质不是感光胶片，而是光敏，电子器件如 CCD(电荷合耦器件，Charge Coupled Device 的缩写)。

2. 摄影像片的几何特征

摄影机从飞行器上对地摄影时，根据摄影机主光轴与地面的关系，可分为垂直摄影和倾斜摄影。

摄影机主光轴垂直于地面或偏离垂线在3°以内。获得的像片称水平像片或垂直像片。航空摄影测量和制图大多是这类像片，如图 2.21(a)所示。

摄影机主光轴偏离垂直线大于3°，获得的像片如图 2.21(b)所示。全景摄影成像时，镜头垂直飞行器下方航带中心线时为垂直摄影，其余状态下均为倾斜摄影。倾斜摄影时，主光轴偏离垂线角度愈大，影像畸变也愈大，给图像纠正带来困难，不利于制图。但是为了获取较好的立体效果且对制图要求不高时，也可采用倾斜摄影。

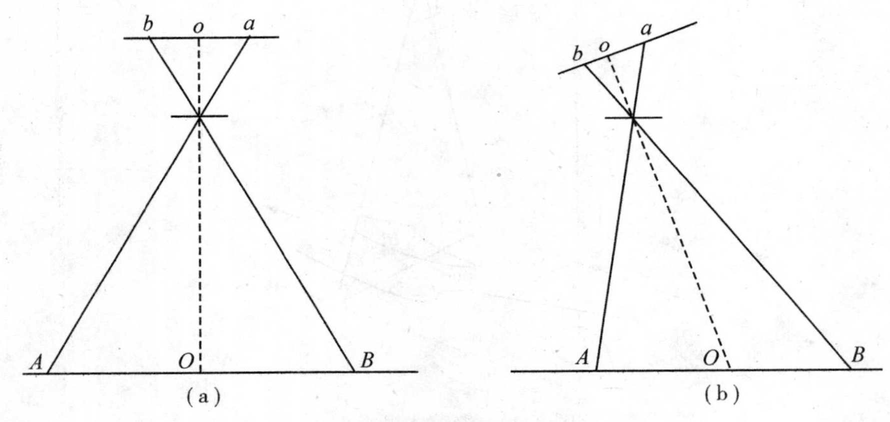

图 2.21 垂直摄影(a)与倾斜摄影(b)示意图

(1)像片的投影

常用的大比例尺地形图属于垂直投影或近垂直投影，而摄影像片却属于中心投影。垂直投影的物体影像是通过互相平行的光线投影到与光线垂直的平面上的，如图 2.22 所示，因此像片(或地图)比例尺处处一致，而且与投影距离无关。物体通过物镜中心投射到承影面上，形成透视影像。如图 2.22(b)所示，地面 A、B、C 3 点通过物镜 S 投影到焦平面(胶片)的 a、b、c 上。

根据透镜成像原理，物体的反射光通过摄影机的物镜中心，在底片上构成的像为负像，经过接触晒印所获得的像片，其影像与地面物体一致。从投影上来说，物体和投影面位于投影中心 S 的两侧，其投影为负像；物体和投影面位于投影中心的同一侧，遥感摄影

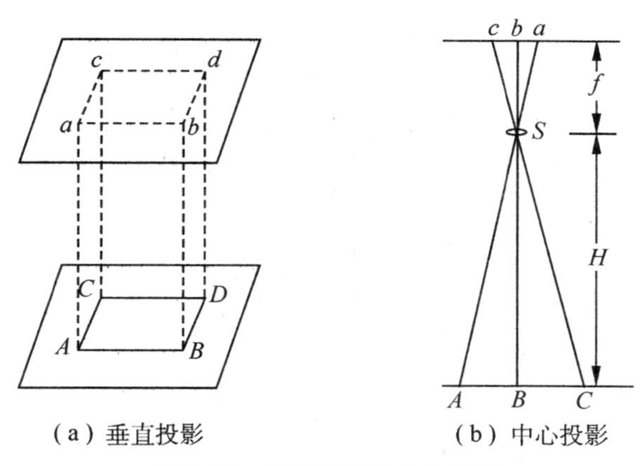

(a) 垂直投影　　(b) 中心投影

图 2.22　垂直投影和中心投影

机直接摄取的胶片是负片，经晒印的照片则是正片，它好像是与地面在投影中心 S 的同一侧获得的正片(焦距 f 与底片获取的负像相等)。由于感光胶片技术的发展，产生正像的底片(反转片)已成功地广泛应用，可以直接获取正像，并可通过反转晒印，取得正像照片，如图 2.23 所示。

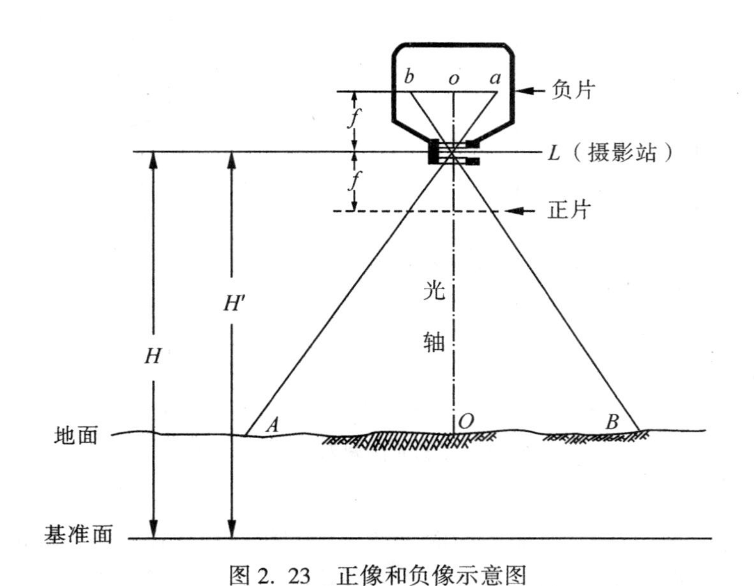

图 2. 23　正像和负像示意图

(2)中心投影与垂直投影的区别

第一，投影距离的影响。垂直投影图像的缩小和放大与投影距离无关，并有统一的比例尺。中心投影受投影距离(遥感平台高度)的影响，像片比例尺与平台高度 H 和焦距 f 有关，如图 2.24 所示。

第二，投影面倾斜的影响。当投影面倾斜时，垂直投影的影像仅表现为比例尺有所放大，如图 2.25(a)所示，像点 ao，bo 相对位置保持不变，但 ao、bo 与 AO、BO 相比，比

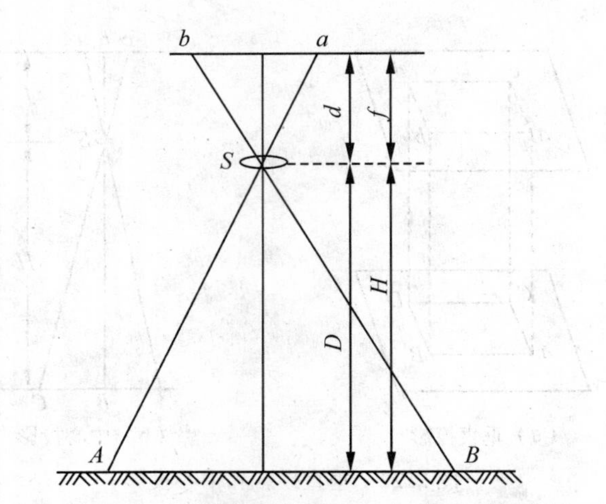

图 2.24 中心投影受平台高度 $\boldsymbol{H}$ 与焦距 $\boldsymbol{f}$ 的影响

例有所夸大。在中心投影的像片上，如图 2.25(b)所示，*ao*、*bo* 比例关系有显著的变化，各点的相对位置和形状不再保持原来的样子，地面上 $AO=BO$，而像片上的 $ao>bo$。

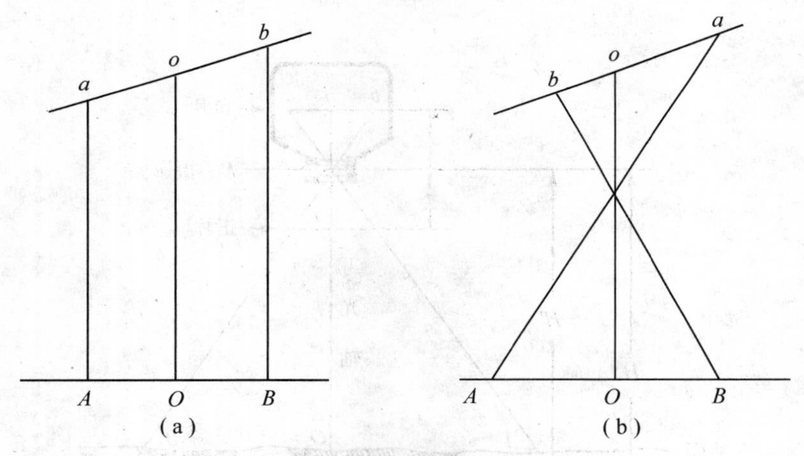

图 2.25 投影面倾斜对构像的影响

第三，地形起伏的影响。垂直投影时，随地面起伏变化，投影点之间的距离与地面实际水平距离成比例缩小，相对位置不变。中心投影时，地面起伏越大，像上投影点水平位置的位移量就越大，如图 2.26 所示，从而产生投影误差。这种误差有一定的规律。

(3)中心投影的透视规律

在中心投影的像片上，各种物体的形状不同及其所处的位置不同，其变形的情况也各不相同。了解不同形状在中心投影影像上的变形规律，对解译和制图是必要的。

地面物体是一个点，在中心投影仍然是一个点。如果有几个点同在一投影线上，它的影像便重叠成一个点。

与像面平行的直线，在中心投影上仍是直线，与地面目标的形状基本一致。例如，在

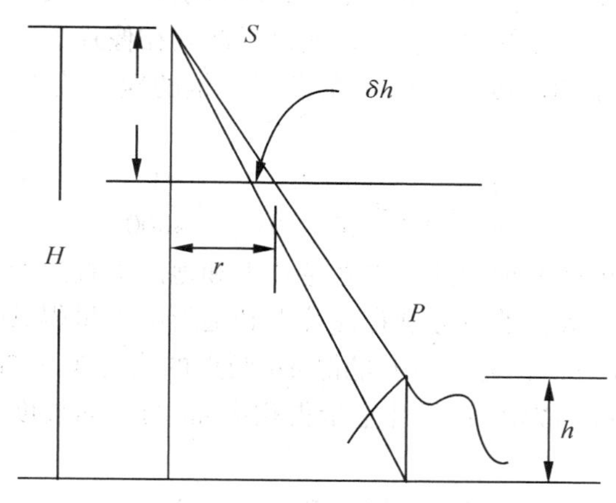

图 2.26 地形起伏的影响

地面上有两条道路以某种角度相交，反映在中心投影像片上也仍然以相应的角度相交。如果直线垂直于地面(如电线杆)，其中心投影有两种情况：其一，当直线与像片垂直并通过投影中心(主光轴)时，该直线在像片上是一个点；其二，直线的延长线不通过投影中心，这时直线的投影仍然是直线，但该垂直线状目标的长度和变形情况取决于目标在像片中的位置。近像片中心，直线的长度被缩短，在像片边缘，直线的长度被夸大。

平面上的曲线，在中心投影的像片上仍然是曲线。

面状物体的中心投影是相对于各种线的投影的组合。水平面的投影仍为一平面。垂直面的投影依其所处的位置而变化，当位于投影中心时，投影所反映的是其顶部的形状，呈一直线；在其他位置时，除其顶部投影为一直线外，其侧面投影成不规则的梯形。

(4)像片的比例尺

像片上两点之间的距离与地面上相应两点实际距离之比为像片的比例尺。如图 2.27 所示，像片上的 a、b 两点是地面上 A、B 两点的投影。ab : AB 即为像片的比例尺。图中的△SAB 和△Sab 为相似三角形；H 为摄影平台的高度(航高)；f 为摄影机的焦距。像片的比例尺大小取决于 H 和 f 在地形平坦、镜头主光轴垂直于地面时，像片的比例尺$1/m$为

$$\frac{1}{m}=\frac{f}{H}=\frac{ab}{AB} \tag{2-9}$$

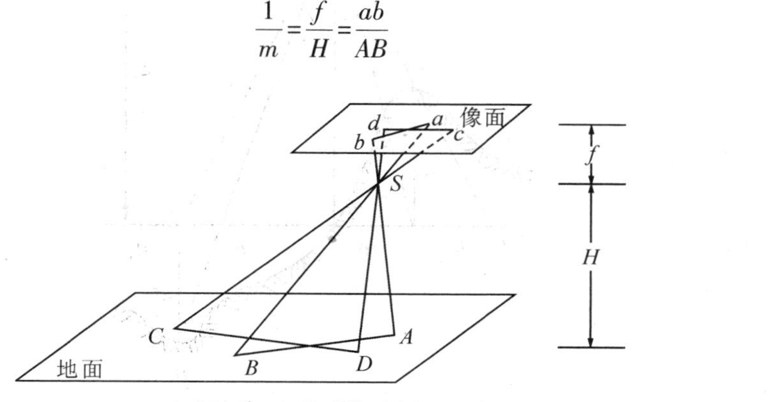

图 2.27 像片的比例尺

在不知道航高时，满足以下两个条件之一，即可求得比例尺。

第一，已知某一地面目标的大小，可以通过量测其在像片上的影像而算出该像片的比例尺。例如，已知某河流的宽度为20m，在像片上量的宽度为0.5cm，则该像片的比例尺为

$$\frac{1}{m}=\frac{ab}{AB}=\frac{5}{20\times 1000}=\frac{1}{4000}$$

第二，若具有摄影地区的地形图，先在像片上和地图上找到两个地物的对应点，如道路的交叉口、田角、房角等，然后分别在像片上和地形图上量得其长度。通过已知的地形图的比例尺为1∶50000时，在地形图上量得AB两点的长度为3.5cm，即AB的实际长度为3.5×50000=175000cm=1750m；像片上量得相应ab两点的长度为7cm，则像片的比例尺为

$$\frac{1}{m}=\frac{ab}{AB}=\frac{7\text{cm}}{1750\text{m}}=\frac{1}{2500}$$

上述比例尺的概念是指像片的平均比例尺。实际上，中心投影像片的比例尺在中心和边缘是不同的。对面积较小的目标来说，可以根据其在像片上的具体部位，求得相应的比例尺。如果摄影范围很大且区域内的高差也较大，则摄影平台的高H不是一个定值，因而每张像片的比例尺也会有差异。

(5)像点位移

在中心投影的像片上，地形的起伏除引起像片比例尺变化外，还会引起平面上的点位在像片位置上的移动，这种现象称为像点位移。其位移量就是中心投影与垂直投影在同一水平面上的“投影误差”。

如图2.28所示，地面上的A点在像片上的投影为a，它在水平面T_0上的位置为A_0；A_0在像片上的投影点为a_0；B点在像片上的投影点为b，水平面T_0上B_0点在像片上的投影为b_0。如果地面为一水平面，A、O、B 3点处于同一水平面上时，即A_0、O、B_0，此时

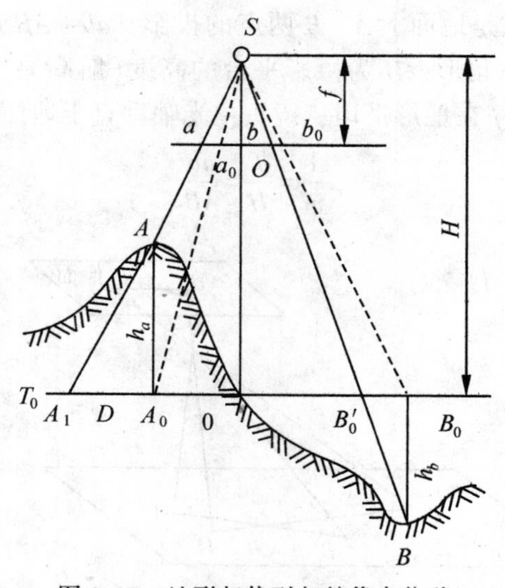

图2.28 地形起伏引起的像点位移

像片上的投影点为 a_0、O、b_0。但是由于 A 点高出水平面，而 B 点低于水平面，于是 A 点在像片上的投影 a_0移到 a；B 点在像片上的位置从 b_0 点移到 b，a_0a 或 b_0b 即为位移量 δ（或称为投影误差），即

$$a_0a = \delta$$

因
$$\triangle a_0ao \backsim \triangle A_0A_1O$$

得
$$\frac{1}{m} = \frac{a_0a}{A_1A_0} = \frac{\delta}{A_1A_0}$$

$$\delta = \frac{A_1A_0}{m} \tag{2-10}$$

又因
$$\triangle AA_1A_0 \backsim \triangle Sao$$

$$oa = r\ ,\ oS = f\ ,\ AA_0 = h$$

$$\frac{A_1A_0}{AA_0} = \frac{oa}{oS} = \frac{A_1A_0}{h_{(a)}} = \frac{r}{f}$$

$$A_1A_0 = \frac{rh_{(a)}}{f} \tag{2-11}$$

将式(2-11)代入式(2-10)，

$$\delta = \frac{rh_{(a)}}{mf}$$

又因
$$mf = H$$

则
$$\delta = \frac{rh}{H} \tag{2-12}$$

式中，δ 为位移量；h 为地面高差；r 为像点到像主点的距离；H 为摄影高度。

由式（2-12)可以看出：位移量与地形高差 h 成正比，即高差越大引起的像点位移量也越大。当地面高差为正时(地形凸起)，h 为比，δ 为正值，像点位移是背离像点方移动；高差为$-h$ 时(地形低洼)，δ 为负值，像点朝向像主点方向移动。

位移量与像主点的距离 r 成正比，即距主点越远的像点位移量越大，像片中心部分位移量较小。像主点处 $r=0$，无位移，如图 2.29 所示。

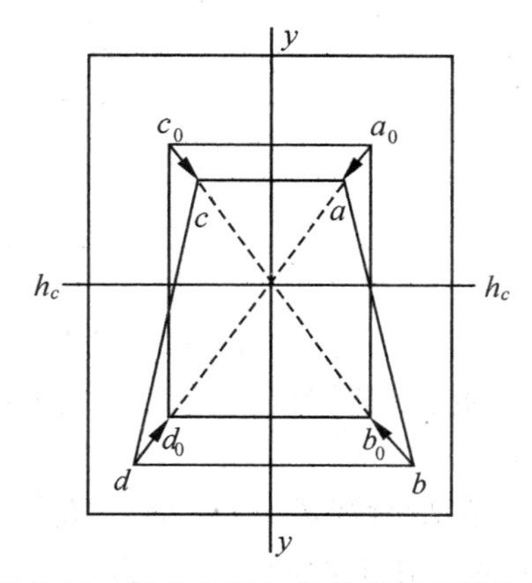

图 2.29 像点位移与像主点距离的关系

位移量与摄影高度(航高)成反比，即摄影高度越大，因地表起伏引起的位移量越小。例如，地球卫星轨道高度 $H=700$km，当像片大小约为 18cm×18cm 时，处于像片边缘的像点的地面高差 1000m，其位移量约为 0.13mm。

2.3.2 扫描方式的传感器

扫描成像是依靠探测元件和扫描镜对目标地物以瞬时视场为单位进行的逐点、逐行取样，以得到目标地物电磁辐射特性信息，形成一定谱段的图像。其探测段可包括紫外、红外、可见光和微波波段，成像方式有三种。

(1)光/机扫描成像

光学/机械扫描成像系统，一般在扫描仪的前方安装光学镜头，依靠机械传动装置使镜头摆动，形成对目标地物的逐点逐行扫描。扫描仪是由一个四方棱镜、若干反射镜和探测元件所组成。四方棱镜旋转一次，完成 4 次光学扫描。入射的平行波束经四方棱镜的两个反射面反射后，被分成两束，每束光经平面反射后，又汇成一束平行光投射到聚焦反射镜，使能量汇集到探测器的探测元件上，探测元件把接收到的电磁波能量转换成电信号，在磁介质上记录或再经电/光转换成光能量再设置于焦平面的胶片上形成影像。

探测元件根据目标地物和大气透过程度来确定。一般地物是在常温条件下(约 300K)，电磁辐射峰值约 10μm，故探测器的影响波长可选 8~14μm。如果要探测高温物体，如森林火灶，其温度约 800K，辐射峰值波长约为 3.5μm，探测器的响应波长应选 3~5μm。目前常用的探测元件主要见表 2.5。

表 2.5 扫描成像常用的探测元件

探测元件	响应波长	工作温度/K
光电倍增管	0.4~0.75	
硅光二极管	0.53~1.09	
锗光二极管	1.12~1.73	
锑化铟(InSb)	2.1~4.75	77
碲镉汞(HgCdTe)	3~5	室温
	8~14	77
硫化铅(PbS)	2~6	室温
锗掺汞(Ge：Hg)	8~13.5	77

进行不同波段的探测，需采用不同的扫射探测元件。如红外敏感元件，可探测人眼不可见的目标地物的红外辐射。因此，扫射图像的物理特性决定于其所采用的探测元件的波段响应。

光扫描的几何特征取决于它的瞬时视场角和总视场角。

瞬时视场角(2θ)：扫描镜在一瞬时时间可以视为静止状态，此时，接收到的目标地物的电磁波辐射，限制在一个很小的角度之内，这个角度称为瞬时视场角，如图 2.30 所示，即扫描仪的空间分辨率。

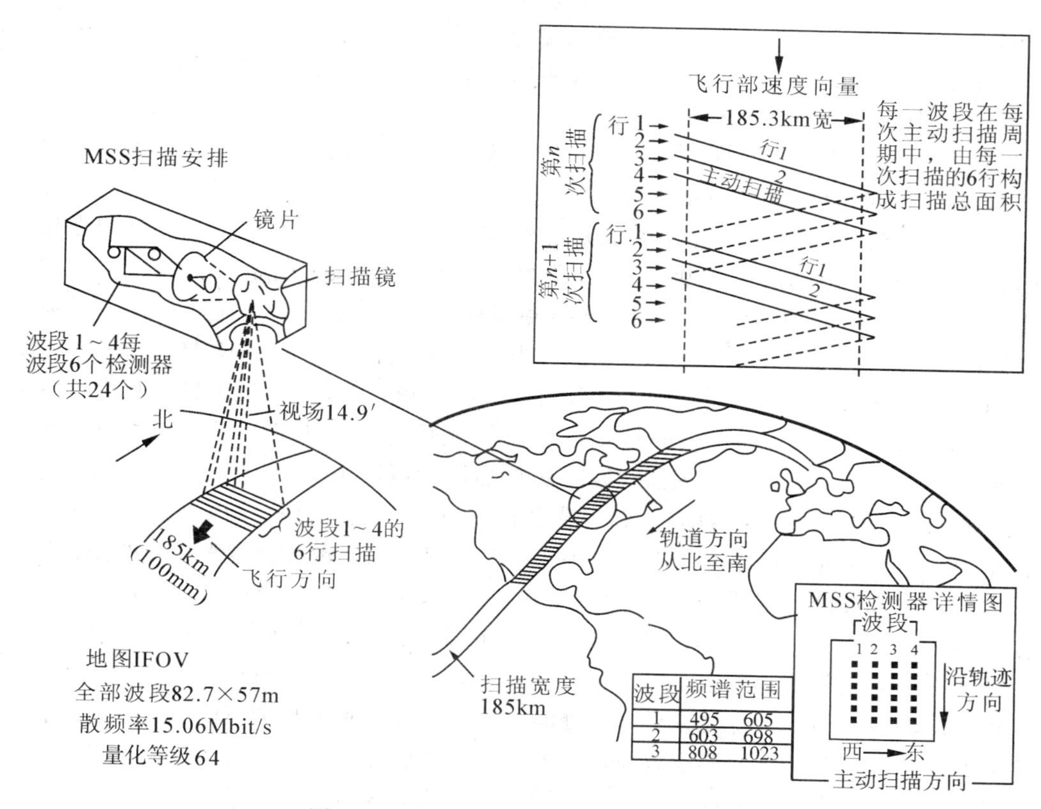

波段	频谱范围	
1	495	605
2	603	698
3	808	1023

图 2.30　多光谱扫描仪光学系统原理图

总视场角（2ϕ）：扫描带的地面宽度称为总视场。从遥感平台到地面扫描带外侧所构成的夹角，叫总视场角，也叫总扫描角，扫描带对应的地面宽度（L）为：

$$L = 2H_0\tan\phi \tag{2-13}$$

式中，H 为遥感平台高度。进行扫描成像时，总视场角不宜过大，否则图像边缘的畸变太大。通常在航空遥感中，总视场角取 70°～120°。由于扫描仪的扫描角是固定的，因此遥感平台的高度越大，所对应的地面总视场也就越大。

光机扫描仪可分为单波段和多波谱两种。多波段扫描仪的工作波段范围很宽，从近紫外、可见光至远红外都有。扫描仪由扫描反光镜、光学系统、探测器、电子线路和记录装置组成。

扫描镜在机械驱动下，随遥感平台（飞机、卫星）的前进进行而摆动，依次对地面进行扫描，地面物体的辐射波束经扫描反光镜反射，并经透镜聚焦和分光分别将不同波长的波段分开，再聚焦到感受不同波长的探测元件上。

（2）固体自扫描成像

固体自扫描是用固定的探测元件，通过遥感平台的运动对目标地物进行扫描的一种成像方式。

目前常用的探测元件是电荷耦合器件CCD，CCD一种用电荷量表示信号大小，用耦合方式传输信号的探测元件，具有自扫描、感受波谱范围宽、畸变小、体积小、重量轻、系统噪音低、功耗小、寿命长、可靠性高等一系列优点，并可做成集成度非常高的组合件。以硅材料做成的CCD器件，响应波长的上限为1.1u，以InSb材料做成的CCD器件的响应波长上限为5.4u。

在光机扫描仪中，由于探测元件需要靠机械摆动进行扫描，如果要立即测出每个瞬时视场的辐射特征，就要求探测元件的响应时间足够快。例如，要在1/20s的时间内扫描完一帧含有512×512个像元(瞬时视场或分辨率)的图像，探测元件在每个瞬时的视场停留时间只有$1/(20\times512\times512)=1.9\times10^{-7}$s，即约0.2μs。这就要求探测元件的响应时间至少要小于0.2μs的1/3，因而对可供选择的探测器有很大的限制。如果应用CCD多元陈列探测器同时扫描，就解决了这一问题。光机扫描时，一个探测元件对一帧图像要扫描512条线。固体自扫描时，用一竖列的10个探测元件同时进行扫描。每帧图像，每个探测元件只要扫51条线，探测元件在瞬时视场停留时间就只需2μs了。如果用512股份元件的CCD陈列，每一帧同样大小的图像只要一次自扫描就可以了。由于每个CCD探测元件与地面上的像元(瞬时现场)相对应，靠遥感平台前进运动就可以直接以刷式扫描成像。显然，所用的探测元件数目越多，体积越小，分辨率就越高。现在，越来越多的扫描仪采用CCD元件线阵和面阵，以代替光/机扫描系统。在CCD元件扫描仪中设置波谱分光器件和不同的CCD元件，可使扫描仪既能进行单波段扫描也能进行多波段扫描。

(3)高光谱成像光谱扫描

通常的多段波扫描仪将可见光和红外波段分割成几个到十几个波段。对遥感而言，在一定波长范围内，被分割的波段数越多，即波谱取样点越多，越接近于连续波谱曲线，因此可以使得扫描仪在取得目标地物图像的同时也能获取该地物的光谱组成。这种既能成像又能获取目标光谱曲线的“谱像合一”的技术，称为成像光谱技术。按该原理制成的扫描仪称为成像光谱仪。

高光谱成像光谱仪是遥感进展中的新技术，其图像是由多达数百个波段的非常窄的连续的光谱波段组成，光谱波段覆盖了可见光、近红外、中红外和热红外区域全部光谱带。光谱仪成像时多采用扫描式或推帚式，可以收集200或200以上波段的数据，使得图像中的每一像元均得到连续的反射率曲线，而不像其他一般传统的成像光谱仪在波段之间存在间隔。

2.3.3 微波遥感及成像

在电磁波谱中，波长在1mm~1m的波段范围称微波。该范围内又可分为毫米波、厘米波和分米波。在微波技术上，还可将厘米波分成更窄的波段范围，并用特定的字母表示，见表2.6。

微波遥感是指通过微波传感器获取从目标发射或反射的微波辐射，经过判读处理来识别地物的技术。

由于波长较长的光受大气散射的影响比波长较短的光要小，因此长波段的微波辐射可以穿透云层、薄雾、尘埃等(除了在暴雨情况下)。这种特性使得几乎在所有的气候和环境条件下，都能进行微波能量的探测，从而可以在任何时间收集数据。

表 2.6 **厘米波的波谱划分**

谱带名称	波长范围/cm
Ka	0.75~1.13
K	1.13~1.67
Ku	1.67~2.42
X	2.42~3.75
C	3.75~7.5
S	7.5~15
L	15~30
P	30~100

微波遥感包括主动式遥感和被动式遥感。

被动微波遥感在概念上与热红外遥感相似。所有物体都能发射一部分数量的微波能量，但一般都不多。被动微波传感器能探测在其视野范围内的自然辐射的微波能量。这些辐射的能量与辐射体或辐射体表面的温度和湿度有关。被动式微波传感器是典型的辐射计或扫描仪，它用天线来探测和记录微波能量。

被动微波遥感可以应用于气象、水文和海洋学的研究。通过观察大气本身，或"透过"大气观测(这依赖于波长)，气象学家可以利用被动式微波测量大气剖面，并确定大气中水和臭氧的含量。微波的发射受水分含量的影响，因此水文学家可使用被动式微波测量土壤湿度。海洋学的应用包括绘制海冰图、海流图、海面风场图以及污染物的探测，如浮油。

主动微波传感器自己能提供微波辐射源来照射目标。主动微波传感器通常分为两个截然不同的类型：成像和非成像传感器。最常见的一种成像主动式微波传感器是雷达。雷达(Radar)是无线电探测和测距(Radio Detection and Ranging)的简称，它的全名实际上也概括了雷达传感器的功能和操作方式。该传感器向目标发射一个微波(无线电)信号然后探测信号的回波部分。回波信号强弱的测量可以用来区分不同的目标，通过计算发射信号和接受反射信号的时间延迟来确定到目标的距离(或范围)。

非成像微波传感器包括高度仪和散射仪。在大多数情况下，与成像传感器的二维表达相反，在线性一维中进行的都是断面测量。雷达高度仪发射短的微波脉冲，测量到目标的往返时间延迟，以确定从传感器到目标的距离。通常高度计直接测量到平台下面的天底点，从而得到高度或海拔(如果平台的海拔高度已知)。飞机上采用雷达测高法进行高度测定，该方法也用于以飞机和卫星为平台的地形测绘和海平面高度的估计上。(电子)散射仪一般是非成像传感器，它被用来精确测量从目标回波散射的能量大小。回波散射的能量大小取决于物体的表面性质(粗糙度)和微波能量到达目标的入射角度。用于海洋表面的散射仪测量，可以根据海面粗糙度来估计的风速。地基的(电子)散射仪广泛用于精确测量不同目标的回波散射的能量，以此确定不同物质的材质和表面类型。

雷达(图2.31)是一种主动传感器，它能在任何时间下进行地表成像。全天候和全天时成像是雷达两个主要的优点。

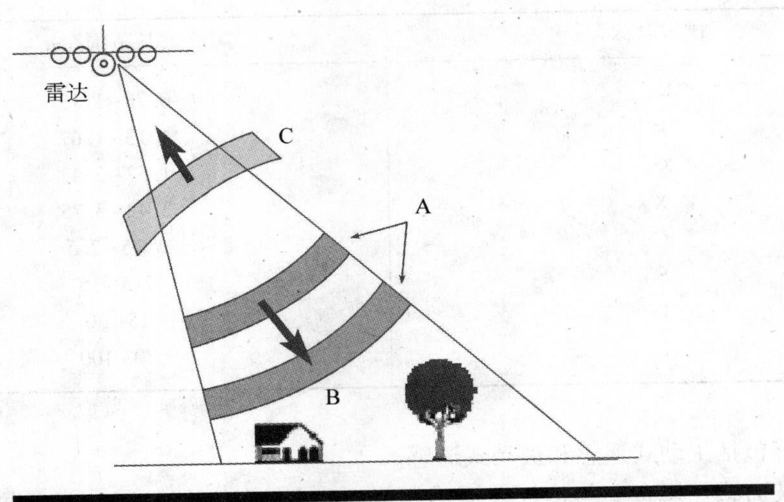

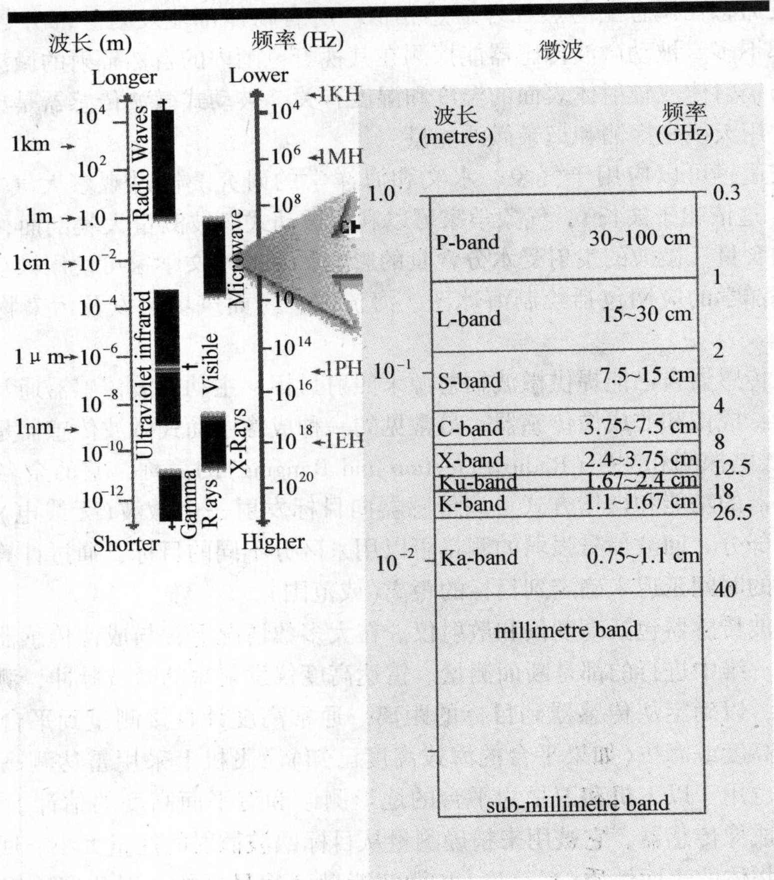

图 2.31 雷达

雷达本质上是一个定距或测距设备。它基本上是由一个发射器，一个接收机，天线和一个用来处理和记录数据的电子系统组成。发射器以规则的间隔时间产生连续的短脉冲

（或微波脉冲(A)），这些脉冲由天线集中并转化为电波(B)。雷达电波以倾斜于运动平面的角度照射到物体表面。天线接收一部分传输能量，其来自于照射电波(C)内各种物体的反射(或回波)。

通过测量发射一个脉冲到接收从不同对象回波“回音”之间的时间延迟和它们到雷达的距离，可以确定其位置。由于传感器平台向前移动，记录和处理回波可建成一个地表的二维图像。

一个雷达系统(图 2.32)的平台沿航向(A)向前移动，天底点(B)在平台正下方。微波光束是以与飞行方向成一定角度斜向发射，照射范围为一条偏离天底点的刈幅(C)。范围(D)是指垂直飞行方向的横向宽度，而方位角(E)是指平行于飞行方向的纵向。

雷达的空间分辨率(图 2.33)是微波辐射和几何特殊性质的一个函数。如果一个真实孔径雷达(RAR)是通过单一的发射脉冲和回波信号来构成影像(如在侧视机载雷达)，那么在这种情况下，分辨率就依赖于在斜距向上脉冲的有效长度和在方位向上的照射宽度。横向分辨率的大小与脉冲的长度(P)有关。如果地表上两个不同目标之间的横向距离大于脉冲长度的一半，那么它们能够被辨别。例如，目标 1 和目标 2 不可分，而目标 3 和目标 4 可分。斜距分辨率不依赖距离，保持不变。然而当投影到地面时，地面距离的分辨率将取决于入射角。因此，当斜距分辨率一定时，地面距离分辨率将随距离的增大而减小。

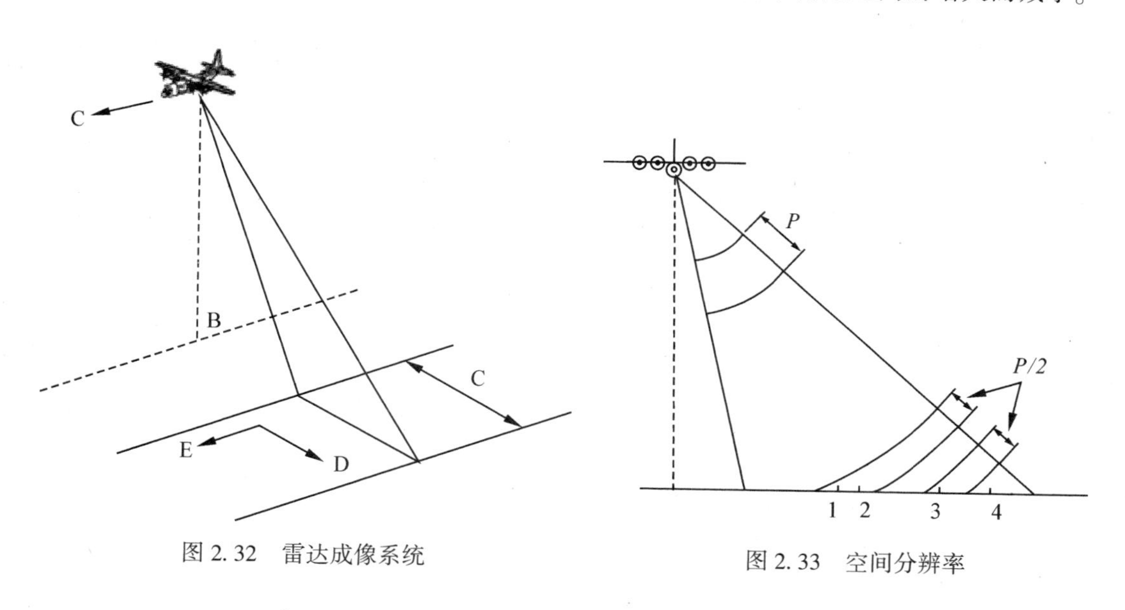

图 2.32　雷达成像系统

图 2.33　空间分辨率

方位分辨率(图 2.34)是由辐射微波束的角宽度和斜距距离决定的。波束宽度(A)是

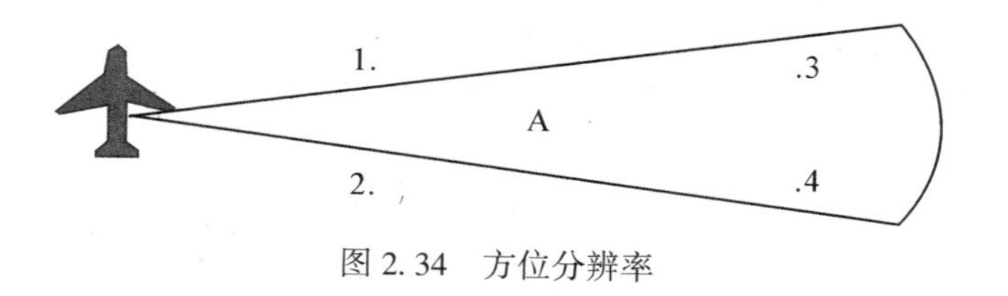

图 2.34　方位分辨率

照射模式宽度的一种量度。当雷达照射传播随着与传感器距离增大时，方位向分辨率会增加(变得粗糙)。在这种情况下，在近范围内的目标 1 和目标 2 将是可分的，但在较大范围内的目标 3 和 4 不可分。雷达波束宽度是与天线长度(也称为孔径)成反比的，这意味着较长的天线(或孔径)，将产生一个较窄的波束和更高的分辨率。

习题与思考题

1. 大气的散射有几种类型？
2. 为什么微波有穿云透雾的能力？
3. 植被的反射波谱特征有哪些？
4. 常见的遥感平台有哪些？
5. 微波遥感有哪些特点？

第3章 遥感图像处理

☞学习目标

本章介绍了遥感图像处理的3个环节：遥感图像处理的基础知识，遥感图像预处理和遥感图像增强处理。通过本章的学习，要求了解常用的遥感图像处理软件和遥感数字处理的过程及特点；理解遥感数字图像相关的基础知识；理解并掌握遥感图像预处理(遥感图像校正、遥感图像镶嵌、遥感图像裁剪和遥感图像投影变换)和遥感图像增强处理(遥感图像空间增强处理、遥感图像光谱增强处理和遥感图像辐射增强处理)的原理与作业过程。

3.1 遥感图像处理的基础知识

3.1.1 遥感数字图像的基础

地物的光谱特征一般是以图像的形式记录下来的。地面反射或发射的电磁波信息经过大地到达遥感传感器，传感器根据地物对电磁波的反射强度以不同的亮度表示在遥感图像上。

1. 数字图像和图像数字化

图像是对客观对象的一种相似的描述或写真，它包含了被描述或写真对象的信息，是人们最主要的信息源。

按图像的明暗程度和空间坐标的连续性划分，图像可分为数字图像和模拟图像(光学图像)。数字图像是指计算机存储、处理和使用的图像，是一种空间坐标和灰度均不连续的、用离散数字表示的图像，它属于不可见图像。光学图像是指空间坐标和明暗程度都连续变化的、计算机无法直接处理的图像，它属于可见图像。遥感图像的表示既有光学图像，又有数字图像。

通过摄影、扫描和雷达等传感器获得的地面地理信息，记录在胶片上得到的图像，都属于遥感光学图像。要获得遥感数字图像，必须利用数字化扫描仪或数码相机等设备，把一幅光学图像送入计算机转换成数字图像，即变成计算机能处理的形式，这一转换过程称为图像数字化。

遥感图像数字化的过程就是把一幅遥感光学图像分割成一个个小区域(像元或像素)，并将各小区域灰度用整数表示，主要包括采样和量化两个过程，如图3.1所示。

(1)采样

将空间上或时域上连续的图像(模拟图像)变换成离散采样点(像素)集合的操作称为

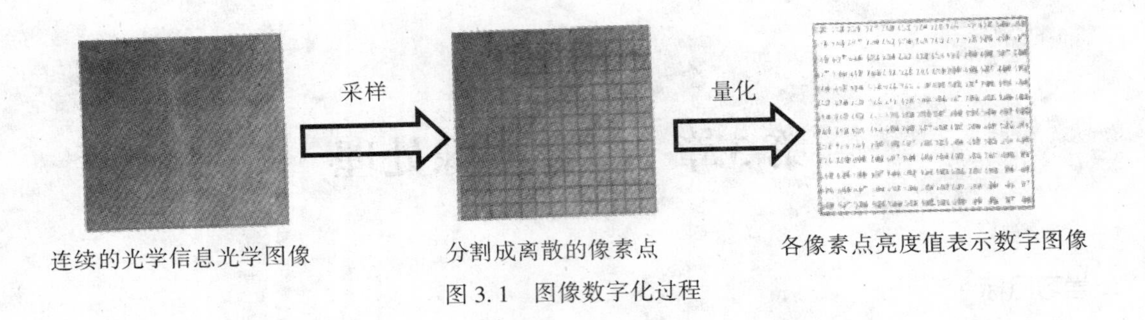

图 3.1 图像数字化过程

采样。具体做法：先沿垂直方向按一定间隔从上到下顺序地沿水平方向直线扫描，取出各水平线上灰度值的一维扫描；而后再对一维扫描线信号按一定间隔采样得到离散信号，即先沿垂直方向采样，再沿水平方向采样，这个步骤完成采样。采样后得到二维离散信号的最小单位是像素。一幅图像是被采样成有限个像素点构成的集合。例如，一幅 640×480 分辨率的图像，表示这幅图像是由 640×480＝307200 个像素点组成的。

在进行采样时，采样点间隔大小的选取很重要，它决定了采样后的图像能真实地反映原图像的程度。一般来说，原图像中的画面越复杂，色彩越丰富，则采样间隔应越小。采样间隔和采样孔径的大小关系到图像分辨率的大小。采样间隔大，所得图像分辨率低，图像质量差，数据量小；采样间隔小，所得图像分辨率高，图像质量好，但数据量大。

(2)量化

遥感模拟图像经过采样后，在空间上离散化为像素。但采样所得的像素值(即灰度值)仍是连续的，仍不能用计算机处理。把采样后所得的各像素的灰度值从模拟量到离散量的转换，称为量化。一幅遥感数字图像中不同灰度值的个数称为灰度级，用 G 表示。若一幅数字图像的量化灰度级 $G=2^8$ 级，灰度取值范围一般是 0～256 的整数。由于用 8bit 就能表示灰度图像像素的灰度值，因此常常把 bit 量化。彩色图像可采用 24bit 量化，分别分给红、绿、蓝三原色 8bit，每个颜色层面数据为 0～255 级。

2. 遥感数字图像的概念

遥感数字图像是指用数字形式表达的遥感影像，以二维数组来表示。在数组中，每个元素代表一个像素，像素的坐标位置隐含，由这个元素在数组中的行列位置所决定。遥感数字图像像素的属性特征常用亮度值来表示，在不同图像(不同波段、不同时期、不同种类的图像)上，相同地点的亮度值可能是不同的，这是因为地物反射或发射电磁波的不同和大气电磁波辐射的影响。

像素的空间位置用离散的 X 值和 Y 值表示。一幅遥感图像可以表示为一个矩阵，如 X 方向有 N 个像素(样点)，Y 方向有 M 个像素(样点)，Z 方向为像素点的灰度值，如图 3.2 所示。

3. 遥感数字图像的基本特点

①便于计算机处理与分析。计算机是以二进制方式处理各种数据的，采用数字形式表示遥感图像，便于计算机处理。因此，与光学图像处理方式相比，遥感数字图像是一种适用于计算机处理的图像表示方式。

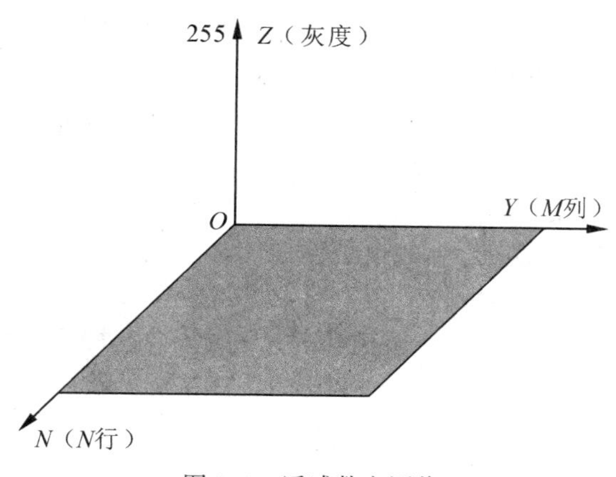

图 3.2 遥感数字图像

②图像信息损失低。由于遥感图像是用二进制表示的，因此在获取、传输和分发过程中，不会因长期存储而损失信息，也不会因多次传输和复制而产生图像失真。而模拟方法表现的遥感图像会因多次复制而使图像质量下降。

③图像抽象性强。尽管不同类别的遥感图像有不同的视觉效果，对应不同的物理背景，但由于它们采用了数字形式表示，因此便于建立分析模型、进行计算机解译和运用遥感专家处理系统。

④图像保存方便。遥感数字图像一般存储在计算机上，也可用计算机兼用磁带、磁盘、光盘存储，存储形式多样，保存、携带方便，还可利用网络技术发送至各地，供有关单位使用。

4. 遥感数字图像的类型

遥感数字图像以二维数组表示，元素的值表示传感器探测到像素对应地面面积上目标的电磁辐射强度。

①遥感数字图像按灰度值可分为二值数字图像和多值数字图像两种类型。

二值数字图像是指图像中每个像元由 0 或 1 构成，在计算机屏幕上表示黑、白图像。二值图像一般在图像处理过程中作为中间结果产生，常采用压缩的方式存储，每个像元采用一位(Bit)来表示，相连 8 个像元的信息记录在一个字节中，这样可以节省存储空间。

多值数字图像是指图像中每个像素灰度由 0~15 或 0~31 或 0~63 或 0~255 构成。0 表示黑，15 或 31 或 63 或 255 等表示白，其他值居中渐变。

②遥感数字图像按波段数可分为单波段数字图像、彩色数字图像或多波段数字图像。

单波段数字图像是指在某一波段范围内工作的遥感器获取的一幅数字图像，每个像素的信息由一个量化的灰度级来描述，没有彩色信息，也称灰度图像。

彩色数字图像是由红、绿、蓝三个通道构成的图像。每个通道中，每个像元用 1 字节记录影像灰度值，数字范围一般介于 0~255。每个通道的行列数取决于图像的尺寸或数字化过程中采用的扫描分辨率(像元尺寸及数量)。三层数据共同显示即为彩色图像。

多波段数字图像是指利用多波段传感器对同一地区、同一时间获得的不同波段范围的数字图像。例如，陆地卫星提供的 MSS 图像包含 4 个波段的数据，提供的 TM 图像包含 7

个波段的数据。又如利用高光谱成像光谱仪获得的图像，包含200以上波段的数据。

5. 遥感数字数据的存储格式

用户从遥感卫星地面站获得的数据一般通用为二进制(Generic binary)数据，外加一个说明性头文件。其中，二进制数据主要包括3种数据类型：BSQ格式、BIP格式、BIL格式。另外，还有其他格式，如行程编码格式、HDF格式。

(1)BSQ(Band Sequential)格式

BSQ是一种按波段顺序依次排列的数字格式，其图像数据格式见表3.1。BSQ格式的数据排列遵循以下规律：第一波段位居第一，第二波段位居第二，第 n 波段位居第 n；在第一波段中，数据依据行号顺序依次排列，每一行内，数据按像元顺序排列；在第二波段中，数据依然根据行号顺序依次排列，每一行内，数据仍然按像元顺序排列。其余波段依次类推。

表3.1 **BSQ数据排列表**

第一波段	(1, 1)	(1, 2)	(1, 3)	(1, 4)		(1, m)
	(2, 1)	(2, 2)	(2, 3)	(2, 4)		(2, m)
	…					
第二波段	(1, 1)	(1, 2)	(1, 3)	(1, 4)		(1, m)
	(2, 1)	(2, 2)	(2, 3)	(2, 4)		(2, m)
	…					
第三波段	(1, 1)	(1, 2)	(1, 3)	(1, 4)		(1, m)
	(2, 1)	(2, 2)	(2, 3)	(2, 4)		(2, m)
	…					

(2)BIP(Band Interleaved Pixel)格式

BIP格式中每个像元按波段次序交叉排列，其图像数据格式见表3.2。BIP格式的数据排列遵循以下规律：第一波段第一行第一个像元位居第一，第二波段第一行第一个像元位居第二，第三波段第一行第一个像元位居第三，第 n 波段第一行第一个像元位居第 n；然后为第一波段第一行第二个像元位居第 n+1，第二波段第一行第一个像元位居第 n+2，其余数据排列位置依次类推。

表3.2 **BIP数据排列表**

项目	第一波段	第二波段	第三波段	…	第 n 波段	第一波段	第二波段	…
第一行	(1, 1)	(1, 1)	(1, 1)	…	(1, 1)	(1, 2)	(1, 2)	…
第二行	(2, 1)	(2, 1)	(2, 1)	…	(2, 1)	(2, 2)	(2, 2)	…
…				…				…
第 n 行	(n, 1)	(n, 1)	(n, 1)	…	(n, 1)	(n, 2)	(n, 2)	…

(3) BIL(Band Interleaved by Line)格式

BIL格式是逐行按波段次序排列的格式，其数据格式见表3.3。BIL格式的数据排列遵循以下规律：第一波段第一行第一个像元位居第一，第一波段第一行第二个像元位居第二，第一波段第一行第三个像元位居第三，第一波段第一行第 n 个像元位居第 n；然后为第二波段第一行第一个像元位居第 $n+1$，第二波段第一行第二个像元位居第 $n+2$，其余数据排列位置依次类推。

表3.3 **BIL数据排列表**

第一波段	(1, 1)	(1, 2)	(1, 3)	(1, 4)	(1, 5)	…
第二波段	(1, 1)	(1, 2)	(1, 3)	(1, 4)	(1, 5)	…
第三波段	(1, 1)	(1, 2)	(1, 3)	(1, 4)	(1, 5)	…
…						…
第 n 波段	(1, 1)	(1, 2)	(1, 3)	(1, 4)	(1, 5)	…
第一波段	(2, 1)	(2, 2)	(2, 3)	(2, 4)	(2, 5)	…
第二波段	(2, 1)	(2, 2)	(2, 3)	(2, 4)	(2, 5)	…
…						…

(4)行程编码格式

为了压缩数据，采用行程编码格式。该格式属于波段连续方式，即对每条扫描线仅存储亮度值以及该亮度值出现的次数，如一条扫描线上有60个亮度值为10的水体，它在计算机内以060010整数格式存储。其含义为60个像元，每个像元的亮度值为10。计算机仅存60和10，要比存储60个10的存储量少得多。但是对于仅有较少相似值的混杂数据，此法并不适宜。

(5) HDF格式

HDF格式是一种不必转换格式就可以在不同平台间传递的新型数据格式，由美国国家高级计算应用中心(NCSA)研制，已经应用于MODIS、MISR等数据中。

HDF格式有6种主要数据类型：栅格图像数据、调色板(图像色谱)、科学数据集、HDF注释(信息说明数据)、Vdata(数据表)、Vgroup(相关数据组合)。HDF格式采用分层式数据管理结构，可以直接从嵌套的文件中获得各种信息。因此，打开一个HDF文件，在读取图像数据的同时可以方便地查取到其地理定位、轨道参数、图像属性、图像噪声等各种信息参数。

具体地讲，一个HDF文件包括一个头文件和一个或多个数据对象。一个数据对象由一个数据描述符和一个数据元素组成。前者包含数据元素的类型、位置、尺度等信息；后者是实际的数据资料。HDF这种数据组织方式可以实现HDF数据的自我描述。用户可以通过应用界面来处理不同的数据集。例如，一套8bit图像数据集一般有3个数据对象：1个描述数据集成员，1个是图像数据本身，1个描述图像的尺寸大小。

3.1.2 遥感数字图像处理的概述

1. 遥感数字图像处理的过程

遥感图像数据处理基本流程如图3.3所示，包括预处理、图像增强、图像分类、专题地图制作等主要步骤。

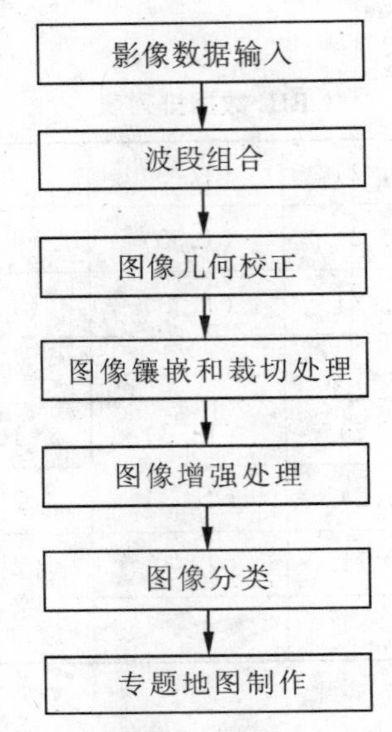

图3.3 遥感数字图像处理基本流程

(1)图像预处理

遥感图像数据预处理通常包括：影像数据输入、波段组合、图像几何校正、图像裁切和图像镶嵌等。

(2)图像增强

遥感图像增强的实质是增强感兴趣目标和周围背景图像间的反差。图像增强分为空间增强、光谱增强和辐射增强。

(3)图像分类

遥感图像的计算机分类，就是利用计算机对地球表面及其环境在遥感图像上的信息进行属性的识别和分类，从而达到识别图像信息所对应的实际地物，提取所需地物信息的目标，常见的分类方法有监督分类和非监督分类两种。

(4)专题地图制作

通过对遥感影像的计算机分类，并结合外业调查进行地物类别的核实，对土地利用数据库进行更新，制作土地利用现状图、土地利用动态监测图等。

2. 遥感数字图像处理的特点

①图像信息损失低，处理的精度高。

由于遥感数字图像是用二进制表示的，在图像处理时，其数据存储在计算机数据库中，不会因长期存储而损失信息，也不会因处理而损失原有信息。而在模拟图像处理中，要想保持处理的精度，需要有良好的设备、装备，否则将会使信息受到损失或降低精度。

②抽象性强，再现性好。

不同类型的遥感数字图像有不同的视觉效果，对应不同的物理背景，由于它们都采用数字表示，在遥感图像处理中，便于建立分析模型，运用计算机容易处理的形式表示。在传送和复制图像时，只在计算机内部进行处理，这样数据就不会丢失和损失，保持了完好的再现性。但在模拟图像处理中，因为外部条件(温度、照度、人的技术水平和操作水平等)的干扰或仪器设备的缺陷或故障而无法保证图像的再现性。

③通用性广，灵活性高。

遥感数字图像处理方法既适用于数字图像，又适用于用数字传感器直接获得的紫外、红外、微波等不可见光图像。同时，用计算机进行遥感图像处理，可作各种运算，迅速地更换各种方法或参数，得到较好效果的图像。具体表现在 4 个方面：提高了地面的分辨率；增强了地物的识别能力；增强了地物的表面特征；可进行自动分类和对比。

④有利于长期保存，反复使用。

经计算机处理的遥感数字图像，可以存储于计算机硬盘或光盘上，建立遥感数字图像处理数据库，进行大量复制，便于长期保存、重复使用。

3.1.3 常用遥感图像处理软件介绍

目前，大容量、高速度的计算机与功能强大的专业图像处理软件相结合已成为图像处理与分析的主流。国外常用的 ERDAS IMAGINE、ENVI、ER-MAPPER 及 PCI 等商业软件已为广大用户所熟知。本书以 ERDAS IMAGINE 遥感图像处理软件为代表作简要介绍。

1. ERDAS IMAGINE 遥感图像处理软件

ERDAS IMAGINE 是美国 ERDAS 公司开发的遥感图像处理系统。它以其先进的图像处理技术，友好、灵活的用户界面和操作方式，面向广阔应用领域的产品模块，服务于不同层次用户的模型开发工具以及高度的 RS/GIS 集成功能，为遥感及相关应用领域的用户提供了内容丰富而功能强大的图像处理工具，代表了遥感图像处理系统未来的发展趋势。

(1)菜单命令及功能

在启动 ERDAS IMAGINE 以后，用户首先看到的就是 ERDAS IMAGINE 的图标面板，包括菜单条和工具条两部分，其中提供了启动 ERDAS IMAGINE 软件模块的全部菜单和图标，如图 3.4 所示。

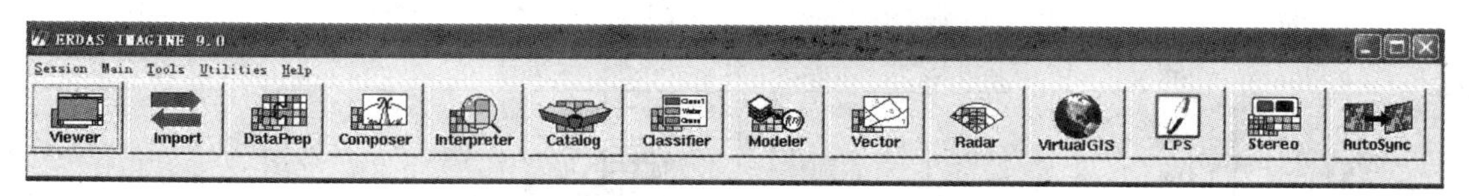

图 3.4 ERDAS IMAGINE 图标面板

ERDAS IMAGINE 图标面板菜单中包括 5 项下拉菜单，每个菜单由一系列命令或选择项组成，其主要功能见表 3.4。

表3.4 **ERDAS IMAGINE 图标面板菜单主要功能**

菜单命令	菜单功能
Session Menu：综合菜单	完成系统设置、面板布局、日志管理、启动命令工具、批处理过程、实用功能、联机帮助等
Main Menu：主菜单	启动 ERDAS 图标面板中包括的所有功能模板
Tools Menu：工具菜单	完成文本编辑，矢量及栅格数据属性编辑，图形图像文件坐标变换，注记及字体管理，三维动画制作
Utility Menu：实用菜单	完成多种栅格数据格式的设置与转换，图像的比较
Help Menu：帮助菜单	启动关于图标面板的联机帮助，ERDAS IMAGINE 联机文档查看、动态链接库浏览等

(2)工具图标及功能

与 ERDAS IMAGINE 对应的图标面板工具条中的图标有14个，其主要功能见表3.5。

2. ERDAS IMAGINE 主要功能简介

点击功能图标按钮，即可启动相应的功能模块。下面介绍工具条中各主要功能图标的内容，即点击图标按钮后弹出的菜单包括的各个命令。

(1)视窗功能

视窗是在屏幕上打开的一个显示窗口，用来显示和浏览图像、矢量图形，注记文件、AOI(感兴趣区域)等数据层。每次启动 ERDAS IMAGINE 时，系统都会自动打开一个视窗，每次点击视窗功能按钮，就有一个视窗出现。可以在视窗内对图像进行各种处理操作，如图3.5所示。

表3.5 **ERDAS IMAGINE 图标面板工具条主要功能**

图标	命令	功能	图标	命令	功能
Viewer	Start Imagine Viewer	视窗功能	Modeler	Spatial Modeler	空间建模模块
Import	Import/Export	输入输出模块	Vector	Vector	矢量模块
DataPrep	Data Preparation	数据预处理模块	Radar	Radar	雷达模块
Composer	Map Composer	专题制图模块	VirtualGIS	Virtual GIS	虚拟 GIS 模块

续表

图标	命令	功能	图标	命令	功能
Interpreter	Image Interpreter	图像解译模块	LPS	LPS	数字摄影测量系统模块
Catalog	Image Catalog	影像数据库模块	Stereo	Stereo Analyst	三维立体分析模块
Classifier	Image Classification	图像分类模块	AutoSync	Imagine AutoSync	影像自动配准模块

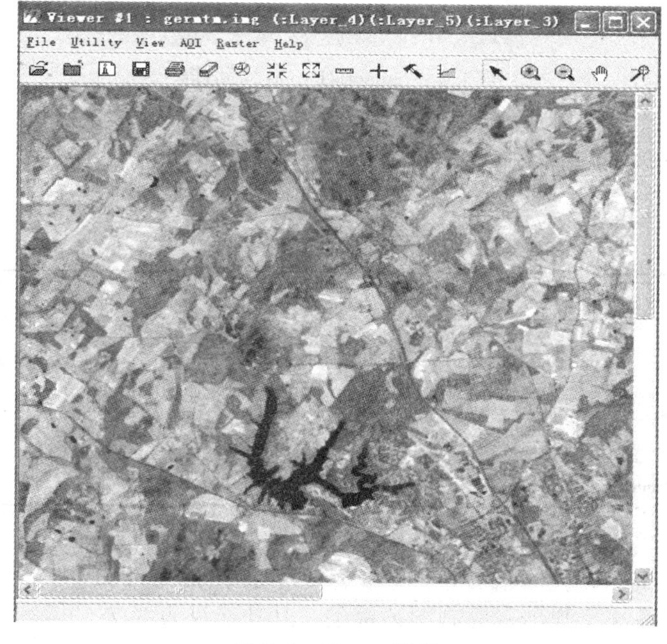

图 3.5 Viewer 视窗

(2)输入输出模块

启动输入输出模块，弹出如图 3.6 所示的对话框。

此模块允许用户输入栅格和矢量数据到 ERDAS IMAGINE 中，并输出文件。在这个对话框的下拉列表中完整地列出了 ERDAS IMAGINE 支持的各种输入输出格式。

(3)数据预处理模块

ERDAS IMAGINE 数据预处理模块由一组实用的图像数据工具构成，主要是根据工作区域的地理特征和专题信息提取的客观需要，对数据输入模块中获得的 IMG 图像文件进行范围调整、误差校正、坐标转换等处理，以便于进一步开展图像解译、专题分类等分析

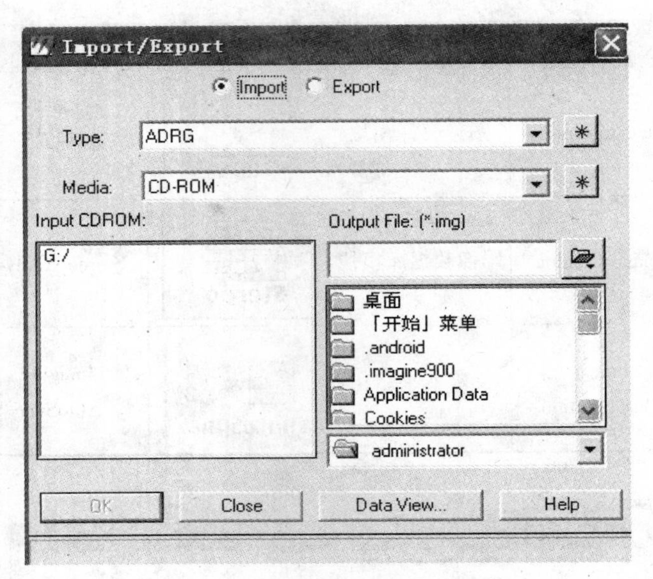

图 3.6 “Import/Export”对话框

研究。启动数据预处理模块，弹出数据预处理菜单条，其功能见表 3.6。

表 3.6 **数据预处理模块主要功能**

命 令	功 能	命 令	功 能
Creat New Image	生成新图像	Mosaic Image	图像镶嵌
Creat Surface	表面生成	Unsupervised Classfication	非监督分类
Subset Image	图像裁剪	Reproject Image	投影变换
Image Geometric Correction	图像几何校正		

(4)专题制图模块

启动专题制图模块，弹出专题制图菜单条，其功能见表 3.7。

表 3.7 **专题制图模块主要功能**

命 令	功 能	命 令	功 能
New Map Composition	制作新的地图文件	Open Map Composition	打开地图文件
Print Map Composition	打印地图文件	Edit Composition Paths	编辑地图文件路径
Map Series Tool	系列地图工具	Map Database Tool	地图数据库工具

(5)影像数据库模块

影像数据库管理(Image Catalog)是指将一个区域的所有图像进行统一管理。启动 ER-

DAS IMAGINE 的影像数据库模块，弹出影像数据库视窗，如图 3.7 所示。

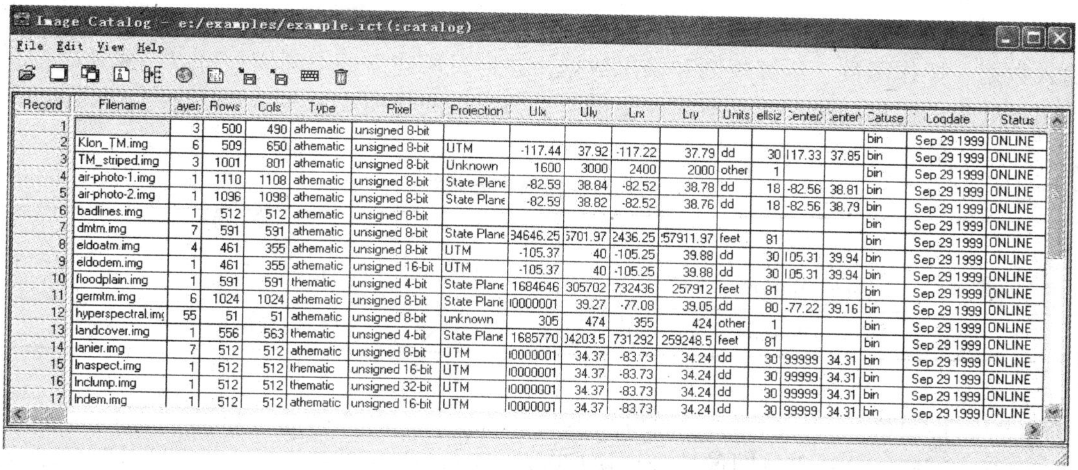

Image Catalog - e:/examples/example.ict (:catalog)

File Edit View Help

Record	Filename	ayer:	Rows	Cols	Type	Pixel	Projection	Ulx	Uly	Lrx	Lry	Units	ellsiz	Center	Center	Catuse	Loqdate	Status
1		3	500	490	athematic	unsigned 8-bit										bin	Sep 29 1999	ONLINE
2	Klon_TM.img	6	509	650	athematic	unsigned 8-bit	UTM	-117.44	37.92	-117.22	37.79	dd	30	117.33	37.85	bin	Sep 29 1999	ONLINE
3	TM_striped.img	3	1001	801	athematic	unsigned 8-bit	Unknown	1600	3000	2400	2000	other	1			bin	Sep 29 1999	ONLINE
4	air-photo-1.img	1	1110	1108	athematic	unsigned 8-bit	State Plane	-82.59	38.84	-82.52	38.78	dd	18	-82.56	38.81	bin	Sep 29 1999	ONLINE
5	air-photo-2.img	1	1096	1098	athematic	unsigned 8-bit	State Plane	-82.59	38.82	-82.52	38.76	dd	18	-82.56	38.79	bin	Sep 29 1999	ONLINE
6	badlines.img	1	512	512	athematic	unsigned 8-bit										bin	Sep 29 1999	ONLINE
7	dmtm.img	7	591	591	athematic	unsigned 8-bit	State Plane	34646.25	5701.97	2436.25	57911.97	feet	81			bin	Sep 29 1999	ONLINE
8	eldoatm.img	4	461	355	athematic	unsigned 8-bit	UTM	-105.37	40	-105.25	39.88	dd	30	105.31	39.94	bin	Sep 29 1999	ONLINE
9	eldodem.img	1	461	355	athematic	unsigned 16-bit	UTM	-105.37	40	-105.25	39.88	dd	30	105.31	39.94	bin	Sep 29 1999	ONLINE
10	floodplain.img	1	591	591	thematic	unsigned 4-bit	State Plane	1684646	305702	732436	257912	feet	81			bin	Sep 29 1999	ONLINE
11	germtm.img	6	1024	1024	athematic	unsigned 8-bit	State Plane	10000001	39.27	-77.08	39.05	dd	80	-77.22	39.16	bin	Sep 29 1999	ONLINE
12	hyperspectral.im	55	51	51	athematic	unsigned 8-bit	unknown	305	474	355	424	other	1			bin	Sep 29 1999	ONLINE
13	landcover.img	1	556	563	thematic	unsigned 4-bit	State Plane	1685770	04203.5	731292	259248.5	feet	81			bin	Sep 29 1999	ONLINE
14	lanier.img	7	512	512	athematic	unsigned 8-bit	UTM	10000001	34.37	-83.73	34.24	dd	30	99999	34.31	bin	Sep 29 1999	ONLINE
15	lnaspect.img	1	512	512	thematic	unsigned 16-bit	UTM	10000001	34.37	-83.73	34.24	dd	30	99999	34.31	bin	Sep 29 1999	ONLINE
16	lnclump.img	1	512	512	thematic	unsigned 32-bit	UTM	10000001	34.37	-83.73	34.24	dd	30	99999	34.31	bin	Sep 29 1999	ONLINE
17	lndem.img	1	512	512	athematic	unsigned 16-bit	UTM	10000001	34.37	-83.73	34.24	dd	30	99999	34.31	bin	Sep 29 1999	ONLINE

图 3.7 影像数据库视窗

(6) 图像解译模块

启动图像解译模块，弹出图像解译菜单条，其功能见表 3.8。

表 3.8 **图像解译模块主要功能**

命　令	功　能	命　令	功　能
Spatial Enhancement	空间增强	Radiometric Enhancement	辐射增强
Spectral Enhancement	光谱增强	Hyperspectral Tool	高光谱增强
Fourier Analysis	傅里叶分析	Topographic Analysis	地形分析
GIS Analysis	GIS 分析	Utilities	实用功能

(7) 图像分类模块

启动图像分类模块，弹出图像分类菜单条，其功能见表 3.9。

表 3.9 **图像分类模块主要功能**

命　令	功　能	命　令	功　能
Signature Editor	模板编辑器	Unsupervised Classification	非监督分类
Supervised Classification	监督分类	Threhold	阈值处理
Fuzzy Convolution	模糊卷积	Accuracy Assessment	精度评价
Feature Space Image	特征空间影像	Feature Space Thematic	特征空间专题图像
Knowledge Classifier	专家分类器	Knowledge Engineer	知识工程师
Frame Sampling Tools	框架采样工具	Spectral Analysis	光谱分析

(8)空间建模模块

ERDAS IMAGINE 空间建模工具(Spatial Modeler)是一个面向目标的模型语言环境，在这个环境中，用户可以应用直观的图形语言在一个页面上绘制流程图，定义图形分别表示输入数据、操作函数、运算规则和输出数据，并通过所建立的空间模型可以完成地理信息和图像处理的操作功能。启动空间建模模块，弹出空间建模菜单条，其功能见表3.10。

表3.10 空间建模模块主要功能

命 令	功 能
Model Maker	模型生成器
Model Librarian	空间模型库

(9)雷达模块

ERDAS IMAGINE 雷达图像处理模块(Radar Module)由两部分组成：基本雷达图像处理模块和高级雷达图像处理模块。其中，基本雷达模块主要是对雷达图像进行亮度调整、斑点噪声压缩、斜距调整、纹理分析和边缘提取等一些基本的处理，内置在 Professinoal 级的软件产品中；而高级雷达模块包括了正射雷达(Ortho Radar)、立体雷达(Stereo SAR)和干涉雷达(IFSAR)3个子模块，是3个相对独立的扩展模块，用户可以根据需要选择购置。启动雷达模块，弹出雷达模块菜单条，其功能见表3.11。

表3.11 雷达模块主要功能

命 令	功 能	命 令	功 能
IFSAR	干涉雷达	StereoSAR	立体雷达
OrthoRadar	正射雷达	Radar Interpreter	雷达解释
Generic SAR Node	一般 SAR 节点编辑		

(10)矢量模块

启动矢量模块，弹出矢量模块菜单条，其功能见表3.12。

表3.12 矢量模块主要功能

命 令	功 能	命 令	功 能
Clean Vector Layer	消除矢量图层	Build Vector Layer Topology	建立矢量图层
Copy Vector Layer	矢量图层复制	External Vector Layer	外部矢量图层
Rename Vector Layer	矢量图层重命名	Delete Vector Layer	删除矢量图层
Display Vector Layer	显示矢量图层信息	Create Polygon Labels	多边形图层自动生成标签点
Mosaic Polygon Layers	矢量图层镶嵌	Transform Vector Layer	矢量图层转换

续表

命 令	功 能	命 令	功 能
Raster to Vector	栅格-矢量转换	Subset Vector Layer	矢量图层裁剪
Vector to Raster	矢量-栅格转换	Start Table Tool	编辑属性表
Zonal Attributes	区域属性	ASCⅡ to Point Vector Layer	生成点图层

(11)虚拟 GIS 模块

ERDAS IMAGINE 虚拟地理信息系统(Virtual GIS)是一个三维可视化工具，给用户提供了一种对大型数据库进行实时漫游操作的途径。VirtualGIS 以 Open GL 作为底层图形语言，由于 Open GL 语言允许对几何或纹理的透视使用硬件加速设置。从而使得 VirtualGIS 可以在 Unix 工作站及 PC 机上运行。启动虚拟 GIS 模块，弹出虚拟 GIS 模块菜单条，其功能见表 3.13。

表 3.13 **虚拟 GIS(VirtualGIS)模块主要功能**

命 令	功 能	命 令	功 能
VirtualGIS Viewer	虚拟 GIS 视窗	Virtual World Editor	虚拟世界编辑器
Create Movie	三维动画制作	Create Viewshed Layer	空间视窗分析
Record Flight Path with GPS	飞行路线设计	Create TIN Mesh	生成 TIN 掩膜

(12)数字摄影测量系统

LPS(Leica Photogrammetry Suite)是徕卡公司最新推出的数字摄影测量与遥感处理软件系列。它可以处理航天(最常用的包括卫星影像 Quickbird、IKONOS、SPOT-5 及 Landsat 等)和航空的各类传感器影像定向及空三加密，处理各种数字影像格式、黑/白、彩色、多光谱及高光谱等各类数字影像。LPS 的应用还包括矢量数据采集、数字地模生成、正射影像镶嵌及遥感处理，它是第一套集遥感与摄影测量在单一工作平台的软件系列。LPS 的系统模块功能见表 3.14。

表 3.14 **数字摄影测量系统主要功能**

命 令	功 能	命 令	功 能
LPS eATE	增强的自动地形提取	LPS ORIMA	空三加密
LPS Core	数字摄影测量工具	LPS PRO600	数字测图
LPS ATE	数字地面模型自动提取	LPS Stereo	三维立体观测
LPS TE	数字地面模型编辑	Imagine Equalizer	影像匀光器

(13)三维立体分析模块

启动三维立体分析模块，弹出三维立体分析模块菜单条，其功能见表 3.15。

表 3.15 三维立体分析模块主要功能

命 令	功 能	命 令	功 能
Stereo Analyst	三维立体分析	Texel Mapper	纹理映射器
Auto-Texturize from Block	自动纹理分析	Export 3D shapefile to KML	输出 shp 到 KML

(14)图像自动匹配模块

启动图像自动匹配模块，弹出图像自动匹配模块菜单条，其功能见表 3.16。

表 3.16 图像自动匹配模块主要功能

命 令	功 能	命 令	功 能
Georeferencing Wizard	地理参考向导	Edge Matching Wizard	边缘匹配向导
Open AutoSync Project	打开自动配准工程	AutoSync Workstation	自动配准工作站

3.1.4 遥感数字图像输入与输出

由于遥感数字图像的记录和存储具有不同的格式，数据类型又分 8bit、16bit、32bit 等多种类型，因此，通过图像输入与输出，实现遥感数字数据的格式转换，以满足软件或实际应用的需求就显得尤为重要。通常情况下，图像文件分为基本遥感图像格式(BIL、BIP、BSQ 等)、通用标准图像格式(JPEG、BMP、TIF 等)和商业软件格式(PIX、IMG、ENVI 等)。而从遥感卫星地面站购置的图像数据往往是经过转换的单波段数据文件，用户不能直接使用，这就需要利用专业的遥感图像处理软件的图像输入输出功能，将数据转换为需要的格式。

1. 波段组合

一般来讲，用户所购买的卫星影像多波段数据在大多数情况下为多个单波段普通二进制文件，对于每个用户还附加一个头文件。而在实际的遥感图像处理过程中，大多是针对多波段图像进行的，因而需要将若干单波段遥感图像文件组合生成一个多波段遥感图像文件。该过程需要经过两个步骤：单波段数据输入和多波段数据组合。

(1)单波段数据输入

首先需要将各波段数据(Band Data)依次输入，转换为 ERDAS IMAGINE 的 *. IMG 格式文件。

①运行 ERDAS 软件，在 ERDAS 图标面板工具条中单击“Import/Export”图标，打开输入/输出对话框，如图 3.8 所示。设置下列参数：

■ 选择输入数据操作：Import；

■ 选择输入数据类型(Type)为普通二进制：Generic Binary；

■ 选择输入数据介质(Media)为文件：File；

■ 确定输入文件路径和文件名(Input File)：band3. dat；

■ 确定输出文件路径和文件名(Output File)：band3. img；

■ 单击“OK”按钮(关闭数据输入/输出对话框)。

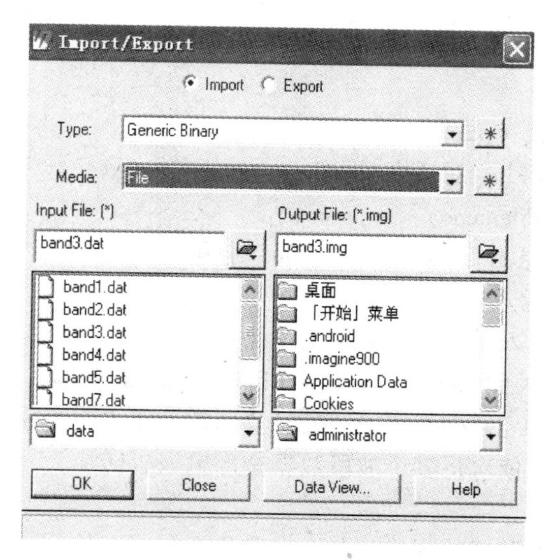

图 3.8 “Import/Export”对话框

②打开“Import Generic Binary Data”对话框，如图 3.9 所示。在“Import Generic Binary Data”对话框中定义下列参数(在图像说明文件里可以找到参数)：

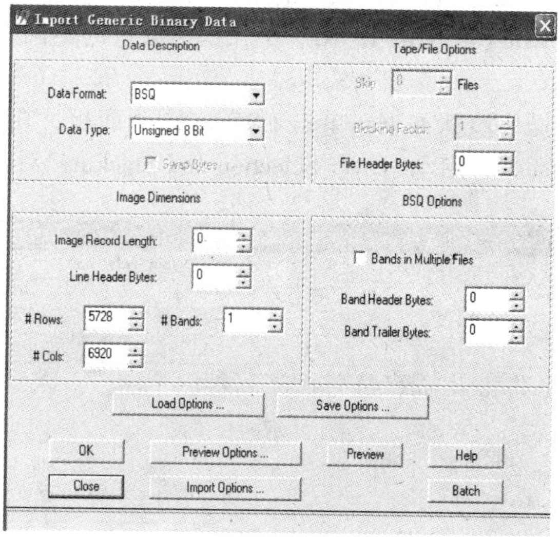

图 3.9 “Import Generic Binary Data”对话框

■ 数据格式(Data Format)：BSQ；
■ 数据类型(Data Type)：Unsigned 8 Bit；
■ 图像记录长度(Image Record Length)：0；
■ 头文件字节数(Line Header Bytes)：0；

■ 数据文件行数(Rows)：5728；

■ 数据文件列数(Cols)：6920；

■ 文件波段数量(Bands)：1。

③完成数据输入：

■ 保存参数设置(Save Options)；

■ 打开“Save Options File”对话框(图略)；

■ 定义参数文件名(Filename)： *. gen；

■ 单击“OK”按钮，退出“Save Options File”对话框。

④预览(Preview)图像效果：

打开一个视窗显示输入图像；如果预览图像正确，说明参数设置正确，可以执行输入操作；单击“OK”按钮，关闭“Import Generic Binary Data”对话框；打开“Import Generic Binary Data”进程状态条；单击“OK”按钮，关闭状态条，完成数据输入。

重复上述部分过程，依次将多个波段数据全部输入，转换为 *. IMG 格式文件。

(2)多波段数据组合

从本质上来讲，多波段遥感图像的各个波段均为灰度图像，遥感成像系统的辐射分辨率决定了各种不同地物间的辐射差异。而对人眼来讲，其对于灰度图像的灰度级分辨能力只有20~60，而对于彩色图像的色彩和强度分辨能力则远强于灰度。此外，相同的地物在不同的波段组合上会有不同的色彩显示，适当的波段组合能够使得用户感兴趣的目标特征更加明显突出，这对于图像的分类解译有着重要意义。

根据图像彩色显示的原理，波段数选择的不同以及波段组合顺序的不同都会引起由于各波段的像元值映射到CLUT表中的R、G、B三基色分量的不同而造成最终不同波段组合间彩色显示差异。

多波段数据组合的操作步骤如下：单击ERDAS图标面板，在Interpreter模块中，选择“Utilities”→“Layer Stack”，启动“Layer Selection and Stacking”对话框，如图3.10所示：

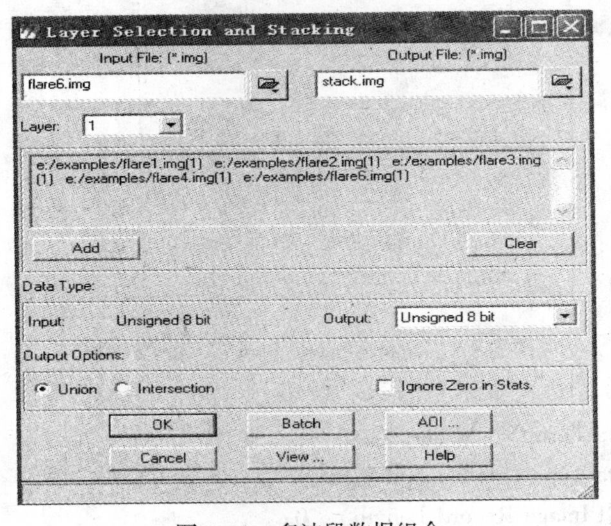

图3.10 多波段数据组合

■ 在 Input File 项打开单波段文件，打开后单击“Add”按钮，添加该波段数据记录；
■ 重复上一步骤，直到所有需要组合的波段添加完毕；
■ 在 Output File 项设定输出多波段文件名称以及路径；
■ 根据数据文件的数据类型以及用户需要设置对应的多波段组合其他参数；
■ 单击“OK”按钮，执行多波段数据组合。

2. JPG 图像数据输出

JPG 图像数据是一种通用的图像文件格式，ERDAS 可以直接读取 *. JPG 图像数据，只要在打开图像文件时，将文件类型指定为 JFIF(JPG)格式，就可以直接在视窗中显示 *. JPG 图像，但操作处理速度比较慢。如果要对 JPG 图像作进一步的处理操作，最好将 *. JPG 图像数据转换为 *. IMG 图像数据。具体操作如下：

①在 ERDAS 图标面板工具条中单击“Import/Export”图标，打开输入/输出对话框，进行相关参数设置，如图 3.11 所示。

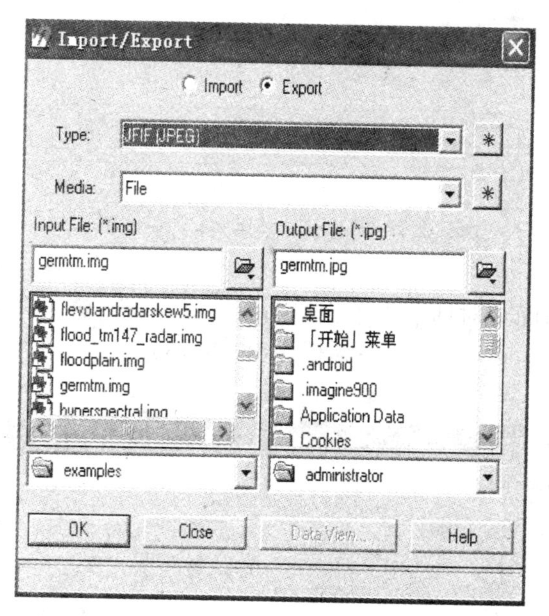

图 3.11 “Import/Export”对话框及参数设置

■ 选择输出数据操作：Export；
■ 选择输出数据类型(Type)为 JPG：JFIF(JPEG)；
■ 选择输出数据媒体(Media)为文件：File；
■ 确定输入文件路径和文件名(Input File：*. img)：\ germtm. img；
■ 确定输出文件路径和文件名(Output File：*. jpg)：\ germtm. jpg；
■ 单击“OK”按钮，关闭数据输入/输出对话框，打开“Export JFIF Data”对话框，如图 3.12 所示。

②在“Export JFIF Data”对话框中设置下列输出参数：

■ 图像对比度调整(Contrast Option)：Apply Standard Deviation Stretch；

■ 标准差拉伸倍数(Standard Deviations)：2；
■ 图像转换质量(Quality)：100。

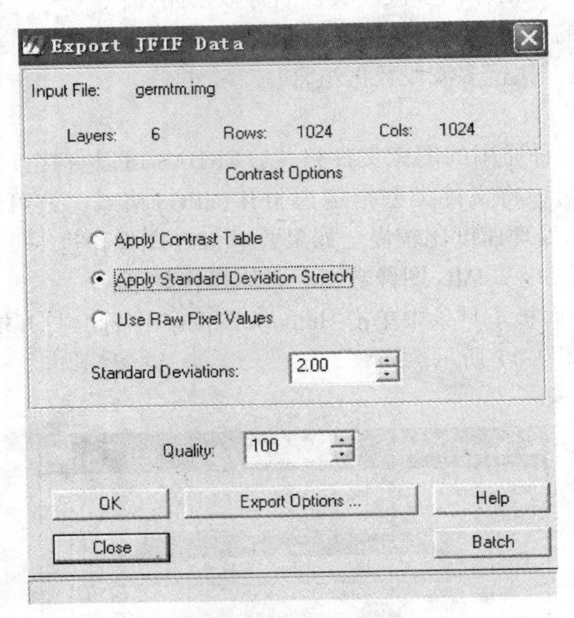

图 3.12　“Export JFIF Data”对话框

③在“Export JFIF Data”对话框中单击“Export Options”(输出设置)按钮，打开“Export Options”对话框，在“Export Options”对话框中(图 3.13)，定义下列参数：

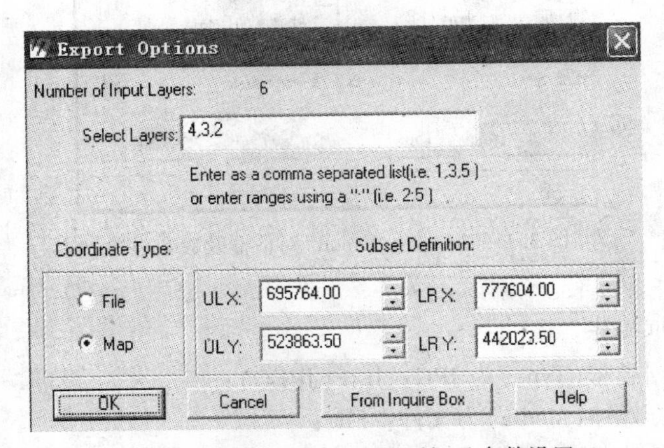

图 3.13　“Export Options”对话框及参数设置

■ 选择波段(Select Layers)：4，3，2；
■ 坐标类型(Coordinate Type)：Map；
■ 定义子区(Subset Definition)：ULX、ULY、LRX、LRY；
■ 单击“OK”按钮，关闭“Export Options”对话框，结束输出参数定义，返回“Export

JFIF Data”对话框；

■ 单击“OK”按钮，关闭“Export JFIF Data”对话框，执行 JPG 数据输出操作，如图 3.14 所示。

图 3.14 germtm. jpg 图

3. TIFF 图像数据输出

TIFF 图像数据是非常通用的图像文件格式，ERDAS IMAGINE 系统里有一个 TIFF DLL 动态链接库，从而使 ERDAS IMAGINE 支持 6.0 版本的 TIFF 图像数据格式的直接读写，包括普通 TIFF 和 Geo TIFF。

用户在使用 TIFF 图像数据时，不需要通过 Import/Export 来转换 TIFF 文件，而是只要在打开图像文件时，将文件类型指定为 TIFF 格式就可以直接在视窗中显示 TIFF 图像。不过，操作 TIFF 文件的速度比操作 IMG 文件要慢一些。如果要在图像解译器(Interpreter)或其他模块下对图像做进一步的处理操作，依然需要将 TIFF 文件转换为 IMG 文件，这种转换类似 JPG 图像数据输出。

3.2 遥感图像预处理

3.2.1 遥感图像校正

遥感图像在获取的过程中，必然受到太阳辐射、大气传输、光电转换等一系列环节的影响，同时还受到卫星的姿态与轨道、地球的运动与地表形态、传感器的结构与光学特性的影响，从而引起遥感图像存在辐射畸变与几何畸变。

图像校正就是指对失真图像进行复原性处理，使其能从失真图像中计算得到真实图像的估值，使其根据预先规定的误差准则，最大限度地接近真实图像。

图像校正主要包括：辐射校正和几何校正。辐射校正包括传感器的辐射校正、大气校正、照度校正以及条纹和斑点的判定和消除。几何校正就是校正成像过程中造成的各种几何畸变，包括几何粗校正和几何精校正。几何粗校正是针对引起畸变的原因而进行的校正，我们得到的卫星遥感数据一般都是几何粗校正处理的。

1. 辐射校正

各地面单元进入传感器包括反射与辐射的总强度反映在图像上就是对应像素的亮度值(灰度值)。反射与辐射强度越大，亮度值(灰度值)越大。该值主要受两个物理量影响：一是太阳辐射照度到地面的辐射度；二是地物的光谱反射率。当太阳辐射相同时，图像上像元亮度值的差异直接反映了地物目标光谱反射率的差异。但实际测量时，辐射强度值还受到其他因素的影响而发生改变，这一改变的部分就是需要校正的部分，故称为辐射畸变。

引起辐射畸变的原因有两个：一是传感器仪器本身产生的误差；二是大气(如云层)对辐射的影响。

仪器引起的误差是由于多个检测器之间存在差异，以及仪器系统工作产生的误差，这导致了接收的图像不均匀，产生条纹和"噪声"。一般来说，这种畸变应该在数据生产过程中出现，由生产单位根据传感器参数进行校正，而不需要用户自行校正。用户应该考虑的是大气影响造成的畸变。

(1)大气的影响

进入大气的太阳辐射会发生反射、折射、吸收、散射和透射。其中，对传感器接收影响较大的是吸收和散射，如图3.15所示。在没有大气存在时，传感器接收的辐射度，只与太阳辐射到地面的辐射度和地物反射率有关。由于大气的存在，辐射经过大气吸收和散射，透过率小于1，从而减弱了原信号的强度。同时，大气的散射光也有一部分直接或经过地物反射进入到传感器，这两部分辐射又增强了信号，但却不是有用的。

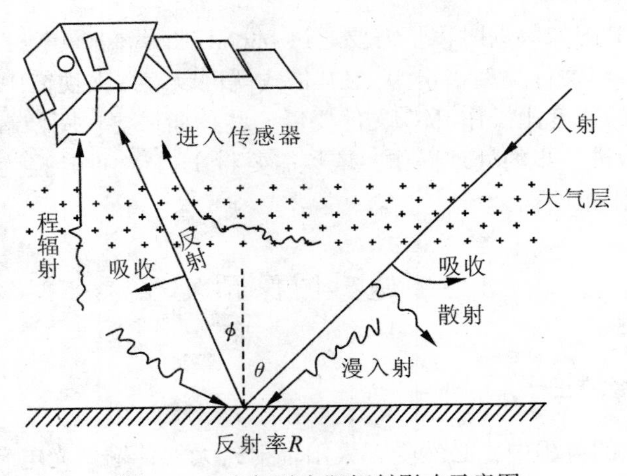

图3.15 大气对太阳辐射影响示意图

由于大气影响的存在，实际到达传感器的辐射亮度可表示为：

$$L_\lambda = L_{1\lambda} + L_{2\lambda} + L_{P\lambda} \tag{3-1}$$

式中，L_λ表示进入传感器的总亮度值；$L_{1\lambda}$表示入射光经地物反射进入传感器的亮度值；$L_{2\lambda}$表示大气对辐射散射后，来自各个方向的散射又重新以漫入射的形式照射地物，经过地物的反射及反射路径上大气的吸收进入传感器的亮度值；$L_{P\lambda}$表示散射光向上通过大气直接进入传感器的辐射，称为程辐射度。

大气的主要影响是减少了图像的对比度，即图像反差，使原始信号和背景信号都增加了因子。

(2)大气影响的粗略校正

精确的校正公式需要找出每个波段像元亮度值与地物反射率的关系，以及大气各种状态、大气包含的各种物质本身的散射规律，所以，常常采用一些简化的处理方法，只去掉主要的大气影响，使图像质量满足基本要求。

粗校正是指通过比较简便的方法去掉程辐射度，从而改善图像质量。

严格地说，程辐射度的大小与像元有关，随大气条件、太阳照射方向和时间变化而变化，但因其变化量微小而忽略。

可以认为，程辐射度在同一幅图像的有限面积内是一个常数，其值的大小只与波段有关。

1)直方图最小值去除法

其基本思想在于一幅图像中总可以找到某种或某几种地物的辐射亮度或反射率接近0，实测表明，这些位置上的像元亮度不为0，这个值就应该是大气散射导致的程辐射度值。所谓程辐射，即光自地物到传感器之间传播路程中大气的辐射量。

一般来说，程辐射度主要来自米氏散射，其散射强度随波长的增大而减少，到红外波段有可能接近于0。

具体校正方法十分简单，首先，确定条件满足，即该图像上确有辐射亮度或反射亮度应为0的地区，如土壤水分饱和的沼泽地区，则亮度最小值必定是这一地区大气影响的程辐射度增值。校正时，将每一波段中每个像元的亮度值都减去本波段的最小值，使图像亮度动态范围得到改善、对比度增强，从而提高了图像质量。

2)回归分析法

假定某红外波段，存在程辐射为主的大气影响，且亮度最小，接近于0，设为波段 a。现需要找到其他波段相应的最小值，这个值一定比 a 波段的最小值大一些，设为波段 b，如图3.16所示。分别以 a，b 波段的像元亮度值为坐标，作二维光谱空间，两个波段中对应的像元在坐标系内用一个点表示。由于波段间的相关性，通过回归分析，在众多点中一定能找到一条直线与波段 b 的亮度 L_b 轴相交，且可以认为 a 就是波段 b 的程辐射度。

校正方法：将波段 b 中每个像元的亮度值减去 a，改善图像，去掉程辐射。同理，依

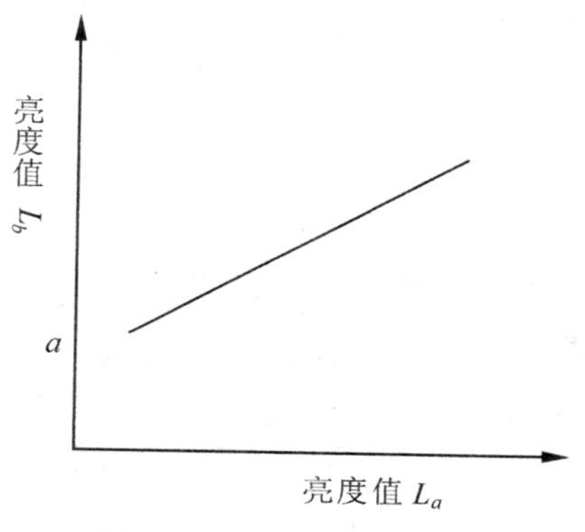

图3.16 回归分析校正法

次完成其他较长波段的校正。

2. 几何校正

图像几何校正就是校正成像过程中造成的各种几何畸变，包括几何粗校正和几何精校正。几何精校正是利用地面控制点进行的几何校正，它是用一种数学模型来近似描述遥感图像的几何畸变过程，并利用标准图像与畸变遥感图像之间的一些对应点(地面控制点数据对)求得这个几何畸变模型，然后利用此模型进行几何畸变的校正，这种校正不考虑畸变的具体形成原因，而只考虑如何利用畸变模型来校正遥感图像。

当遥感图像在几何位置上发生变化，产生诸如行列不均匀、像元大小与地面大小对应不准确、地物形状不规则变化时，则说明遥感图像发生了几何畸变。遥感图像的总体变形(相对于地面真实形态而言)是平移、缩放、旋转、偏扭、弯曲及其他变形综合作用的结果。产生畸变的图像给定量分析及位置配准造成困难，因此，遥感数据接收后，首先由接收部门进行校正，这种校正往往根据遥感平台、地球、传感器的各种参数进行处理。而用户拿到这种产品后，由于使用目的不同或投影及比例尺的不同，仍旧需要作进一步的几何校正，在此仅讨论被动遥感的情况。

(1)遥感图像变形的原因

遥感平台位置和运动状态变化的影响。无论是卫星还是飞机，运动过程中都会由于种种原因产生飞行姿势的变化(如航高、航速、仰俯、翻滚、偏航等)，从而引起图像变形，具体原因有以下4种：

地形起伏引起几何畸变。当地形存在起伏时，会产生局部像点的位移，使原本应是地面点的信号被同一位置上某一高点的信号所代替。由于高差，实际像点距离像幅中心的距离相对于理想像点距离像幅中心的距离移动了一点。

地球表面曲率引起几何畸变。地球是椭球体，因此其表面是曲面，这一曲面的影响主要体现在两个方面，一是像点位置的移动，二是像点相对于地面宽度不等。当扫描角较大时，影响尤为突出，造成边缘景物在图像显示时被压缩。

大气折射引起几何畸变。大气对电磁辐射的传播产生折射。由于大气的密度分布从下向上越来越小，折射率不断变化，因此折射后的辐射传播不再是直线，而是一条曲线，从而导致传感器接收的像点发生位移。

地球自转引起几何畸变。卫星前进过程中，传感器对地面扫描获取影像时，地球自转影响较大，会产生影像偏离。多数卫星在轨道运行的降段(从北到南)接收图像，即卫星自北向南运动，这时地球自西向东自转。相对运动的结果，使卫星的星下位置逐渐产生偏离。

(2)几何畸变校正

几何畸变校正的方法有多种，但常用的是一种精校正方法。该方法适合于在地面平坦且不需考虑高程信息，或地面起伏较大而无高程信息，以及传感器的位置和姿态参数无法获取的情况下应用。有时根据遥感平台的各种参数已做过一次校正，但仍不能满足要求，就可以用该方法做遥感图像相对于地面坐标的配准校正，遥感图像相对于地图投影坐标系统的配准校正，以及不同类型或不同时相的遥感图像之间的几何配准和复合分析，以得到比较精确的结果。

几何畸变校正的基本思路：校正前的图像看起来是由行列整齐的等间距像元点组成

的，但实际上，由于某种几何畸变，图像中像元点间所对应的地面距离并不相等，如图3.17(a)所示。校正后的图像亦是由等间距的格网点组成的，且以地面为标准，符合某种投影的均匀分布，如图3.17(b)所示，图像中格网的交点可以看成是像元的中心。校正的最终目的是确定校正后图像的行列数值，然后找到新图像中每一像元的亮度值。

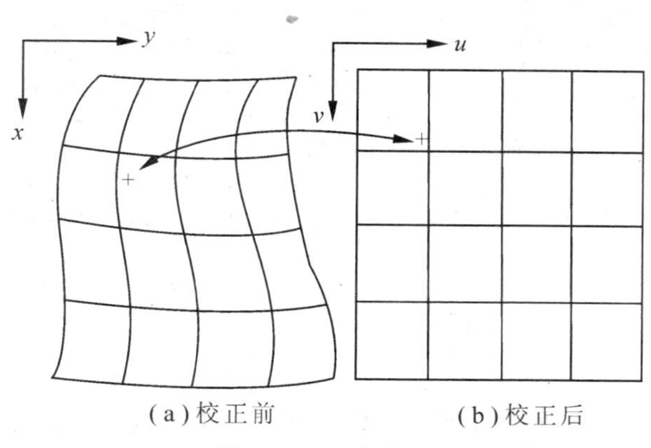

图3.17 几何校正

图像几何校正的目的就是改变原始影像的几何变形，生成一幅符合某种地图投影或者图形表达要求的新图像。不论是航空还是航天遥感，其一般步骤如图3.18所示。

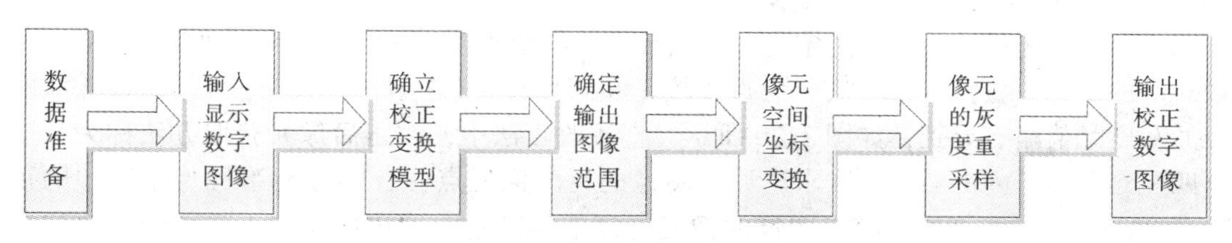

图3.18 几何校正的一般步骤

1)第1步：数据准备

包括资源卫星图像数据、航空图像数据、大地测量成果、航天器轨道参数和传感器姿态参数的收集和分析，所需控制点的选择和量测等。

2)第2步：确定校正变换模型

校正变换模型是用来建立输入与输出图像间的坐标关系。校正方法依据采用的数学模型的不同而不同，一般有多项式法、共线方程法、随机场内的插值法等。由于多项式法原理比较直观，使用上较为灵活且可以用于各种类型的图像，因而遥感图像几何校正的空间变换一般采用多项式法。校正变换函数中有关的系数，可以利用地面控制点(GCP)解算。这些参数也可以利用卫星轨道参数、传感器姿态参数、航空图像的内外方位元素等获得。

3)第3步：确定输出图像范围

如图3.19所示，求出原始图像4个角点(a，b，c，d)在改正后图像中对应点(a'，b'，c'，d')的坐标($X_{a'}$，$Y_{a'}$)、($X_{b'}$，$Y_{b'}$)、($X_{c'}$，$Y_{c'}$)和($X_{d'}$，$Y_{d'}$)，求出min($X_{a'}$，$X_{b'}$，$X_{c'}$，$X_{d'}$)、max($X_{a'}$，$X_{b'}$，$X_{c'}$，$X_{d'}$)、min($Y_{a'}$，$Y_{b'}$，$Y_{c'}$，$Y_{d'}$)、max($Y_{a'}$，$Y_{b'}$，$Y_{c'}$，

$Y_{d'}$)。

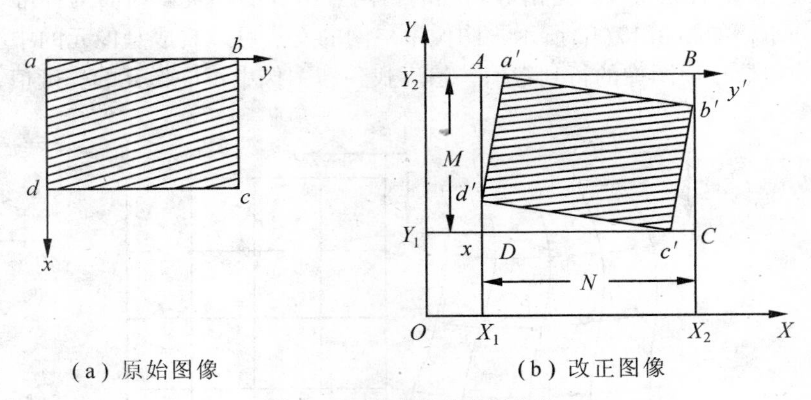

(a) 原始图像　　(b) 改正图像

图 3.19　输出图像范围确定

根据精度要求，在新图像的范围内，划分网格，每个网格点就是一个像元。新图像的行数 $M = Y_{max} - Y_{min} / \Delta Y + 1$，列数 $N = X_{max} - X_{min} / \Delta X + 1$，式中，$\Delta X$、$\Delta Y$ 是设定的网格长、宽的地面尺寸。

输出图像范围定义恰当，校正后的图像就全部包括在定义的范围内，且能够使空白图像面积尽可能少。否则，会造成校正后的图像未被该范围全部包括或输出图像空白过多。

4)第4步：像元空间坐标变换

像元空间坐标变换是按选定的校正函数，把原始的数字图像逐个像元地变换到输出图像相应的坐标上去，变换方法分为直接校正和间接校正(正解法和反解法)。两种方法的像元灰度赋值略有差别，如图3.20所示，直接改正法中，改正后像元获取办法称为灰度重匹配，它按行列的顺序依次求出原始图像的每个像元点(x, y)在标准图像空间中的正确位置(u, v)，并把原始畸变图像的像元亮度值移到这个正确的位置上。而间接法称为灰度重采样，它按行列的顺序依次对标准图像空间中的每个待输出像元点(u, v)反求其在原始畸变图像空间中的共轭位置(x, y)，同时利用内插方法确定这一共轭位置的亮度值，并把此位置的像元亮度值填入校正图像的空间位置(u, v)。这一方法能够保证图像空间中的像元呈均匀分布，因而是最常见的几何校正方法。

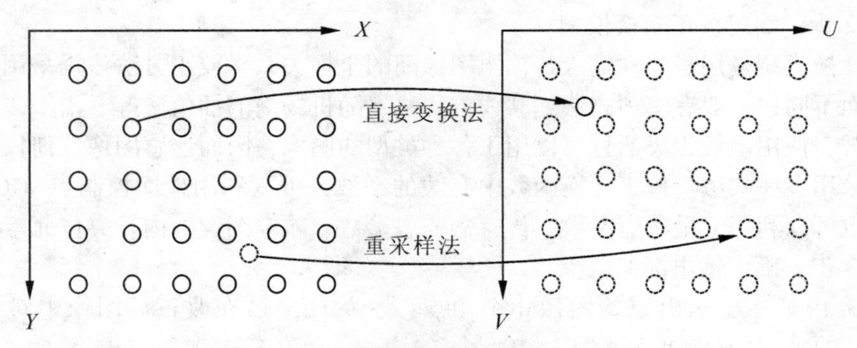

图 3.20　几何校正中的空间转换示意图

5)第 5 步：像元的灰度重采样

重采样的过程就是依据未校正图像像元值生成一幅校正图像的过程，即对所有校正图像的像元灰度重新赋值。常用的重采样方法有最邻近插值法、双线性内插法和三次卷积内插法，其中，最邻近插值法最简单、计算速度快；三次卷积内插法采样中的误差约为双线性内插法的 1/3，产生的图像比较平滑，但计算工作量大，费时。

①最邻近插值法：将最近像元值直接赋给输出像元。最邻近重采样算法简单，最大的优点是保持像元值不变。但是，改正后的图像可能具有不连续性，会影响制图效果。当相邻像元的灰度值差异较大时，可能会产生较大的误差。

如图 3.21 所示，图像中两相邻点的距离为 1，即行间距 $\Delta x=1$，列间距 $\Delta y=1$，取与所计算点(x, y)周围相邻的 4 个点，比较它们与被计算点的距离，哪个点距离最近，就取哪个的亮度值作为点(x, y)的亮度值$f(x, y)$。

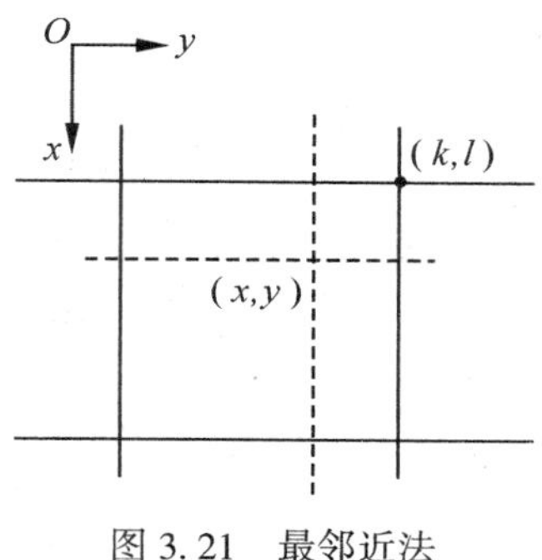

图 3.21　最邻近法

设该最邻近点的坐标为(k, l)，则

$$\begin{cases} k=\mathrm{Int}(x+0.5) \\ l=\mathrm{Int}(x+0.5) \end{cases} \tag{3-2}$$

式中：Int 表示取整。这里(k, l)处可能没有原图像的像元，因为原图像与校正后图像并非线性关系，此式仅适用于有线性关系的情况。

于是点(k, l)的亮度值$f(k, l)$就作为点(x, y)的亮度值，即$f(x, y)=f(k, l)$。

这种方法简单易用、计算量小，在几何位置上精度为±0.5 像元，但处理后图像的亮度具有不连续性，从而影响了精度。

②双线性插值法：用双线性方程和 2×2 窗口计算输出像元值。该方法简单且具有一定的精度，一般能得到满意的插值效果。缺点是具有低通滤波的效果，会损失图像中的一些边缘或线性信息，导致图像模糊。

取点(x, y)周围的 4 临点，在 y 方向(或 x 方向)内插两次，再在 x 方向(或 y 方向)内插一次，得到点(x, y)的亮度值$f(x, y)$，该方法称为双线性内插法(图 3.22)。

设 4 个邻点分别为(i, j)、$(i, j+1)$、$(i+1, j)$、$(i+1, j+1)$，i 代表左上角为原点的行数，j 代表列数。设 $\alpha=x-i$，$\beta=y-j$，过点(x, y)作直线与 x 轴平行，与 4 邻点组成的边相交于点(i, y)和点$(i+1, y)$。先在 y 方向内插，计算交点的亮度 $f(i, y)$和 $f(i+1, y)$。如图 3.22 右图所示，$f(i, y)$即由 $f(i, j+1)$与(i, j)内插计算而来。

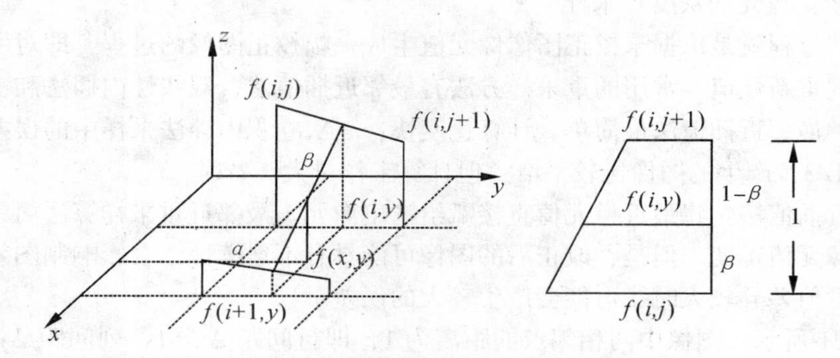

图 3.22 双线性内插法

由梯形计算公式:

$$\frac{f(i,\ j)-f(i,\ y)}{\beta}=\frac{f(i,\ y)-f(i,\ j+1)}{i-\beta}$$

故
$$f(i,\ y)=\beta f(i,\ j+1)+(1-\beta)f(i,\ j) \tag{3-3}$$

同理,
$$f(i+1,\ y)=\beta f(i+1,\ j+1)+(1-\beta)f(i+1,\ j) \tag{3-4}$$

然后,计算 x 方向,以 $f(i,\ y)$ 和 $f(i+1,\ y)$ 为边组成梯形来内插 $f(x,\ y)$ 值,结果为

$$f(x,\ y)=\alpha f(i+1,\ y)+(1-\alpha)f(i,\ y) \tag{3-5}$$

综合式(3-3)、式(3-4)和式(3-5),得

$$f(x,\ y)=\alpha[\beta f(i+1,\ j+1)+(1-\beta)f(i+1,\ j)]+(1-\alpha)[\beta f(i,\ j+1)+(1-\beta)f(i,\ j)]$$

其中,i, j 的值由 x, y 取整:

$$\begin{cases} i=\mathrm{Int}(x) \\ j=\mathrm{Int}(y) \end{cases} \tag{3-6}$$

实际计算时,先对全幅图像沿行依次计算每一个点,再沿列逐行计算,直到全部点计算完毕。

双线性内插法比最邻近法虽然计算量增加,但精度明显提高,特别是对亮度不连续现象或线性特征的块状化现象有明显的改善。但这种内插法会对图像起到平滑作用,从而使对比度明显的分界线变得模糊。鉴于该方法的计算量和精度适中,只要不影响应用所需的精度,作为可取的方法而常被采用。

③三次卷积插值法:用三次方程和 4×4 窗口计算输出像元值。这是进一步提高内插精度的一种方法,该方法产生的图像比较平滑,它的缺点是计算量大。其基本思想是增加邻点来获得最佳插值函数。取与计算点$(x,\ y)$周围相邻的 16 个点,与双向线性内插类似,可先在某一方向上内插,如先在 x 方向上,每 4 个值依次内插 4 次,求出$f(x,\ j-1)$、$f(x,\ j)$、$f(x,\ j+1)$、$f(x,\ j+2)$,再根据这 4 个计算结果在 y 方向内插,得到$f(x,\ y)$。每一组 4 个样点组成一个连续内插函数。可以证明(从略),这种三次多项式内插过程实际上是一种卷积运算,故称为三次卷积内插。

需注意的是,欲以三次卷积内插法获得好的图像效果,就要求位置校正过程更准确,即对控制点选取的均匀性要求更高。如果前面的工作没做好,三次卷积内插法也得不到好的结果。

6)第 6 步：输出改正图像

经过逐个像元的几何位置变换和灰度重采样得到的输出图像数据以需要的格式写入改正后的图像文件。

几何校正的第一步便是位置计算，首先是所选取的二元多项式求系数。这时必须已知一组控制点坐标。控制点又称同名点，即在图像上与实地或其他图件相对应的点。原则上，地面控制点应该均匀分散在整个影像上，特别是影像边缘部分，如果控制点集中在影像的很小区域，那么我们得到的几何校正的信息就很有限，因此一方面要使控制点的覆盖范围足够分散，另一方面又要处理在有些范围中很难准确定位控制点的问题。

一般来说，控制点应选取图像上易分辨且较精细的特征点。如道路交叉口、河流弯曲或分叉处，海岸线弯曲处、湖泊边缘、飞机场、城郭边缘等。特征变化大的地区应多选些；此外，尽可能满幅均匀选取，特征实在不明显的大面积区域(如沙漠)，可用求延长线交点的办法来弥补，但应尽可能避免这样做，以避免造成人为的误差。

控制点数据的最低限是按未知系数的多少来确定的。一次多项式

$$\begin{cases} x = a_{00} + a_{10}u + a_{01}v \\ y = b_{00} + b_{10}u + b_{01}v \end{cases} \tag{3-7}$$

式中有 6 个系数，就需要有 6 个方程来求解，需 3 个控制点的 3 对坐标值，即 6 个坐标数(实际上，对原图像的几何校正不是简单的线性变换，而是非线性变换，因而还需要增加一个非线性项，用 4 个控制点、8 个坐标数)。二次多项式有 12 个系数，需要 12 个方程(6 个控制点)。依次类推，三次多项式至少需要 10 个控制点，n 次多项式，控制点的最少数目为 $\frac{(n+1)(n+2)}{2}$。

实际工作表明，选择控制点的最少数目来校正图像，效果往往不好。在图像边缘处，在地面特征变化大的地区，如河流拐弯处等，由于没有控制点，而靠计算推出对应点，会使图像变形。因此，在条件允许的情况下，控制点的选取都要大于最低数很多(有时为 6 倍)。

多项式模型(Polynomial)属于一种近似校正方法，在卫星图像校正过程应用较多。校正时，先根据多项式的阶数，在图像中选取足够数量的控制点，建立图像坐标与地面坐标的关系式，再将整张图像进行转换；再调用多项式模型时，需要确定多项式的次方数(Order)，一般多用低阶多项式(三次或二次)，以避免高阶方程数值不稳定的状况。此外，各阶多项式所需控制点的数量除满足要求的最少控制点数外，一般还需额外地选取一定数量的控制点，以使用最小二乘平差求出较为合理的多项式系数。最小控制点数计算公式为 $\frac{(t+1)(t+2)}{2}$，其中，t 为选取函数的次方数，即 1 次方最少 3 个控制点，2 次方最少 6 个控制点，3 次方最少需要 10 个控制点，依次类推。

此校正方式会受到图像面积及高程变化程度的影响，如果图像范围不大且高程起伏不明显，校正后的精度一般会满足需求，反之，则精度会明显降低。因此，多项式模型一般适用于平地或精度要求相对较低的校正处理。

3. 几何校正实例

不同的数据源，几何校正的方法也不尽相同，下面以 Landsat TM 的校正为例加以说明。数据源采用具有地理参考信息的 SPOT 全色影像作为标准图像，选取一定数量的地面控制点，采用多项式拟合方法对卫星图像进行校正，详细流程如图 3.23 所示。

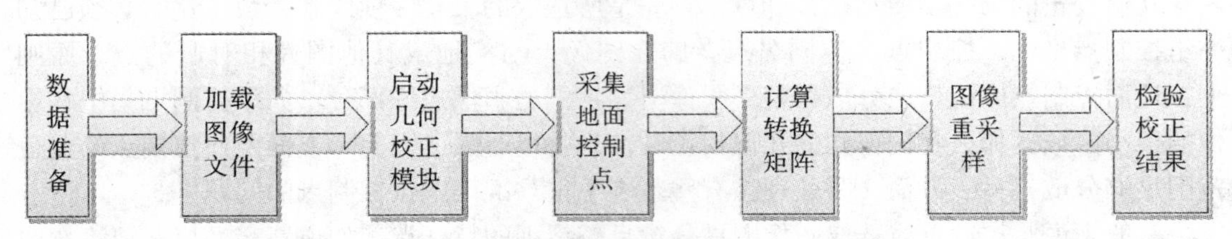

图 3.23 图像几何校正的一般过程

(1)第 1 步：加载图像文件

①在 ERDAS 图标面板菜单条选择“Main/Start Image Viewer”命令，打开 Viewer 窗口“Viewer#1”；或在 ERDAS 图标面板工具条选择“Viewer”图标，打开 Viewer 窗口“Viewer#1”。

②同步骤①打开一个新的 Viewer 窗口“Viewer#2”。

③在“Viewer#1”菜单条选择“File/Open/Raster Layer”命令，打开“Select Layer to Add”窗口，选择需要校正的 Landsat TM 图像：examples/tmAtlanta. img。选择“Raster Options”标签，选中“Fit to Frame”复选框，以使添加全幅显示。单击“OK”，加载需要校正的图像 tmAtlanta. img。

注意：倘若标准图像选择的是 SPOT 全色影像(灰度图像)，为了更方便地选取相对应的 GCP (Ground Control Points)，那么对 image 图像就要选择 Gray Scale，以灰度显示。

④在“Viewer#2”菜单条选择“File/Open/Raster Layer”命令，打开“Select Layer to Add”对话框，选择参考 SPOT 图像：examples/panAtlanta. img，单击“OK”，加载该参考图像。

(2)第 2 步：启动几何校正模块

①在 Viewer#1 菜单中，选择“Raster /Geometric Correction”命令，打开选择几何校正模型“Set Geometric Model”对话框，如图 3.24 所示。

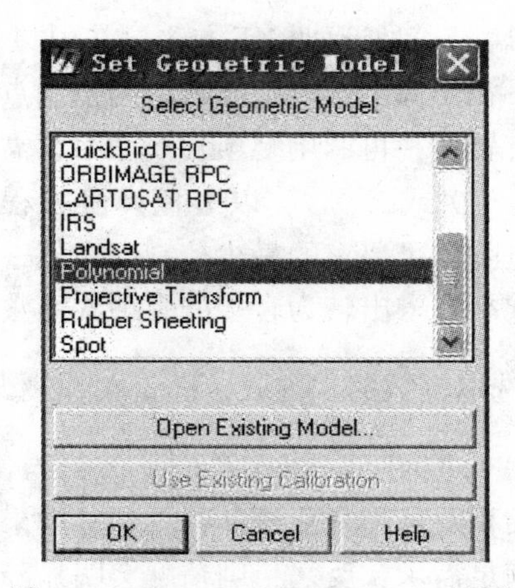

图 3.24 “Set Geometric Model”对话框

②选择多项式变换模型，单击"OK"，同时打开几何校正工具对话框(图 3.25)和几何校正模型属性(Polynomial Model Properties)对话框(图 3.26)。

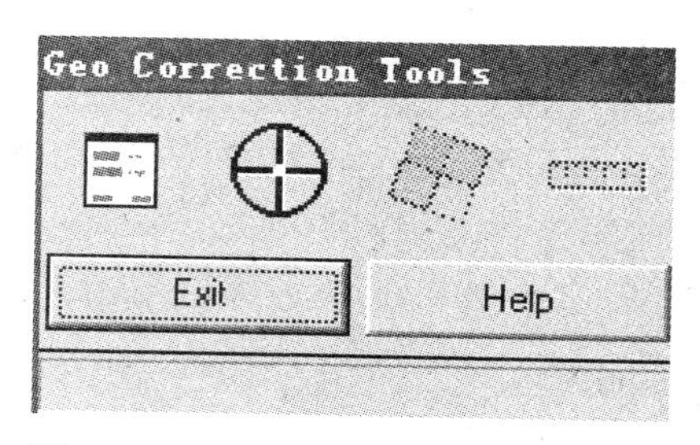

图 3.25　"Geo Correction Tools"对话框

③在 Polynomial Model Properties 中定义多项式次方(Polynomial Order)为 2，因为 2 阶多项式即保证模型的精度，也不需要过多的运算时间，单击"Apply"按钮应用设置。单击"Close"按钮关闭当前对话框，打开"GCP Tool Reference Setup"对话框，如图 3.27 所示。

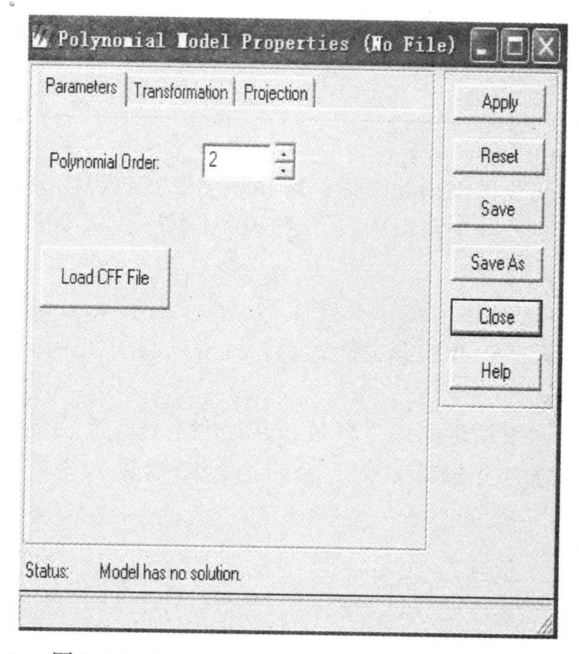

图 3.26　"Polynomial Model Properties"对话框

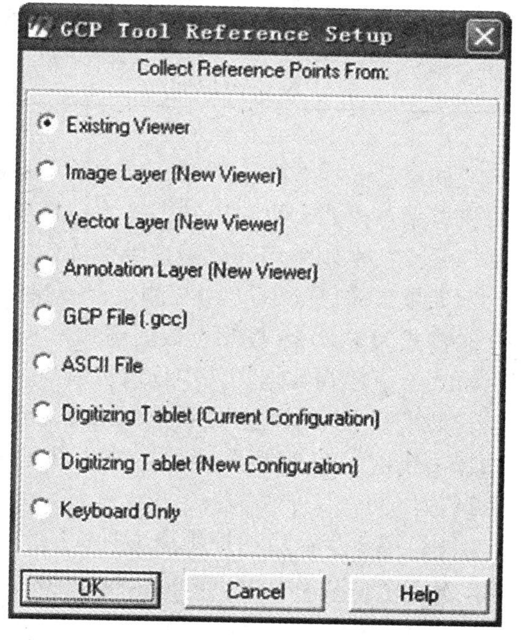

图 3.27　"GCP Tool Reference Setup"对话框

注意：ERDAS 系统提供 9 种控制点采集模式(图 3.27)，可以分为窗口采点、文件采点、地图采点 3 类，具体类型及其含义见表 3.17。本例采用窗口采点模式，作为地理参考的 SPOT 图像已经含有投影信息，所以这里不需要定义投影参数。如果不是采用窗口采点模式，或者在参考图像没有包含投影信息，则必须在这里定义投影信息，包含投影类型及其对应的投影参数，并确保投影方式与采集控制点的投影方式保持一致。

表3.17所列的三类几何校正采点模式，分别应用于不同的情况：

表3.17　几何校正采点模式及含义

模　　式	含　　义
Viewer to Viewer	窗口采点模式
Existing Viewer	在已经打开的视窗窗口中采点
Image Layer(New Layer)	在新打开的图像窗口中采点
Vector Layer(New Layer)	在新打开的矢量窗口中采点
Annotation(New Layer)	在新打开的注记窗口中采点
File to Viewer	文件采点模式
GCP File(*.gcc)	在控制点文件中读取点
ASCⅡ File	在ASCⅡ文件中读取点
Map to Viewer	地图采点模式
Digitizing Tablet(Current)	在当前数字化仪上采点
Digitizing Tablet(New)	在新配置数字化仪上采点
Keyboard Only	通过键盘输入控制点

如果已经拥有校正图像区域的数字地图，或经过校正的图像，或注记图层，就可以应用窗口采点模式，直接以它们作为地理参考，在另一个窗口中打开相应的数据层，从中采集控制点，本例采用的就是这种模式。

如果事先已经通过GPS测量，或摄影测量，或其他途径获得控制点的坐标数据并且存储格式为ERDAS控制点数据格式*.gcc或者ASCⅡ数据文件的话，就可以调用文件采点模式，直接在数据文件中读取控制点。

如果只有印刷地图或者坐标纸作为参考，则采用地图采点模式，在地图上选点后，借助数字化仪采集控制点坐标；或先在地图上选点并量算坐标，然后通过键盘输入坐标数据。

(3)第3步：启动控制点工具

①在“GCP Tool Reference Setup”窗口选择采点模式，即选择“Existing Viewer”按钮。单击“OK”按钮关闭该窗口，打开“Viewer Selection Instructions”指示器，如图3.28所示。

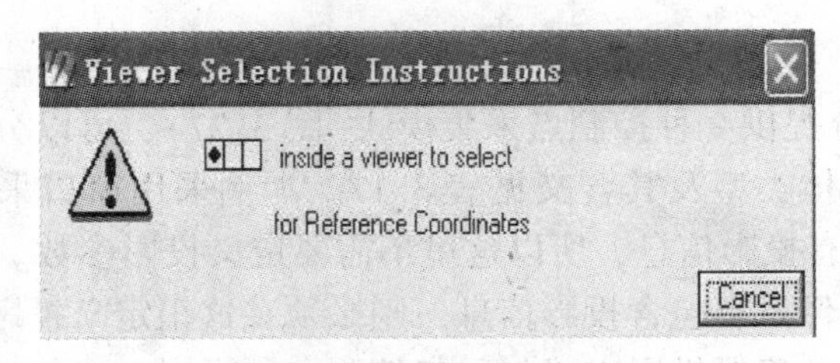

图3.28　“Viewer Selection Instructions”指示器

②鼠标点击显示作为地理参考图像 panAtlanta. img 的 Viewer#2 窗口，打开"Reference Map Information"对话框，如图 3.29 所示，显示参考图像的投影信息。

Reference Map Information

Current Reference Map Projection:

Projection: State Plane

Spheroid: Clarke 1866

Zone Number: 3676

Datum: NAD27

Map Units: Feet

OK Cancel Help

图 3.29 "Reference Map Information"对话框

③单击"OK"按钮，整个屏幕将自动切换到如图 3.30 所示的状态，其中包括两个主窗口、两个放大窗口、两个关联方框（分别位于两个窗口中，指示放大窗口与主窗口的关系）、控制点工具对话框和几何校正工具等。控制点工具被启动，进入控制点采集状态。

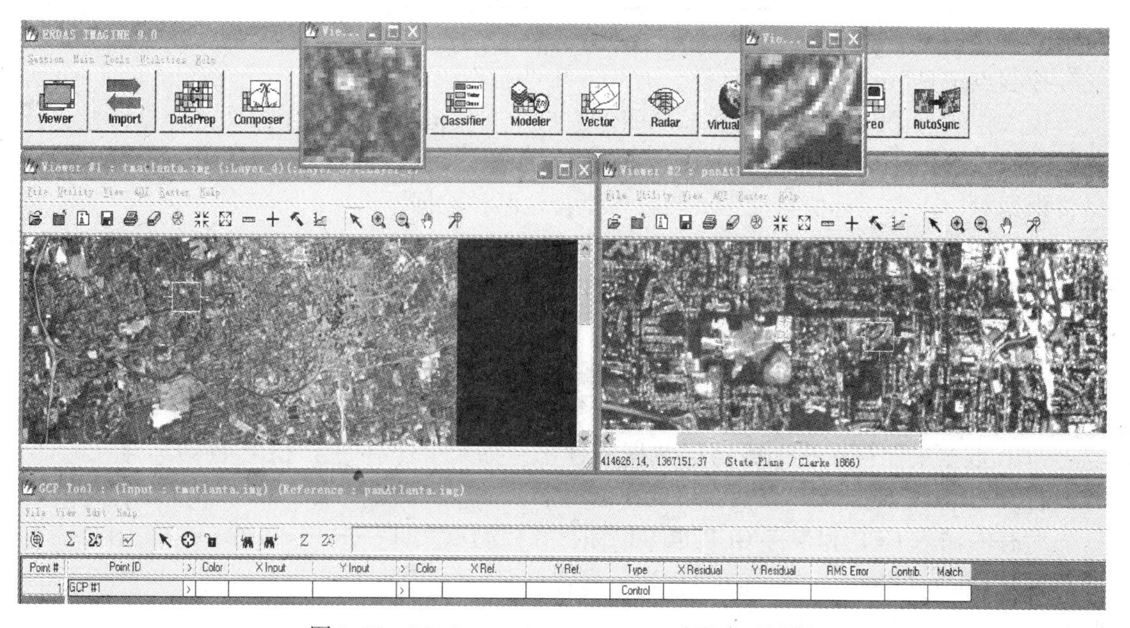

图 3.30 "Reference Map Information"组合对话框

(4)第 4 步：采集地面控制点

几何校正过程中，控制点采集是一个非常精细的过程，需要格外的细致，精确找取地物的特征点线才能够较好地选取用于匹配校正图像和标准图像的控制点。

控制点工具(GCP Tool)对话框由菜单条、工具条、控制点数据表(GCP Cell Array)及状态条 4 个部分组成。菜单条主要命令及其功能见表 3.18，工具条中的图标及其功能见表 3.19。

表 3.18 **GCP 菜单条主要命令及其功能**

命　令	功　能
View	显示操作
View Only Selected GCPS	窗口仅显示所选择的控制点
Show Select GCP in Table	在表格显示所选择的控制点
Arrange Frames on Screen	重新排列屏幕中的组成要素
Tools	调出控制点工具图标面板
Start Chip Viewer	重新打开放大窗口
Edit	编辑操作
Set Point Type(Control/Check)	设置采集点的类型(控制点/检查点)
Reset Reference Source	重置参考控制点源文件
Reference Map Projection	改变参考文件的投影参数
Point Prediction	按照转换方程计算下一个点位置
Point Matching	借助像元的灰度值匹配控制点

控制点工具(GCP Tool)对话框，有如下几点需要注意：

输入控制点(X/Y Input)是在畸变图像窗口中采集的，具有畸变图像的坐标系统，而参考控制点(X/Y Reference)是在参考图像窗口中采集的，具有已知的参考系统，GCP 工具将根据对应点的坐标值自动生成转换模型，这两种数据源需要区分清楚。

在 GCP 数据列表中，残差(X/Y Residuals)、中误差(RMS)、贡献率(Contribution)及匹配程度(Match)等参数，是在编辑 GCP 的过程中自动计算更新的，用户不可以任意改变，但可以通过调整 GCP 位置提高精度。

所有输入的 GCP 和参考 GCP 都可以直接保存在畸变图像文件(“Save Input”菜单)和参考图像文件(“Save Reference”菜单)中。每个 img 文件都可以有一个 GCP 数据集与之关联，GCP 数据集保存在一个栅格层数据文件中，如果 img 有一个 GCP 数据集存在的话，只要打开 GCP 工具，GCP 点就会出现在窗口中。

所有的输入 GCP 和参考 GCP 也可以保存在控制点文件(Save Input As 菜单)和参考控制点文件(Save Reference As 菜单)中，分别通过对应窗口的“Load Input”菜单和“Load Reference”菜单加载调用。

GCP 具体采集过程如下：

GCP 工具启动后，默认情况下是处于 GCP 编辑模式，这时就可以在 Viewer 窗口中选择地面控制点(GCP)。

①在 Viewer#1 移动关联方框，寻找特征的地物点，作为输入 GCP，在 GCP 工具对话框中，点击 (Create GCP 图标)，并在 Viewer#3 中单击左键定点，GCP 数据表将记录一个输入 GCP，包括其编号(Point #)、标识码(Point ID)、X 坐标(X Input)、Y 坐标(Y Input)。

②为使 GCP#1 容易识别，单击 GCP 数据列表的 Color 列 GCP#1 对应的空白处，在弹出的颜色列表中选择比较醒目的颜色，如黄色。

③在 GCP 对话框中，点击 Select GCP 图标，重新进入 GCP 选择状态。在 Viewer#2 移动关联方框位置，寻找对应的同名地物点，作为参考 GCP。

④在 Viewer#4 中单击定点，系统自动把参考 GCP 点的坐标(X Reference，Y Reference)显示在 GCP 数据表中。

⑤为使参考 GCP 容易识别，单击 GCP 数据列表的 Color 列参考 GCP 对应的空白处，在弹出的颜色列表中选择容易区分的颜色，如蓝色。

⑥不断重复步骤①~⑤，采集若干 GCP，直到满足所选定的几何校正模型为止。前 4 个控制点的选取尽量均匀分布在图像四角(控制点选取≥6 个)，选取完 6 个控制点后，RMS 值自动计算(要求 RMS 值<1)。本例共选取 6 个控制点。每采集一个 Input GCP，系统就自动产生一个参考控制点(Ref. GCP)，通过移动 Ref. GCP 可以逐步优化校正模型。

表 3.19　　**GCP 工具条按钮及其功能**

按钮	命　令	功　能
	Toggle Fully Automatic GCP Editing Mode	自动 GCP 编辑模式开关键
	Solve Geometric Transformation Control Points	依据控制点求解几何校正模型
	Set Automatic Transformation Calculation	设置自动转换计算开关
	Compute Error for Check Points	计算检查点的误差，更新 RMS 误差
	Select GCP	激活 GCP 选择工具，在窗口中选择 GCP
	Create GCP	在窗口中选择定义 GCP
	Keep Current Tool Lock	锁住当前命令，以便重复使用
	Keep Current Tool Unlock	释放当前被锁住命令
	Find Selected Point in Input	选择寻找输入图像中的 GCP
	Find Selected Point in Refer	选择寻找参考文献中的 GCP
	Update Z Value on Select GCPs	计算更新所选 GCP 的 Z 值
	Set Automatic Z Value Updating	自动更新所有 GCP 的 Z 值

注意：要移动 GCP 需要在 GCP 工具窗口选择“Select GCP”按钮，进入 GCP 选择状态。在 Viewer 窗口中选择 GCP，拖动到需要放置的精确位置。也可以直接在 GCP 数据列表中修改坐标值。如果要删除某个控制点，在 GCP 数据列表 Point#列，右击需要删除的点编号，在弹出的菜单项中选择“Delete Selection”，删除当前控制点。采集 GCP 以后，GCP 数据列表，如图 3.31 所示。

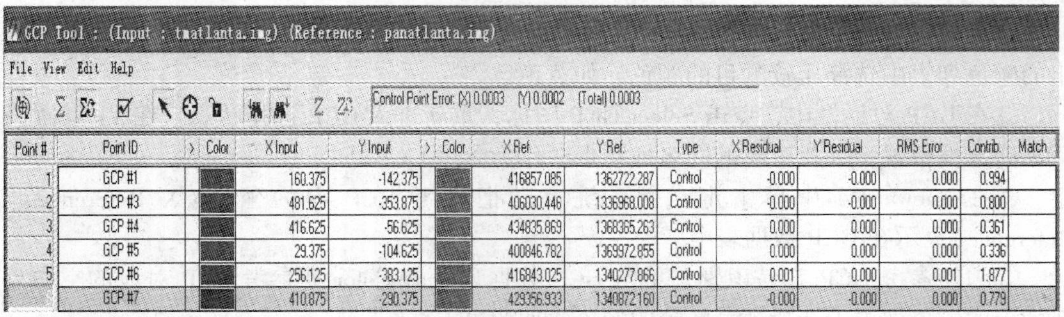

GCP Tool : (Input : tmatlanta.img) (Reference : panatlanta.img)

File View Edit Help

Control Point Error: (X) 0.0003 (Y) 0.0002 (Total) 0.0003

Point #	Point ID	>	Color	X Input	Y Input	>	Color	X Ref.	Y Ref.	Type	X Residual	Y Residual	RMS Error	Contrib.	Match
1	GCP #1			160.375	-142.375			416857.085	1362722.287	Control	-0.000	-0.000	0.000	0.994	
2	GCP #3			481.625	-353.875			406030.446	1336968.008	Control	-0.000	-0.000	0.000	0.800	
3	GCP #4			416.625	-56.625			434835.869	1368365.263	Control	0.000	0.000	0.000	0.361	
4	GCP #5			29.375	-104.625			400846.782	1369972.855	Control	0.000	0.000	0.000	0.336	
5	GCP #6			256.125	-383.125			416843.025	1340277.866	Control	0.001	0.000	0.001	1.877	
	GCP #7			410.875	-290.375			429356.933	1340872.160	Control	-0.000	-0.000	0.000	0.779	

图 3.31 GCP 数据列表对话框

(5)第 5 步：采集地面检查点

以上所采集的 GCP 类型均为控制点(Control Point)，用于控制计算、建立转换模型及多项式方程，通过校正计算得到全局校正以后的影像图，但它的质量无从获知，因此需要用地面检查点与之对比、检验。以下所采集的 GCP 均是用于衡量效果的地面检查点(Check Point)，用于检验所建立的转换方程的精度和实用性。关于 RMS 误差精度要求，并没有严格的规定。通常情况下认为平地和丘陵地区，平面误差不超过 1 个像素，在山区，RMS 不超过 2 个像素。操作过程如下：

①在 GCP Tool 菜单条选择“Edit/Set Point Type/Check”命令，进入检查点编辑状态。

②在 GCP Tool 菜单条中确定 GCP 匹配参数(Matching Parameter)。在 GCP Tool 菜单条选择“Edit/ Point Matching”命令，打开“GCP Matching”对话框，并定义如下参数：

■ 在匹配参数(Matching Parameters)选项组中设置最大搜索半径(Max Search Radius)为 3；搜索窗口大小(Search Window Size)为 X 值为 5，Y 值为 5。

■ 在约束参数(Threshold Parameters)选择组中设置相关阈值(Correlation Threshold)为 0.8，删除不匹配的点(Discard Unmatched Points)。

■ 在匹配所有/选择点(Match All/Selected Point)选项组中设从输入到参考(Reference from Input)或者从参考到输入(Input from Reference)。

■ 单击“Close”按钮，保存设置，关闭“GCP Matching”对话框。

③确定地面检查点。在 GCP Tool 工具条选择“Create GCP”按钮，并将“Lock”按钮打开，锁住 Create GCP 功能，以保证不影响已经建立好的纠正模型。如同选择控制点一样，分别在 Viewer#1 和 Viewer#2 中定义 5 个检查点，定义完毕后单击“Unlock”按钮，解除 Create GCP 的功能锁定。

④计算检查点误差。在 GCP Tool 工具条中选择“Computer Error”按钮，检查点的误差就会显示在 GCP Tool 的上方，只有所有检查点的误差均小于一个像元，才能够继续进行

合理的重采样。一般来说，如果控制点(GCP)定位选择比较准确的话，检查点会匹配的比较好，误差会在限制范围内；否则，若控制点定义不精确，检查点就无法匹配，误差会超标。

(6)第6步：计算转换矩阵

在控制点采集过程中，默认设置为自动转换计算模式(Computer Transformation)，随着控制点采集过程的完成，转换模型就自动计算完成，转换模型的查阅过程如下：

在Geo Correction Tool窗口中，单击"Display Model Properties"按钮，打开"Polynomial Model Properties"(多项式模型参数)对话框，在此查阅模型参数，并记录转换模型。

(7)第7步：图像重采样

在"Geo Correction Tool"窗口中选择"Image Resample"按钮，打开图像重采样(Resample)对话框，如图3.32所示，设置如下：

■ 输出图像(Output File)文件名以及路径，这里设为resample.img。

■ 选择重采样方法(Resample Method)，这里选最邻近采样(Nearest Neighbor)，具体方法的适用范围可以参考相应的文档。

■ 定义输出图像范围(Output Corners)，在ULX、ULY、LRX、LRY微调框中分别输入需要的数值，本例采用默认值。

■ 定义输出像元大小(Output Cell Sizes)，X值为15，Y值为15，一般与数据源像元大小相同。

■ 设置输出统计中忽略零值，即选中"Ignore Zero in Stats"复选框。

■ 单击"OK"按钮，关闭"Resample"对话框，执行重采样。

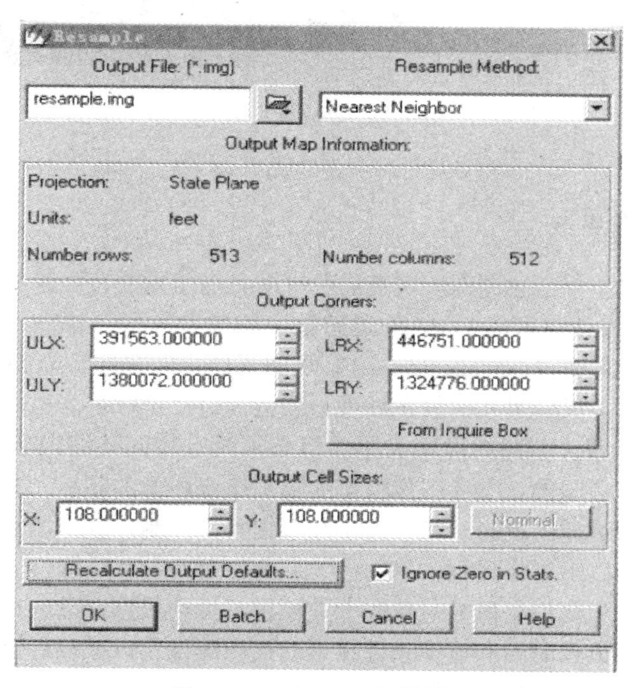

图3.32 "Resample"对话框

(8)第8步：保存几何校正模式

在“Geo Correction Tool”对话框中单击“Exit”按钮，推出几何校正过程，按照系统提示选择保存图像几何校正模式，并定义模式文件(＊. gms)，以便下次直接使用。

(9)第9步：检验校正结果

检验校正结果(Verify Rectification Result)的基本方法是：同时在两个窗口中打开两幅图像，其中一幅是校正以后的图像，一幅是校正时的参考图像，通过窗口地理连接(Geo Link/Unlink)功能即查询光标(Inquire Cursor)功能进行目视定性检查，如图3.33所示。

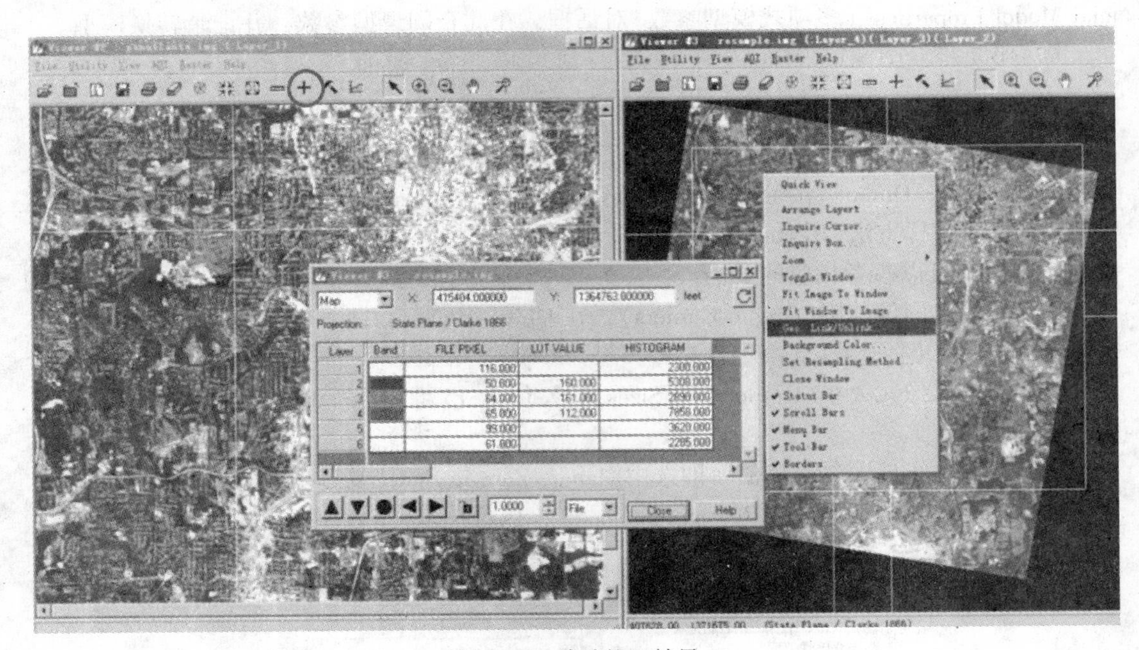

图3.33 检验校正结果

3.2.2 遥感图像镶嵌

当研究区域超出单幅遥感图像所覆盖的范围时，通常需要将两幅或多幅图像具有地理参考的互为邻接(时相往往可能不同)的遥感数字图像合并成一幅统一的新(数字)图像，这个过程就叫遥感图像镶嵌(Mosaic Image)，也叫遥感图像拼接。需要镶嵌的输入图像必须含有地图投影信息，或经过几何校正处理，或进行过校正标定。虽然所有的输入图像可以具有不同的投影类型、不同的像素大小，但必须具有相同的波段数。在进行图像镶嵌时，需要确定一幅参考图像，参考图像将作为输出镶嵌图像的基准，决定镶嵌图像的对比度匹配以及输出图像的地图投影、像素大小和数据类型。制作好一幅总体上比较均衡的镶嵌图像，一般要经历以下工作过程：

①准备工作。首先要根据研究对象和专业要求，挑选数据合适的遥感图像。其次在镶嵌时，应尽可能选择成像时间和成像条件接近的遥感图像，以减轻后续的色调调整工作。

②预处理工作。主要包括辐射校正和几何校正。

③确定实施方案。首先确定参考像幅，一般位于研究区中央，其次确定镶嵌顺序，即以参考像幅为中心，由中央向四周逐步进行。

④重叠区确定。遥感图像镶嵌工作的进行主要是基于相邻图像的重叠区。无论是色调调整、几何拼接，都是以重叠区作为基准。

⑤色调调整。不同时相或者成像条件存在差异的图像，由于要镶嵌的图像总体色调不一样，图像的亮度差异比较大，若不进行色调调整，镶嵌后的图像即使几何位置很精确，也会由于色调不同，而不能够很好地满足应用。

⑥图像镶嵌。在重叠区已经确定和色调调整完毕后，即可对相邻图像进行镶嵌了。

遥感图像镶嵌常见的有多波段镶嵌和剪切线镶嵌两种方式。

1. 多波段镶嵌

实际工作中，如果几何校正的精度足够高，图像的镶嵌过程只需要经过色调调整之后就可以直接运行。下面以彩色卫星图像为例，经过色调调整后，进行图像镶嵌。需要注意的是，对于彩色图像，需要从红、绿、蓝 3 个波段分别进行灰度的调整；对于多个波段的图像文件，进行一一对应的多个波段的灰度调整。灰度调整的方法是进行交互式的图像拉伸，进行图像直方图的规定化，或者进行更加复杂的类似变化。

(1)启动图像镶嵌工具

在 ERDAS 图标面板菜单条选择“Data preparation /Mosaic Images / Mosaic Tool”命令，打开“Mosaic Tool”对话框，启动图像镶嵌工具，如图 3.34 所示。

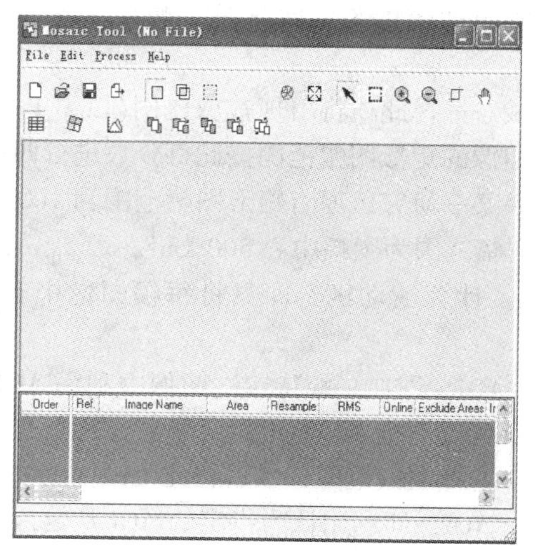

图 3.34 “Mosaic Tool”对话框

(2)加载镶嵌图像

①选择“Display Add Dialog”按钮 ，打开“Add Images”对话框。或者在“Mosaic Tool”工具条菜单栏中，选择“Edit/Add Images”菜单，打开“Add Images”对话框。或者在“Mosaic Tool”工具条菜单栏中，选择“Edit/Add Images”菜单，打开“Add Images”对话框。

②选择窗口中的 File 选项卡，在数据存放路径中选择“wasia1_mss. img”，按住 Ctrl

键选择“wasia2_mss. img”，这样一次可选中两个数据(也可多个数据)。

③再选择“Image Area Option”标签，进入“Image Area Option”对话框，如图 3.35 所示，进行拼接影像范围的选择。ERDAS 提供以下 5 种方法：

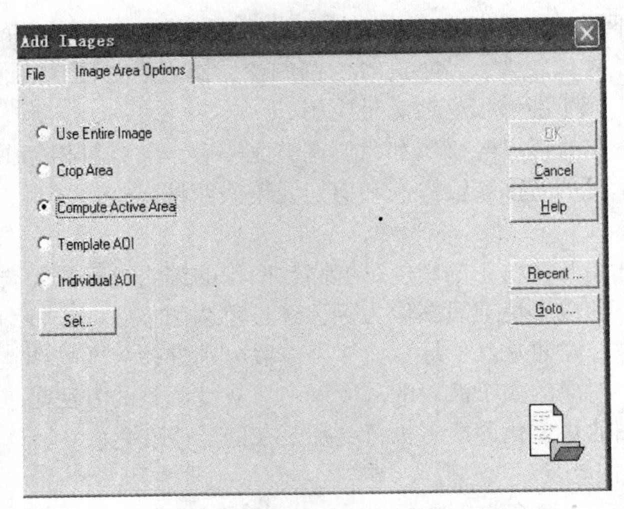

图 3.35 “Add Images”对话框“Image Area Option”标签

■ Use Entire Image：使用整幅图像，即将每一幅输入图像的外接矩形范围都用于拼接。

■ Crop Area：裁剪区域。选择此项将出现裁剪比例(Crop Percentage)选项，输入不同百分数，表示将每幅输入图像的矩形图幅范围按此百分数进行四周裁剪，并利用裁剪后的图幅进行拼接。例如，如果某一研究区原有矩形图幅范围为 1000km^2，如果设置百分数为 50%，则用于拼接的矩形图幅范围为图幅中心 500 km^2。

■ Compute Active Area：计算活动区，即只将每幅图像中有效数据覆盖的范围用于拼接。

■ Template AOI：模板 AOI，即在一幅待镶嵌图像中利用 AOI 工具绘制用于镶嵌的图幅范围。这里 AOI 将被转换为文件坐标(AOI 相对于整个图幅的位置)，在镶嵌时，利用此相对位置先在所有图幅中选择镶嵌范围，然后将此范围内的多幅图像用于镶嵌。

■ Individual AOI：单一 AOI，即利用认为指定的 AOI 从输入图像中裁剪感兴趣区域进行镶嵌。

注意：通常用到的 TM 等数字图像，经过校正等工作以后，会在边界出现黑色的锯齿状的数据，因此需要定义有效的 AOI 去除该区域，以使得镶嵌结果更加理想。

④本例中选择计算活动区(Compute Active Area)按钮，并单击“Set”打开“Active Area Options”对话框，如图 3.36 所示，可以对如下参数进行设置：

■ Select Search Layer：指定哪个图层用于活动区的选择。

■ Background Value Range：背景值范围，即根据“from”，“to”设置某一光谱段或光谱值为背景，在运行拼接过程中落入该光谱范围内的图像不参与拼接运算。

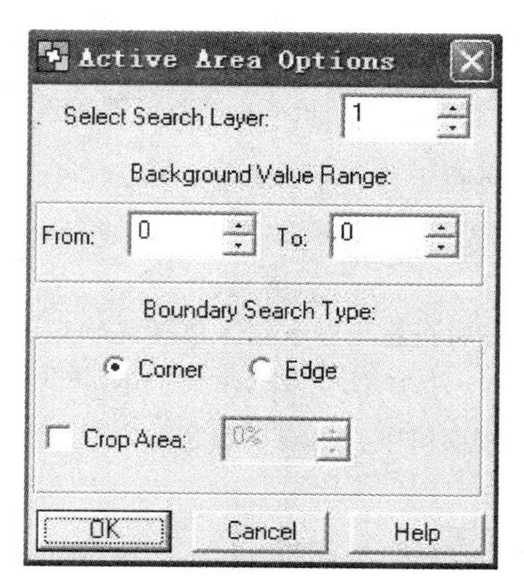

图 3.36 “Active Area Options”对话框

■ Boundary Search Type：边界搜索类型，包括“Corner”和“Edge”选项。选择“Corner”时可以对 Corp Area 进行设置，将对输入图像进行裁剪。

⑤单击“OK”，加载两幅卫星图像，如图 3.37 所示。

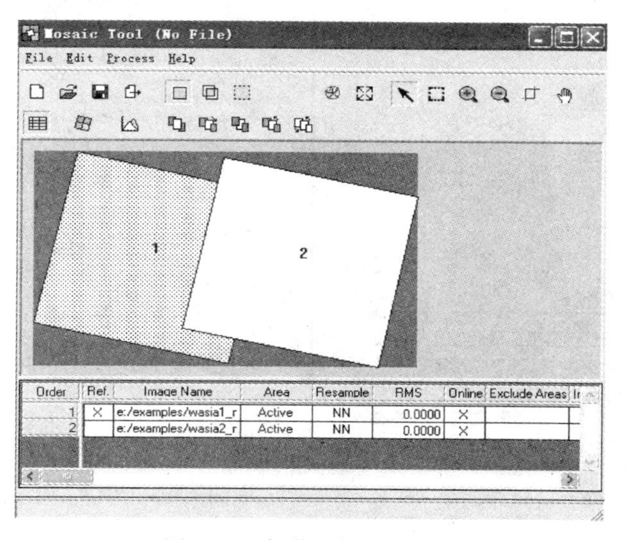

图 3.37 加载后的卫星图像

(3)图像叠置组合

图像叠置组合的目的是用于选择不同的拼接实施方案。当只有两幅图像用于拼接时，其重叠区是固定的，不需要做任何设置；而当有多幅图像需要拼接时，则需要在此进行图像叠置组合顺序的调整，以设置较好的镶嵌方案。

①在 Mosaic Tool 工具条中选择“Set Mode for Input Images”按钮，进入图像设置模式状态。Mosaic Tool 工具条会出现与该模式对应的调整图像叠置次序的编辑按钮。

②选择任意一幅(或者多幅)图像，被选中图像将会高亮显示。根据需要，利用工具库对图像进行上移、下移调整，确定拼接方案。本例中，按两幅图像的编号顺序依次进行镶嵌(图 3.38)。组合顺序调整完成后，在图面空白处单击鼠标，取消图像选择。

注意：拼接顺序调整好之后，意味着重叠区也随之确定，不同的图像重叠组合顺序，用于拼接的重叠区也不尽相同。具体查看方法是在“Mosaic Tool”工具条选择“Set Mode for Intersection”按钮，在图幅窗口中会出现重叠区的边框。

(4)图像匹配设置

①在“Mosaic Tool”工具条选择“Display Color Corrections”按钮，打开色彩校正(Color Corrections)对话框，如图 3.39 所示。

注意：如果输入的镶嵌图像自身存在较大的亮度差异(例如，中间暗周围亮或者一边亮一边暗)，需要首先利用色彩平衡(Use Color Balancing)去除单幅图像自身的亮度差异。本例中不需要对此进行设置。

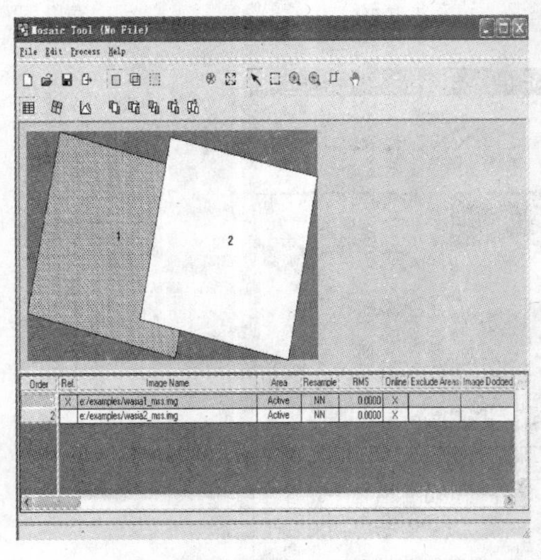

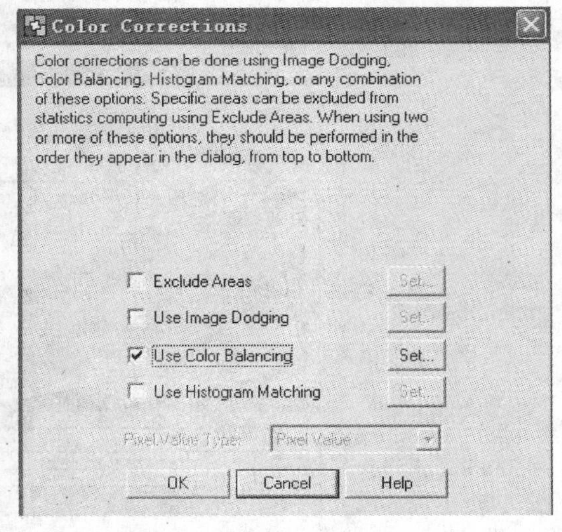

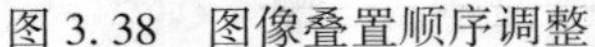

图 3.38 图像叠置顺序调整

图 3.39 “Color Correction”对话框

②选中“Use Histogram Matching”按钮，单击“Set”，打开“Histogram Matching”(直方图匹配)对话框，如图 3.40 所示，执行图像的色彩调整。

③匹配方法(Matching Method)为 Overlap Area，即只利用叠加区直方图进行匹配。直方图类型(Histogram Type)为“Band by Band”，即分别从红、绿、蓝 3 个波段进行灰度的调整(如果是多波段，则表示逐波段进行一一对应的灰度调整)。

④单击“OK”按钮，保存设置，回到“Color Corrections”对话框，在“Color Corrections”

窗口中再次单击"OK"按钮退出。

⑤在"Mosaic Tool"工具条中选择"Set Mode for Intersection"按钮，进入设置图像关系模式的状态。

⑥在"Mosaic Tool"工具中条选择"叠加函数"(Set Overlap Function)按钮，或是从Mosaic Tool工具菜单栏，打开对话框，如图3.41所示。

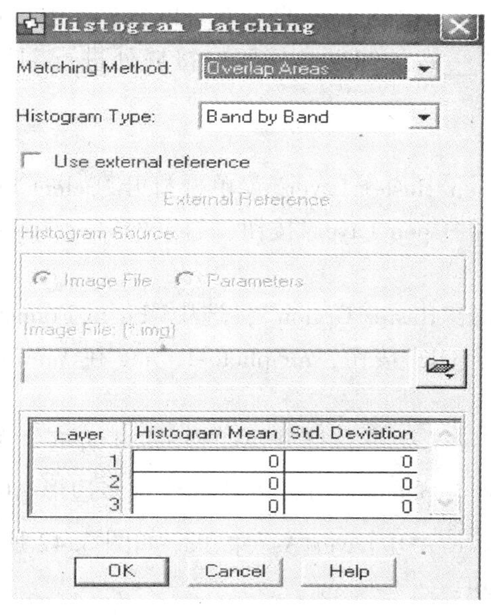

图3.40 "Histogram Matching"对话框

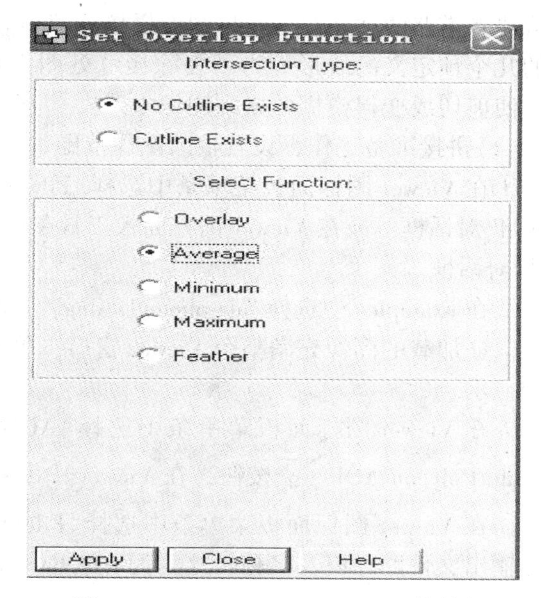

图3.41 "Set Overlap Function"对话框

⑦设置叠加方法(Intersection Method)为无剪切线(No Cutline Exists)，重叠区像元灰度计算(Select Function)为均值(Average)，即叠加区各个波段的灰度值所有覆盖区域图像灰度的均值。

⑧单击"Apply"按钮应用设置，单击"Close"按钮关闭"Set Overlap Function"对话框。

(5)运行Mosaic工具

①在"Mosaic Tool"工具条中选择输出图像模型(Set Mode For Output Images)按钮，进入输出模式设置状态。选择"Run the Mosaic Process to Disk"按钮，打开"Output File Name"对话框。或者在"Mosaic Tool"菜单条选择"Process/Run Mosaic"命令，打开"Output File Name"对话框。

②输出文件名为"wasia_mosaic.img"，选择"Output Options"标签，选中忽略统计输出值(Stats Ignore Value)复选框。

③单击"OK"按钮，关闭"Run Mosaic"对话框，运行图像镶嵌。

(6)退出Mosaic工具

在Mosaic Tool工具条中选择"File/Close"菜单，系统提示是否保存Mosaic设置，单击"No"按钮不保存，关闭"Mosaic Tool"对话框，退出Mosaic工具。

(7)检核

文件生成后，打开 Viewer#1 窗口，将叠合的图像(wasia-mosaic. img)加载进来。

2. 剪切线镶嵌

以航空图像为例，利用剪切线，进行图像镶嵌。剪切线就是在镶嵌过程中，可以在相邻的两个图的重叠区域内，按照一定规则选择一条线作为两个图的镶嵌线。主要是为了改善接边差异太大的问题。例如，在相邻的两个图上如果有河流、道路，就可以画一个沿着河流或者道路的剪切线，这样图像拼接后就很难发现接边的缝隙，也可以选择 ERDAS 提供的几个预定义的线形。为了去除接缝处图像不一致的问题，还要对接缝处进行羽化处理，使剪切线变得模糊并融入图像中。

(1)拼接准备工作，设置输入图像范围

①在 Viewer 图标面板菜单条中选择"File/Open/Raster Layer"菜单，打开"Select Layer to Add"对话框。或在 Viewer 图标面板工具条选择"Open Layer"按钮，打开"Select Layer to Add"对话框。

②在 examples 中选择"air-photo-1. img"，单击"Raster Option"，选中"Fit to Frame"按钮，保证加载的图像充满整个 Viewer 窗口。单击"OK"按钮，air-photo-1. img 在 Viewer 窗口中显示。

③在 Viewer 图标面板菜单条中选择"AOI/Tool"菜单，打开 AOI 工具对话框。单击"Create Polygon AOI" 按钮，在 Viewer 中沿着 air-photo-1. img 内轮廓绘制多边形 AOI。

④在 Viewer 图标面板菜单条中选择"File/Save/AOI Layer As"菜单，如图 3. 42 所示，设置输出文件路径以及名称，这里为 template. aoi。

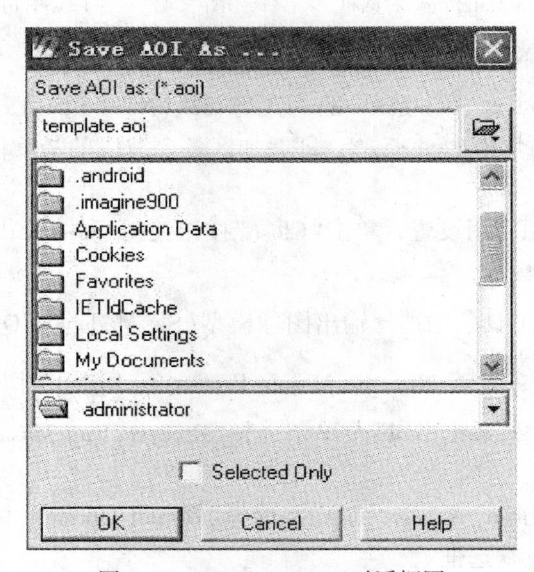

图 3. 42 "Save AOI As"对话框图

注意：由于航片四周有框标，绘制 AOI 的目的就是为了去除框标，只利用内轮廓数据用于镶嵌。这里也可以根据研究的需要选择合适的范围绘制 AOI 用于镶嵌。

(2)启动图像镶嵌工具

(3)加载镶嵌图像

①在 Mosaic Tool 图标面板菜单条选择“Edit/Add Images”菜单，打开“Add Images”对话框，或在 Mosaic Tool 图标面板工具条选择“Add Images”图标，打开“Add Images”窗口。

②选择“air-photo-1. img”，并选择“Image Area Options”标签，切换到“Image Area Options”对话框。选择“Template AOI”，单击“Set”，打开“Choose AOI”对话框，如图 3.43 所示。

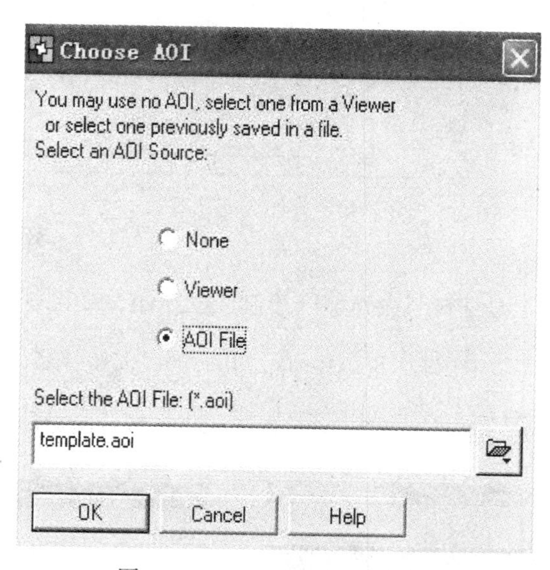

图 3.43 “Choose AOI”对话框

③在“Select AOI File”中加入 template. aoi 文件，即利用 AOI 记录的文件坐标包含的图幅范围用于拼接。单击“OK”按钮，关闭 Choose AOI 对话框。

④在 Add Images 窗口中单击“OK”，air-photo-1. img 在“Mosaic Tool”对话框中显示。

⑤以同样的方法加入另外一幅接边融合数据 air-photo-2. img。

注意：如果 Image List 没有自动在底部显示，则可以在 Mosaic Tool 图标面板菜单条选择“Edit/Image Lists”菜单条打开影像列表。

(4)确定相交区域

①在“Mosaic Tool”工具条中选择“Set Mode For Intersection”按钮，两幅影像之间将会出现叠加线，如图 3.44 所示。

②在 Mosaic Tool 图面对话框中，单击两幅图像的相交区域，该区域将被高亮显示。

(5)绘制接缝线

在“Mosaic Tool”工具条中单击“Set Mode For Intersection”按钮，进入图像叠加关系模式设置。

选择“Cutline Selection Viewer”按钮，打开接缝线选择窗口。

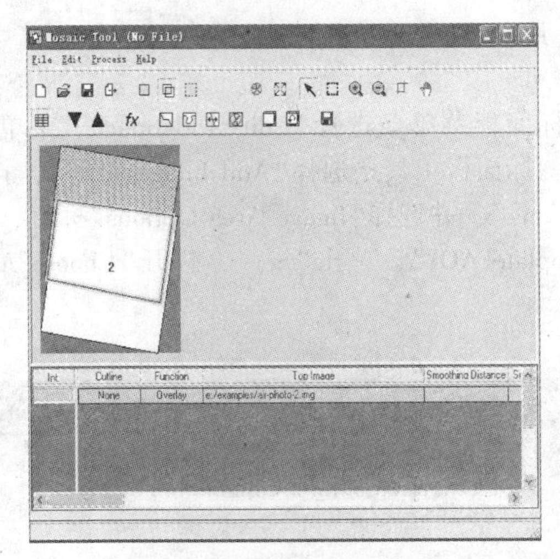

图 3.44 叠加线高亮显示

打开绘制线状 AOI 工具，在叠加区绘制线状 AOI，如图 3.45 所示。

在“Mosaic Tool”工具条中选择“Set Overlap Function”按钮 fx，打开“Set Overlap Function”对话框，如图 3.46 所示，设置如下：

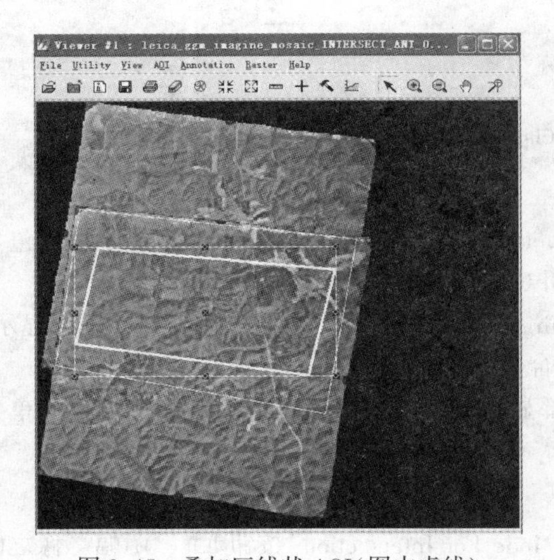

图 3.45 叠加区线状 AOI(图中虚线)

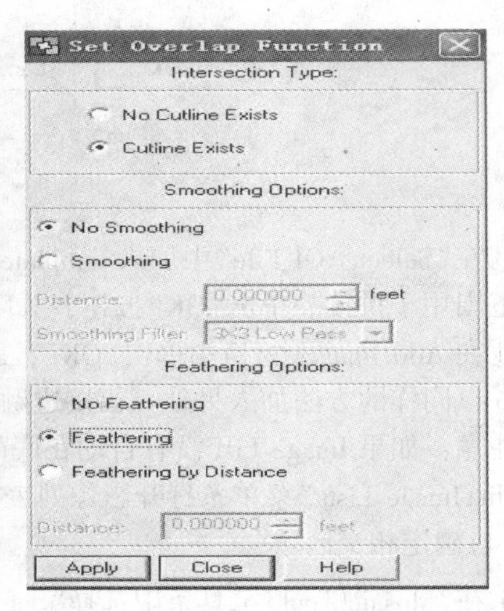

图 3.46 “Set Overlap Function”对话框

■ 设置相交类型为 Cutline Exists；

■ 设置 Feathering Options 为 Feathering，即对接缝线附近进行羽化操作，使接缝处影像显示效果比较一致；

■ 单击“Apply”按钮应用设置；

■ 单击“Close”按钮，关闭“Set Overlap Function”对话框。

(6)定义输出图像

在“Mosaic Tool”工具条中选择“Set Mode For Output Images”按钮，进入图像输出模式设置。

在“Mosaic Tool”工具条中选择“Set Output Options Dialog”按钮，打开“Output Options”对话框，如图 3.47 所示，设置如下：

- 定义输出图像区域(Define Output Map Areas)为所有输入影像的范围(Union Of All Inputs)；
- 定义输出像元大小(Output Cell Size)，X 值为 10，Y 值为 10；
- 输出数据类型(Output Data Type)为 Unsigned 8 bit；
- 单击“OK”按钮，关闭“Output Image Options”对话框。

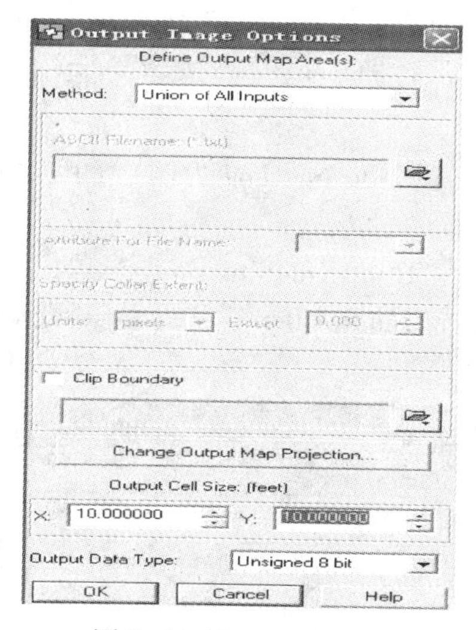

图 3.47 Output Options

(7)运行镶嵌功能

①在“Mosaic Tool”工具条中选择“Run The Mosaic Process to Disk”按钮，打开“Output File Name”对话框。

②设置拼接文件输出路径以及名称：这里命名为 AirMosaic. img。

③选择“Output Options”标签，选中忽略统计值(Stats Ignore Value)按钮。

④返回到 File 标签，单击“OK”按钮，运行图像拼接。

(8)退出图像镶嵌工具

在“Mosaic Tool”菜单条单击“File/Close”菜单，系统提示是否保存 Mosaic 设置，单击“NO”按钮，关闭“Mosaic Tool”对话框，退出 Mosaic 工具。

3.2.3 遥感图像裁剪

实际工作中，我们经常会得到一幅覆盖较大范围的图像，而我们需要的数据只覆盖其中的一部分。为节约磁盘存储空间、减少数据处理时间，经常需要从原始的很大范围的整景影像得到研究区的较小范围的遥感影像，这就是遥感影像的裁剪。遥感影像的裁剪包括规则范围的裁剪和不规则范围的裁剪。规则的裁剪包括矩形、正方形形状的遥感图像；不规则的裁剪包括不规则范围的遥感图像。

1. 规则分幅裁剪

规则分幅裁剪是指裁剪图像的边界范围是一个矩形，通过左上角和右下角两点的坐标就可以确定图像的裁剪位置。

(1)打开需裁剪图像，设置裁剪范围

①在 ERDAS 图标面板菜单条选择“Main/Start ImageViewer”命令，打开“Select Viewer Type”对话框。或者在 ERDAS 图标面板工具条中选择 Viewer 图标，打开“Select Viewer Type”对话框。

②选择“Classic Viewer”按钮，单击“OK”按钮，打开一个新的 Viewer 对话框。

③在 Viewer 菜单条中选择“File/Open/Raster Layer”菜单，打开“Select Layer to Add”对话框。或者在 Viewer 工具条中选择“Open Layer”按钮 ，打开“Select Layer to Add”对话框。

④在文件列表中选择数据(以 eldoatm. img 为例)，单击“OK”按钮，在 Viewer 中显示数据。

⑤在 Viewer 菜单条中选择“Utility/Inquire Box”菜单，打开查询框。或者右击图面，进入“Quick View”菜单条，选择“Inquire Box”菜单，打开查询框(图 3. 48)。

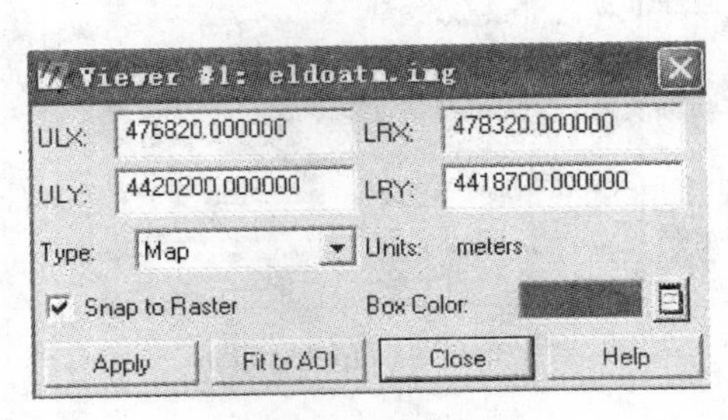

图 3. 48　查询框

⑥在此根据需要输入左上角点和右下角点的坐标，也可以在图幅窗口中直接拖动查询框到需要的范围。本例参数设置(图 3. 49)，确定裁剪区位置(图 3. 50)。

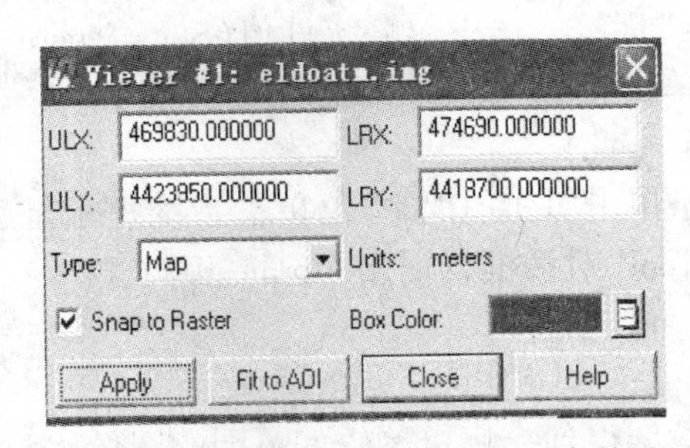

图 3. 49　左上角点和右下角点坐标参数设置

图 3.50 裁剪区定位

⑦单击“Apply”按钮。

(2)根据设置好的裁剪范围裁剪图像

①在 ERDAS 图标面板菜单条选择“Main/Data Preparation /Subset Image”命令，打开“Subset”对话框。或在 ERDAS 图标面板工具条选择“Data Prep 图标/Subset Image”命令，打开“Subset”对话框(图 3.51)，进行如下设置：

- 选择处理图像文件(Input File)为：eldoatm. img;
- 输出文件名称(Output)为：eldoatm _sub. img;

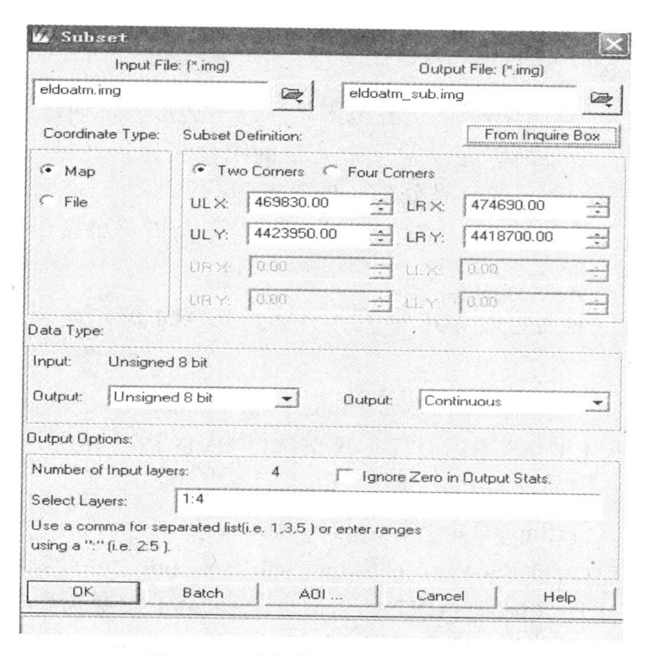

图 3.51 图像裁剪(Subset)对话框

■ 单击“From Inquire Box”按钮引入裁剪①过程中设置的两个角点坐标，坐标类型(Coordinate Type)为 Map；

■ 输出数据类型(Data Type)为：Unsigned 8 bit，Continuous；

■ 输出统计忽略零值，选中“Ignore Zero In Output Stats”复选框；

■ 输出波段(Select Layer)为 1：4(表示 1、2、3、4 这 4 个波段)。

②单击“OK”按钮(关闭 Subset 对话框，执行图像裁剪)。

③文件生成后，分别打开两个 Viewer 窗口，加载裁剪前后图像(eldoatm -sub. img)，如图 3.52 所示。

图 3.52 裁剪前后结果对比图

2. 不规则分幅裁剪

不规则分幅裁剪是指裁剪图像的边界范围是任意多边形，不通过左上角和右下角两点的坐标确定裁剪范围，而必须事先设置一个完整的闭合多边形区域，可以利用 AOI 工具创建裁剪多边形，然后利用分幅工具分割。步骤如下：

①打开要裁剪的图像 eldoatm. img，在 Viewer 图标面板菜单条中选择“AOI/Tools”菜单，打开 AOI 工具条。

②应用 AOI 工具绘制多边形 AOI ，将多边形 AOI 保存在 eldoatm_ aoi. img 文件中，如图 3.53 所示。

③在 ERDAS 图标面板菜单条中选择“Main/Data Preparation/Subset Image”命令，打开“Subset”对话框。或在 ERDAS 图标面板工具条选择“Data Prep 图标/Subset Image”，打开“Subset”对话框，设置如下：

■ 选择处理图像文件(Input File)为：eldoatm. img；

■ 输出文件名称(Output File)为：eldoatm _sub_aoi. img，并设置存储路径；

■ 单击“AOI”，打开“Choose AOI”对话框，选择 AOI 来源为“Viewer”(或者为 AOI File)；如果是 Viewer，要注意如果需要多个 AOI，需要在 Viewer 中按住 Shift 键选中所需要的 AOI；如果是 AOI File，则进一步选择步骤②中保存的 eldoatm _aoi. img；

图 3.53　多边形裁剪范围

■ 输出数据类型(Data Type)为：Unsigned 8 bit，Continuous；
■ 输出统计忽略零值，选中“Ignore Zero in Stats”复选框；
■ 设置输出波段(Select Layer)，这里选 1：4(表示 1、2、3、4 这 4 个波段)；
■ 单击“OK”按钮，关闭“Subset”对话框，执行图像裁剪。

④文件生成后，分别打开 2 个 Viewer 窗口，加载裁剪前后图像，查看是否裁剪成功，如图 3.54 所示。

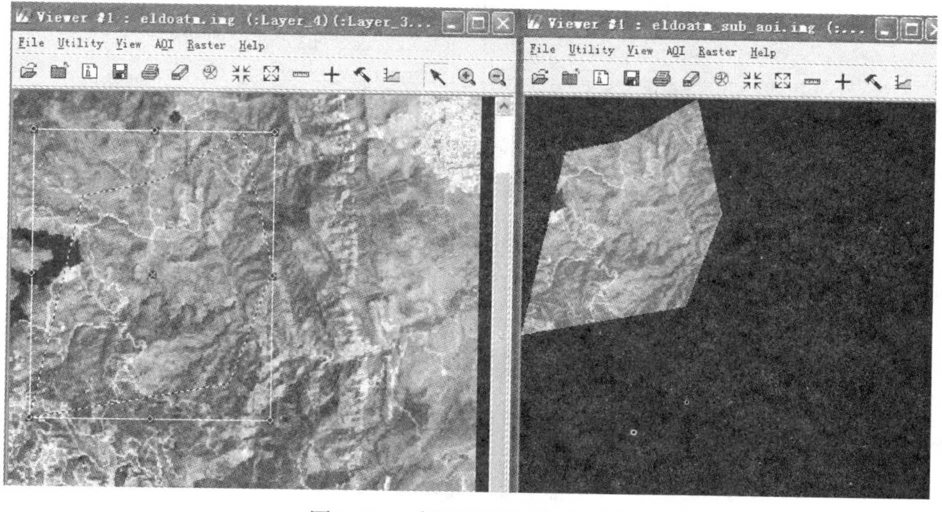

图 3.54　裁剪前后结果对比图

3.2.4 遥感图像投影变换

图像投影变换是将一种地图投影点的坐标变换为另一种地图投影点的坐标的过程。图像投影变换(Reproject Images)的目的在于将图像文件从一种投影类型转换到另一种投影类型。例如，有一幅图像，是兰伯特投影，但我国使用的是高斯-吕格投影方式，这时需要把图像转换成高斯-克吕格投影。有时有多幅影像，当每幅图像的投影都不一样，这时就无法对图像做叠加的相关处理，也无法接拼，就要以其中一幅图像的投影作为标准，把其他所有图像都转换到这一投影下，然后才能进行其他相关处理。

在 ERDAS 图标面板菜单条选择“Main / Data Preparation/ Reproject Images”命令，打开“Reproject Images”对话框；或在 ERDAS 图标面板工具条选择“Data Prep 图标/ Reproject Images”命令，打开“Reproject Images”对话框，如图 3.55 所示。

具体操作如下，如图 3.56 所示：

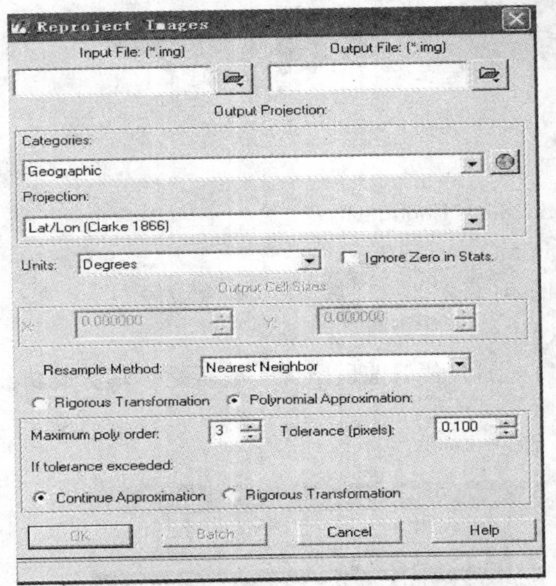

图 3.55 “Reproject Images”对话框

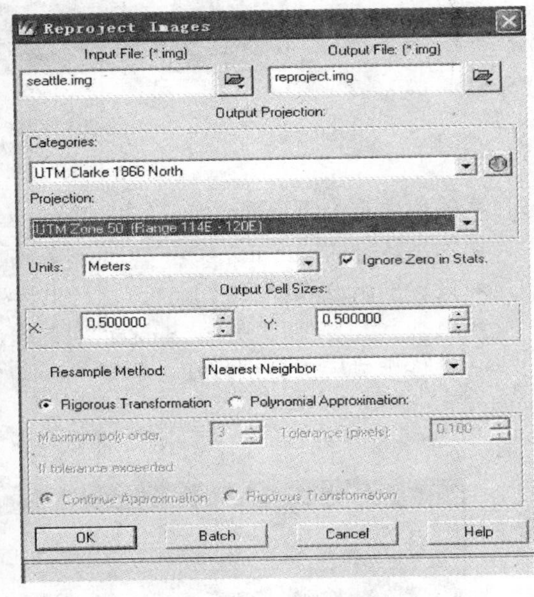

图 3.56 参数设置界面

- 选择处理图像文件(Input File)为 seattle. img。
- 选择输出图像文件(Output File)，命名为 Reproject. img。
- 定义输出图像投影(Output Projection)：包括投影类型和投影参数。定义投影类型(Categories)为 UTM Clarke 1866 North；定义投影参数(Projection)为 UTM Zone50(Range 114E-120E)。
- 定义输出图像单位(Units)为 Meters。
- 确定输出统计默认忽略零值。
- 定义输出像元大小(Output Cell Sizes)，X 值为 0.5，Y 值为 0.5。
- 选择重采样方法(Resample Method)为最邻近方法(Nearest Neighbor)。

■ 定义转换方法为严格按照数学模型进行变换(Rigorous Transformation)。
■ 如果选择多项式近似拟合(Polynomial Approximation)方法，还需增加以下步骤：
- 多项式最大次方(Maximum Poly Order)为3；
- 定义像元容差(Tolerance Pixels)为1。

如果在设置的最大次方内超出像元容差限制，可以选择依然应用多项式模型(Continuous Approximation)转换，或严格按投影模型(Rigorous Transformation)转换。

■ 单击"OK"按钮，关闭"Reproject Images"窗口，执行投影变换。

针对本例源数据来说，经实验，选用多项式近似拟合方法，效果更好。

3.3 遥感图像增强处理

遥感图像在获取的过程中，由于受到大气的散射、反射、折射或者天气等的影响，获得的图像难免会带来噪声或目视效果不好，如对比度不够、图像模糊。有时总体效果较好，但是所需要的信息不够突出，如线状地物或面状地物的边缘部分。或者有些图像的波段较多，数据量较大，如TM图像，但各波段的信息量存在一定的相关性，为进一步处理造成困难。针对上述问题，需要对图像进行增强处理。通过增强处理可以突出遥感图像中的有用信息，使图像中感兴趣的特征得以强调，使图像变得清晰，其主要目的是提高遥感图像的可解译性，为进一步的图像判读做好预处理工作。

3.3.1 遥感图像空间增强处理

遥感图像空间增强是利用像元自身及其周围像元的灰度值进行运算，达到增强整个图像的目的。遥感图像空间增强的方法有：卷积增强、非定向边缘增强、聚焦分析、纹理分析、自适应滤波、统计滤波、图像融合和锐化处理。

1. 卷积增强(Convolution)

卷积增强是将整个图像按照像元分块进行平均处理，用于改变图像的空间频率特征。卷积运算的关键是模板，又称卷积核(Kernal)或滤波核，即系数矩阵的选择，主要用于对图像进行平滑和锐化处理。平滑是抑制噪声，改善图像质量或减少变化幅度，使亮度变化平缓所做的处理，常用的方法有均值平滑和中值滤波等。锐化是为了突出影像边缘、线性目标或某些亮度变化率大的部分，提高影像的细节，常表现为边缘增强。矩阵有3×3，5×5，7×7三组，每组又包括边缘检测、边缘增强、低通滤波、高通滤波和水平增强等处理方式。

边缘检测是采用某种边缘检测算法来提取图像中对象与背景间的交界线。常用的边缘检测算子有Roberts边缘检测算子、Sobel边缘检测算子、Prewitt边缘检测算子、Canny边缘检测算子、Laplace边缘检测算子。

低通滤波是通过$H(u, v)$滤波器对图像中的高频部分削弱或抑制而保留低频部分的滤波方法。由于图像的噪声主要集中在高频部分，所以低频滤波可以抑制噪声，同时强调低频部分，图像就变得平滑。

高通滤波是通过$H(u, v)$滤波器对图像中边缘信息进行突出，是对图像进行锐化的方法。

选择 EDRAS 面板菜单"Interpreter"→"Spatial Enhancement"→"Convolution"命令，打开"Convolution"(卷积增强)对话框，如图3.57所示。

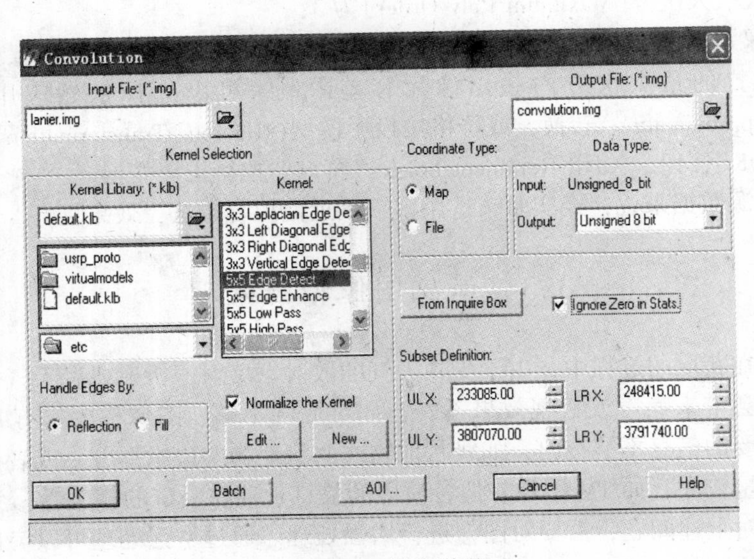

图3.57 卷积增强

在"Convolution"对话框中，需要设置下列参数：

■ 确定输入文件(Input File)为 lanier. img；
■ 定义输出文件(Input File)为 convolution. img；
■ 选择卷积算子(Kernal Selection)；
■ 卷积算子文件(Kernal Library)为 default. klb；
■ 卷积算子类型(Kernal)为 5×5Edge Detect；
■ 边缘处理方法(Handle Edges)为 Reflection；
■ 卷积归一化处理，选中"Normalize the Kernal"复选框；
■ 文件坐标类型(Coordinate Type)为 Map；
■ 输出数据类型(Output Data Type)为 Unsigned 8 bit；
■ 单击"OK"按钮(关闭"Convolution"对话框，执行卷积增强处理)。

2. 图像融合

遥感技术的发展为人们提供了丰富的多源遥感数据，这些来自不同传感器的数据具有不同的时间、空间和光谱分辨率以及不同的极化方式。单一传感器获取的图像信息量有限，往往难以满足应用的需要，通过图像融合，可以从不同的遥感图像中获得更多的有用信息，弥补单一传感器的不足。

图像融合(Resolution Merge)是对不同空间分辨率遥感图像的融合处理，使处理后的遥感图像既具有较好的空间分辨率，又具有多光谱特征，从而达到增强图像的目的。例如：全色图像一般具有较高空间分辨率，多光谱图像光谱信息较丰富，为提高多光谱图像的空间分辨率，可以将全色图像融合进多光谱图像。通过图像融合，既提高多光谱图像空间分辨率，又保留其多光谱特性。

图像分辨率融合的关键是融合前两幅图像的配准以及处理过程中融合方法的选择，只有将不同空间分辨率的图像精确地进行配准，才可能得到满意的融合效果；而对于融合方法的选择，则取决于被融合的图像的特性以及融合的目的。

遥感图像融合的方法：主成分变换融合、乘积变换融合和比值变换融合。主成分变换融合是建立在图像统计特征基础上的多维线性变换，具有方差信息浓缩、数据量压缩的作用，可以更确切地揭示多波段数据结构内部的遥感信息。常常是以高分辨率数据代替多波段数据变换以后的第一主成分来达到融合的目的。具体过程：首先是对输入的多波段数据进行主成分变换，然后以高分辨率遥感数据替代变换以后的第一主成分，再进行主成分逆变换，生成具有高分辨率的多波段融合图像。

乘积变换融合是应用最基本的乘积组合算法直接对两个空间分辨率的遥感数据进行合成，即融合以后的波段数值等于多波段图像的任意一个波段数值乘以高分辨率遥感数据。

$$B'_i = B_{im} \cdot B_h$$

式中，B'_i 是融合以后的波段数值；B_{im} 是多波段中任意一个波段数值；B_h 是高分辨遥感数据。

比值变换融合是将输入遥感数据的 3 个波段用下式计算，获得融合以后多波段的数值。

$$B'_i = \frac{B_{im}}{B_{rm} + B_{gm} + B_{bm}} \cdot B_h$$

式中，B'_i 是融合以后的波段数值；B_{im} 是红、绿、蓝 3 波段中任意一个波段数值；B_{rm}、B_{gm}、B_{bm} 分别代表红、绿、蓝 3 波段的数值；B_h 是高分辨遥感数据。

选择 EDRAS 面板菜单“Interpreter”→“Spatial Enhancement”→“Resolution Merge”命令，打开“Resolution Merge”(图像融合)对话框，如图 3.58 所示。在“Resolution Merge”对话框中，需要设置下列参数：

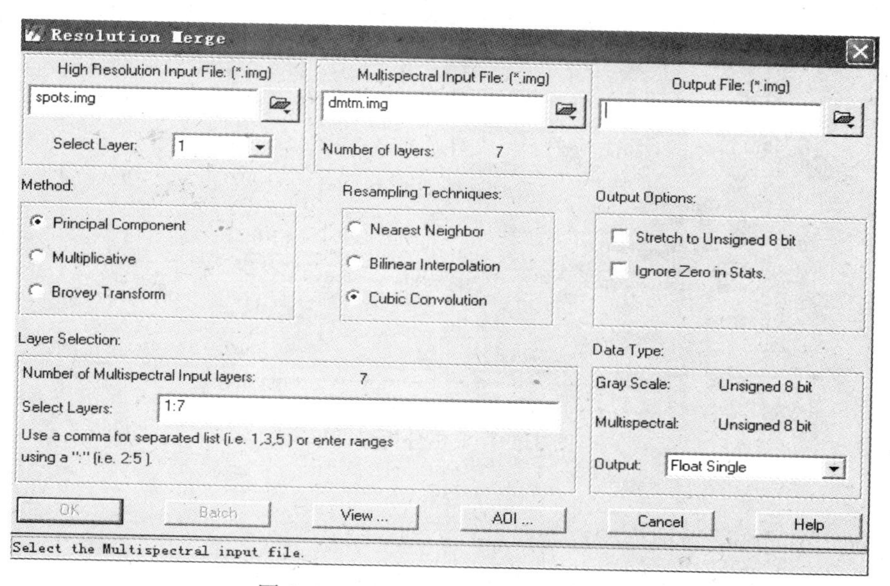

图 3.58 “Resolution Merge”对话框

■ 确定高分辨率输入文件(High Resolution Input File)为 spots. img;

■ 确定多光谱输入文件(Multispectral Input File)为 dmtm. img;

■ 定义输出文件(Input File)为 convolution. img;

■ 选择融合方法(Method)为 Principle Component(主成分变换法)。系统提供的另外两种融合方法是 Multiplicative(乘积方法)和 Brovey Transform(比值方法);

■ 选择重采样方法(Resampling Techniques)为 Bilinear Interpolation;

■ 输出数据选择(Output Option)为 Stretch Unsigned 8 bit;

■ 输出波段选择(Layer Selection)为 Select Layers: 1: 7;

■ 单击"OK"按钮(关闭"Resolution Merge"对话框,执行分辨率融合)。

3. 聚焦分析

聚焦分析使用类似卷积滤波的方法对图像数值进行多种分析,基本算法是在所选窗口范围内,根据所定义函数,应用窗口范围内的像素数值计算窗口中心像素的值,达到增强的目的。输入文件名,输出数据类型选"Unsigned 8 bit",聚集窗口大小为5×5,调整窗口形状和大小,算法(Function)为"Median"。

在 ERDAS 面板上,选择"Interpreter"→"Spatial Enhancement"→"Focal Analysis"命令,打开"Focal Analysis"(图像聚焦分析)对话框,如图 3.59 所示,可进行均值滤波、中值滤波等,其主要参数设置见表 3.20。

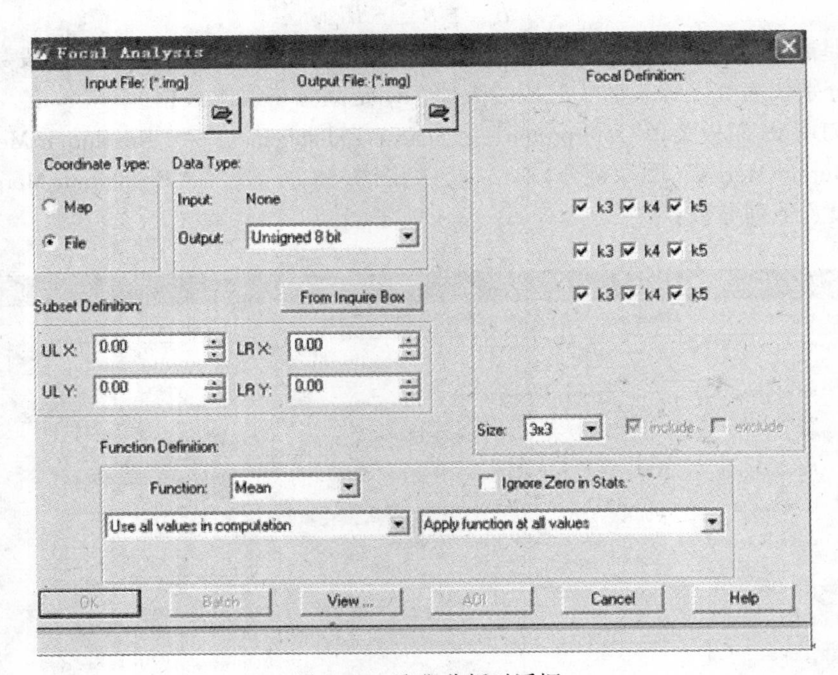

图 3.59 聚焦分析对话框

在"Focal Analysis"对话框中,需要设置下列参数:

■ 确定输入文件(Input File)为 lanier. img;

■ 定义输出文件(Output File)为 focal. img;

■ 处理范围确定(Subset Definition)，在 ULX/Y、LRX/Y 微调框中输入需要的数值(默认状态为整个图像范围，可以应用 Inquire Box 定义窗口)。

■ 输出数据类型(Output Data Type)为 Unsigned 8 bit;

■ 选择聚焦窗口(Focal Definition)，包括窗口大小和形状;

■ 窗口大小(Size)为 5×5(或 3×3 或 7×7);

■ 窗口默认形状为矩形，可以调整为各种形状(如菱形);

■ 聚焦函数定义(Function Definition)，包括算法和应用范围;

■ 算法(Function)为 Max(或 Min/Sum/Mean/SD/Median);

■ 应用范围包括输入图像中参与聚焦运算的数值范围(3 种选择)和输入图像中应用聚焦运算函数的数值范围(3 种选择);

■ 输出数据统计时忽略为零值，选中"Ignore Zero in Stats"复选框;

■ 单击"OK"按钮(关闭"Focal Analysis"对话框，执行聚焦分析)。

表 3.20 **聚焦分析窗口主要参数设置意义**

聚焦函数选择项	聚焦函数选项意义
聚焦函数算法	
Sum(总和)	窗口中心像素被整个窗口像素值之和代替
Mean(均值)	窗口中心像素被整个窗口像素值之均值代替
SD(标准差)	窗口中心像素被整个窗口像素值之标准差代替
Median(中值)	窗口中心像素被整个窗口像素值之中值代替
Max(最大值)	窗口中心像素被整个窗口像素值之最大值代替
Min(最小值)	窗口中心像素被整个窗口像素值之最小值代替
输入图像参与聚焦运算范围	
Use all values in computation	输入图像中所有数值都参与聚焦运算
Ignore specified value(s)	所确定的像素值将不参与聚焦运算
Use only specified value(s)	只有所确定的像素值参与聚焦运算
输入图像应用聚焦函数范围	
Apply all values in computation	输入图像中所有数值都应用聚焦函数
Don't apply specified value(s)	所确定的像素值将不应用聚焦函数
Apply only specified value(s)	只有所确定的像素值应用聚焦函数

4. 纹理分析

纹理分析(Texture Analysis)通过在一定的窗口内进行二次变异分析(2nd-order Variance)或三次非对称分析(3rd-order Skewness)，使雷达图像或其他图像的纹理结构得到增强。

在 ERDAS 面板上，选择"Interpreter"→"Spatial Enhancement"→"Texture"命令，打开图像"Texture"(纹理分析)对话框，如图 3.60 所示。

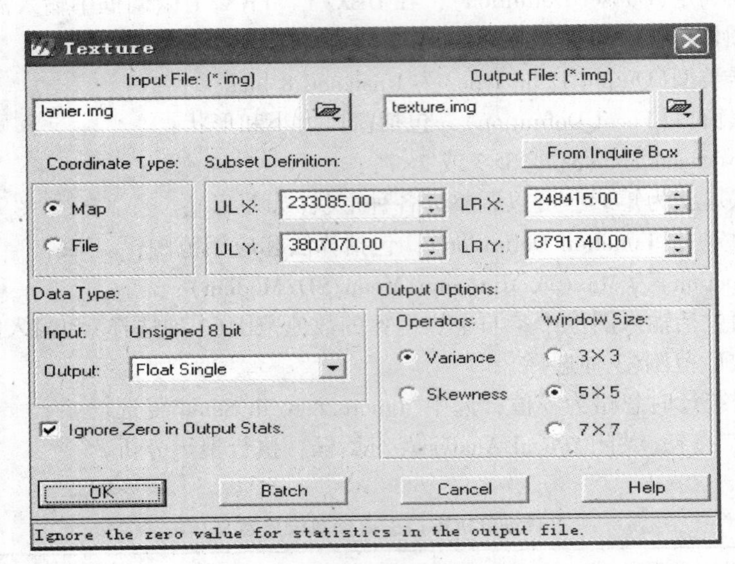

图3.60 纹理分析

在"Texture"对话框中，需要设置下列参数：

■ 确定输入文件(Input File)为lanier. img；

■ 定义输出文件(Output File)为texture. img；

■ 文件坐标类型(Coordinate Type)为Map；

■ 处理范围确定(Subset Definition)，在ULX/Y、LRX/Y微调框中输入需要的数值(默认状态为整个图像范围，可以应用Inquire Box定义窗口)；

■ 输出数据类型(Output Data Type)为Float Single；

■ 操作函数定义(Operators)为Variance(或Skewness)；

■ 窗口大小确定(Window Size)为5×5(或3×3或7×7)；

■ 输出数据统计时忽略为零值，选中"Ignore Zero in Stats"复选框；

■ 单击"OK"按钮(关闭"Texture"对话框，执行纹理分析)。

5. 自适应滤波

自适应滤波(Adaptive Filter)是应用Wallis Adaptive Filter方法对图像的感兴趣区域(AOI)进行对比度拉伸处理，从而达到图像增强的目的。关键是移动窗口大小和乘积倍数大小的定义，移动窗口大小可以任意选择，如5×5、3×3、7×7等，请注意通常都确定为奇数；而乘积倍数大小是为了扩大图像反差或对比度，可以根据需要确定。

在ERDAS面板上，选择"Interpreter"→"Spatial Enhancement"→"Adaptive Filter"命令，打开"Wallis Adaptive Filter"(自适应滤波)对话框，如图3.61所示。

在"Wallis Adapter Filter"对话框中，需要设置下列参数：

■ 确定输入文件(Input File)为lanier. img；

■ 定义输出文件(Output File)为Adaptive. img；

■ 文件坐标类型(Coordinate Type)为Map；

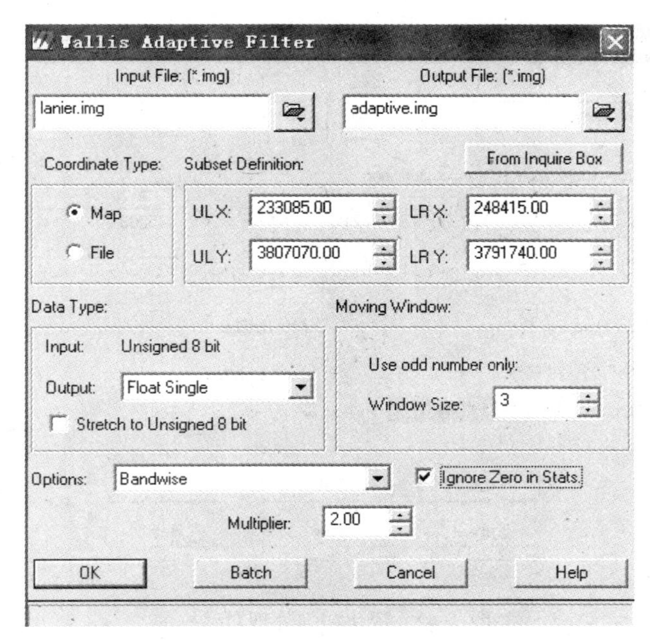

图 3.61 自适应滤波

■ 处理范围确定(Subset Definition)，在 ULX/Y、LRX/Y 微调框中输入需要的数值(默认状态为整个图像范围，可以应用 Inquire Box 定义窗口)。

■ 输出数据类型(Output Data Type)为 Unsigned 8 bit；

■ 移动窗口大小为 3(表示 3×3)；

■ 输出文件选择(Option) Bandwise(逐个波段进行滤波)或 PC(仅对主成分变换后的第一主成分进行滤波)。

■ 乘积倍数定义(Multiplier)为 2(用于调整对比度)；

■ 输出数据统计时忽略为零值，选中“Ignore Zero in Stats”复选框；

■ 单击“OK”按钮(关闭“Wallis Adapter Filter”对话框，执行自适应滤波)。

6. 锐化增强处理

锐化增强处理(Crisp Enhancement)实质上是通过对图像进行卷积滤波处理，使整景图像的亮度得到增强而不使其专题内容发生变化，从而达到图像增强的目的。根据其底层的处理过程，又可以分为两种方法：其一是根据定义的矩阵直接对图像进行卷积处理；其二是首先对图像进行主成分变换，并对第一主成分进行卷积滤波，然后再进行主成分逆变换。

常用的锐化处理的方法：微分法、卷积处理、统计区分法、频率域高通滤波法等。

在 ERDAS 面板上，选择“Interpreter”→“Spatial Enhancement”→“Crisp”命令，打开 Crisp(锐化增强处理)对话框，如图 3.62 所示。

在“Crisp”对话框中，需要设置下列参数：

■ 确定输入文件(Input File)为 panatlanta. img；

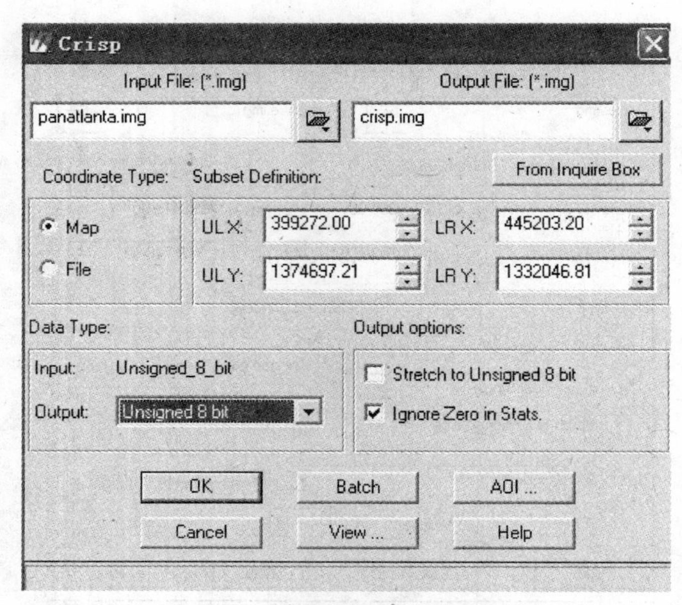

图 3.62 锐化增强处理对话框

■ 定义输出文件(Output File)为 crisp. img;

■ 文件坐标类型(Coordinate Type)为 Map;

■ 处理范围确定(Subset Definition), 在 ULX/Y、LRX/Y 微调框中输入需要的数值(默认状态为整个图像范围, 可以应用 Inquire Box 定义子区);

■ 输出数据类型(Output Data Type)为 Unsigned 8 bit;

■ 输出数据统计时忽略为零值, 选中“Ignore Zero in Stats”复选框;

■ 单击“OK”按钮(关闭“Crisp”对话框, 执行锐化增强处理)。

3.3.2 遥感图像光谱增强处理

遥感图像光谱(Spectral Enhancement)增强处理是基于多波段数据对每个像元的灰度值进行变换, 达到图像增强的目的。光谱增强的方法: 主成分变换、主成分逆变换、去相关拉伸、缨帽变换、色彩变换、色彩逆变换、指数计算和自然色彩变换。

1. 主成分变换(Principal Component Analysis, PCA)

主成分变换是一种常用的数据压缩方法, 它可以将具有相关性的多波段数据压缩到完全独立的较少的几个波段上, 使图像更易于解译。主成分变换是建立在统计特征上的多维正交线性变换, 是一种离散的 K-L 变换。具有以下的性质和特点:

①由于主成分变换是正交线性变换。变换前后的方差总和不变, 变换只是把原来的方差按权值再分配到新的主成分图像中。

②第一主成分包含了方差的绝大部分(一般在 80%以上), 其余各主成分的方差依次减小。

③变换后各主成分之间的相关系数为零, 也就是说各主成分间的内容是不同的, 是

“垂直”的。

④第一主成分相当于原来各波段的加权和，而且每个波段的加权值与该波段的方差大小成正比(方差大说明信息量大)。其余各主成分相当于不同波段组合的加权差值图像。

⑤主成分变换的第一主成分还降低了噪声，有利于细部特征的增强和分析，适用于进行高通滤波，线性特征增强和提取以及密度分割等处理。

⑥主成分变换是一种数据压缩和相关技术，第一成分虽信息量大，但有时对于特定的专题信息，第四、第五、第六等主成分也有重要的意义。

⑦在图像中，可以以局部地区或者选取训练区的统计特征作整个图像的主成分变换，则所选部分图像的地物类型就会更突出。

⑧可以将所有波段分组进行主成分变换，再选主成分进行假彩色合成或其他处理。

⑨主成分变换在几何意义上相当于空间坐标旋转了一个角度，第一主成分坐标轴一定指向光谱空间中数据散布最大的方向；第二主成分则取与第一主成分正交且数据散布次大的方向，其余依次类推。可实现数据压缩和图像增强。

在 ERDAS 面板上，选择“Interpreter”→“Spectral Enhancement”→“Principal Components”命令，打开“Principal Components”(主成分变换)对话框，如图 3.63 所示。

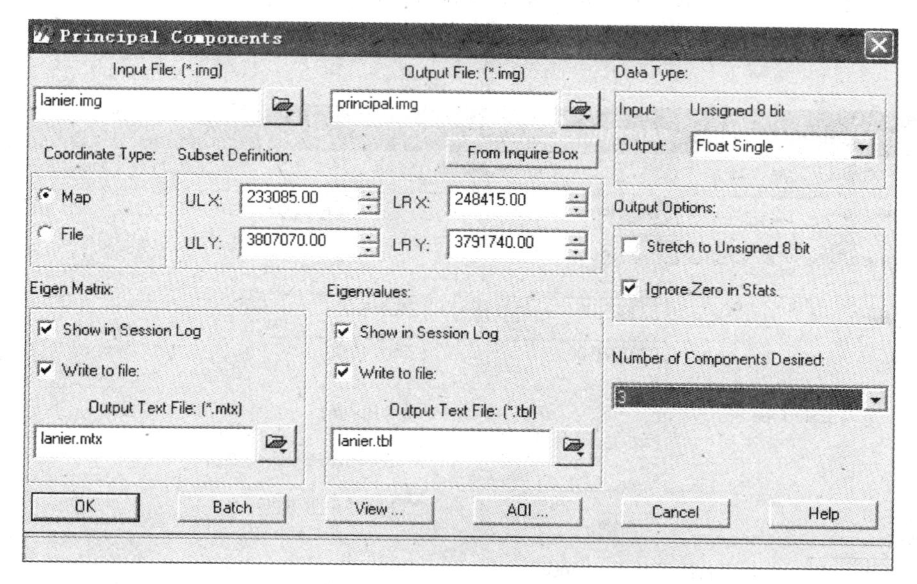

图 3.63 主成分变换对话框

在“Principal Components”对话框中，需要设置下列参数：

■ 确定输入文件(Input File)为 lanier. img;

■ 定义输出文件(Output File)为 principal. img;

■ 文件坐标类型(Coordinate Type)为 Map;

■ 处理范围确定(Subset Definition)，在 ULX/Y、LRX/Y 微调框中输入需要的数值(默认状态为整个图像范围，可以应用 Inquire Box 定义子区)。

■ 输出数据类型(Output Data Type)为 Float Single;

■ 输出数据统计时忽略为零值，选中“Ignore Zero in Stats”复选框；

■ 若需要运行日志中显示，选中“Show in Session Log”复选框；

■ 若需要写入特征矩阵文件，选中“Write to File”复选框；

■ 特征矩阵文件名(Eigen Matrix)为 lanier. tbl；

■ 需要转换的主成分数量(Number of Components Desired)为3；

■ 单击“OK”按钮(关闭“Crisp”对话框，执行锐化增强处理)。

注意：特征矩阵(Eigen Matrix)：(需要逆变换时必选项)是矩阵A的表现形式；特征值(Eigen Values)：特征值表示波段信息量的大小；主成分的数量(Number of Components Desired)：其数量小于输入图像的波段数；运行日记中显示(Show in Session Log)：输出结果在运行日记中显示；对变换的图像，利用输出的特征矩阵、特征值(属于文本文件，可用写字板打开)对各成分进行分析，并将结果记录下来。

2. 主成分的逆变换

将经主成分变换获得的图像重新恢复到RGB彩色空间，应用时输入的图像必须是由主成分变换得到的图像，而且必须有当时的特征矩阵(＊. mtx)参与变换。

在ERDAS面板上，选择“Interpreter”→“Spectral Enhancement”→“Inverse Principal Components”命令，打开“Inverse Principal Components”(主成分逆变换)对话框，如图3.64所示。

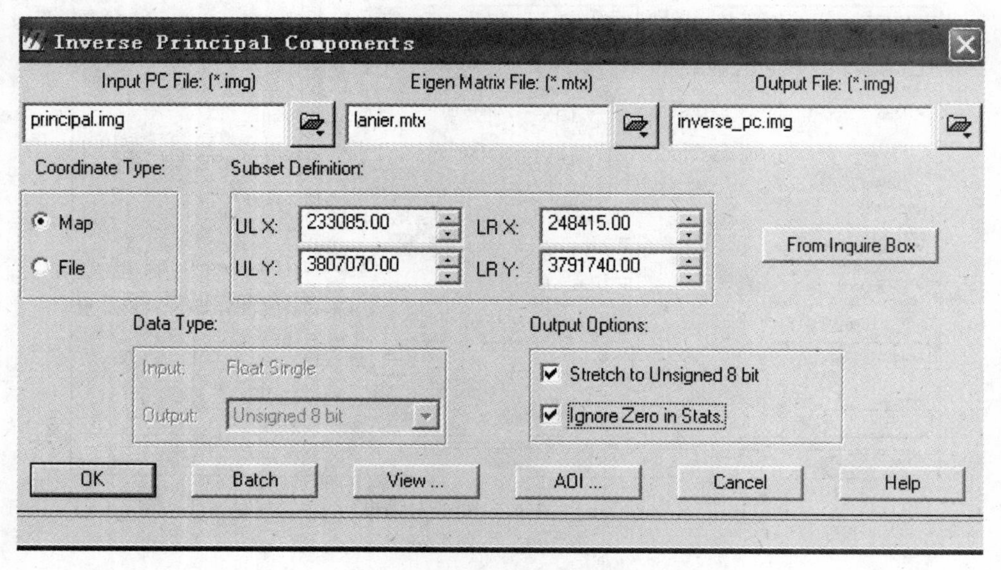

图3.64 主成分逆变换对话框

在“Inverse Principal Components”对话框中，需要设置下列参数：

■ 确定输入文件(Input File)为 principal. img(经主成分变换的图像或成分被替换的图像)；

■ 确定特征矩阵(Eigen Matrix File)为 Lanier. mtx(正变换时生成的特征矩阵文件)；

■ 定义输出文件(Output File)为 inverse_pc. img；

■ 文件坐标类型(Coordinate Type)为 Map;

■ 处理范围确定(Subset Definition),在“ULX/Y”、“LRX/Y”微调框中输入需要的数值(默认状态为整个图像范围,可以应用 Inquire Box 定义子区);

■ 输出数据选择(Output Options);

■ 若输出数据拉伸到 0~255,选中“Stretch to Unsigned 8 bit”复选框;

■ 若输出数据统计时忽略零值,选中“Ignore Zero in Stats”复选框;

■ 单击“OK”按钮(关闭“Inverse Principal Components”对话框,执行主成分逆变换)。

3. 去相关拉伸(Decorrelation Stretch)

去相关拉伸是对图像的主成分进行对比度拉伸处理,而不是对原始图像进行拉伸。实际操作时,只需要输入原始图像,系统将首先对原始图像进行 PCA 变换,并对主成分图像进行对比度拉伸处理,然后进行 IPCA 变换,依据当时的特征矩阵,将图像恢复到 RGB 空间。

在 ERDAS 面板上,选择“Interpreter”→“Spectral Enhancement”→“Decorrelation Stretch”命令,打开“Decorrelation Stretch”(去相关拉伸)对话框,如图 3.65 所示。

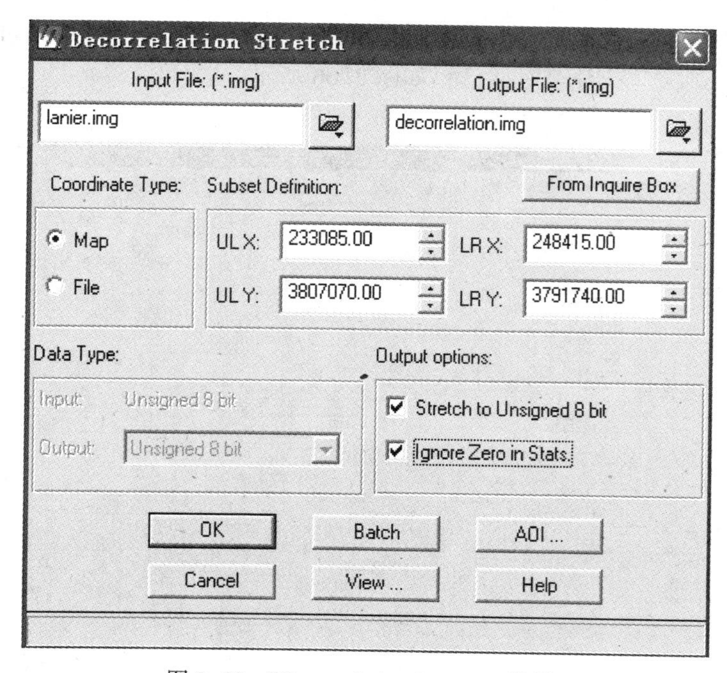

图 3.65 “Decorrelation Stretch”对话框

在“Decorrelation Stretch”对话框中,需要设置下列参数:

■ 确定输入文件(Input File)为 lanier. img;

■ 定义输出文件(Output File)为 decorrelation. img;

■ 文件坐标类型(Coordinate Type)为 Map;

■ 处理范围确定(Subset Definition),在“ULX/Y”、“LRX/Y”微调框中输入需要的数值(默认状态为整个图像范围,可以应用 Inquire Box 定义子区);

■ 输出数据选择(Output Options)；
■ 若输出数据拉伸到0~255，选中“Stretch to Unsigned 8 bit”复选框；
■ 若输出数据统计时忽略零值，选中“Ignore Zero in Stats”复选框；
■ 单击“OK”按钮(关闭“Decorrelation Stretch”对话框，执行去相关拉伸)。

4. 缨帽变换(Tasseled Cap)

1976年，Kauth和Thomas构造了一种新的线性变换方法——Kauth-Thomas变换，简称K-T变换，形象地称为缨帽变换。缨帽变换旋转坐标空间，但旋转后的坐标轴不是指到主成分的方向，而是指向另一个方向，这些方向与地物有密切的关系，特别是与植物生长过程和土壤有关。缨帽变换既可以实现信息压缩，又可以帮助判断分析农作物特征，因此有很大的实际应用意义。

该变换的基本思想是多波段(N波段)图像可以看作是N维空间，每一个像元都是N维空间中的一个点，其位置取决于像元在各个波段上的数值。专家的研究表明，植被信息可以通过3个数据轴(亮度轴、绿度轴和湿度轴)来确定，而这3个轴的信息可以通过简单的线性计算和数据空间旋转获得，当然还需要定义相关的转换系数；同时，这种旋转与传感器有关，因而还需要确定传感器类型。

在ERDAS面板上，选择“Interpreter”→“Spectral Enhancement”→“Tasseled Cap”命令，打开“Tasseled Cap”(缨帽变换)对话框，如图3.66所示。

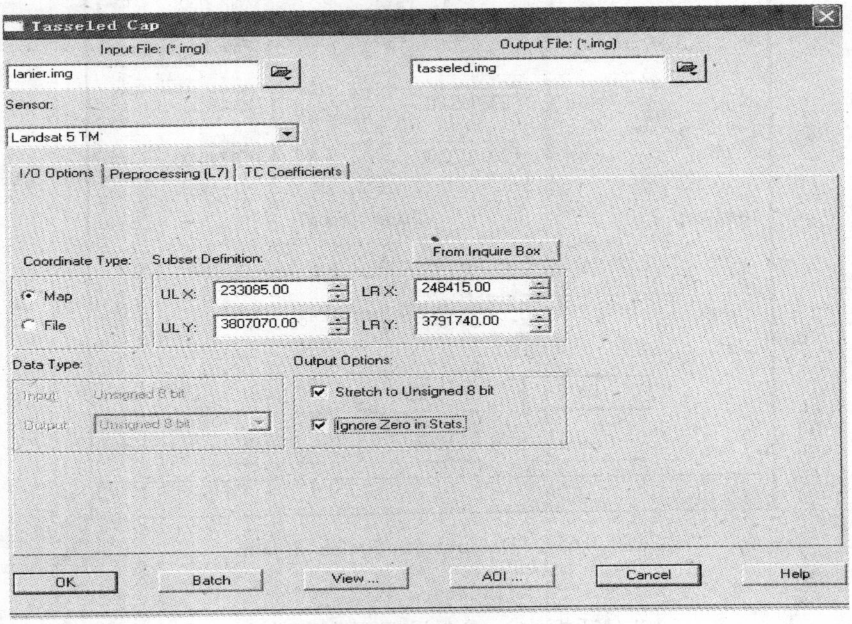

图3.66 缨帽变换对话框

在“Tasseled Cap”对话框中，需要设置下列参数：
■ 确定输入文件(Input File)为lanier. img；
■ 定义输出文件(Output File)为tasseled. img；

■ 文件坐标类型(Coordinate Type)为 Map;

■ 处理范围确定(Subset Definition),在 ULX/Y、LRX/Y 微调框中输入需要的数值(默认状态为整个图像范围,可以应用 Inquire Box 定义子区);

■ 输出数据选择(Output Options);

■ 若输出数据拉伸到 0~255,选中“Stretch to Unsigned 8 bit”复选框;

■ 若输出数据统计时忽略零值,选中“Ignore Zero in Stats”复选框;

■ 定义相关系数(Set Coefficients),单击“Set Coefficients”按钮;

■ 打开“Tasseled Cap Coefficients”对话框;

■ 首先确定传感器类型(Sensor)为 Landsat 5 TM;

■ 定义相关系数(Coefficients Definition),可利用系统默认值;

■ 单击“OK”按钮(关闭“Tasseled Cap Coefficients”对话框);

■ 单击“OK”按钮(关闭“Tasseled Cap”对话框,执行缨帽变换)。

注意:不同的传感器,其变换矩阵是不一样的。系统自动切换到该传感器的变换矩阵 TC Coefficients 页面,如图 3.67 所示。

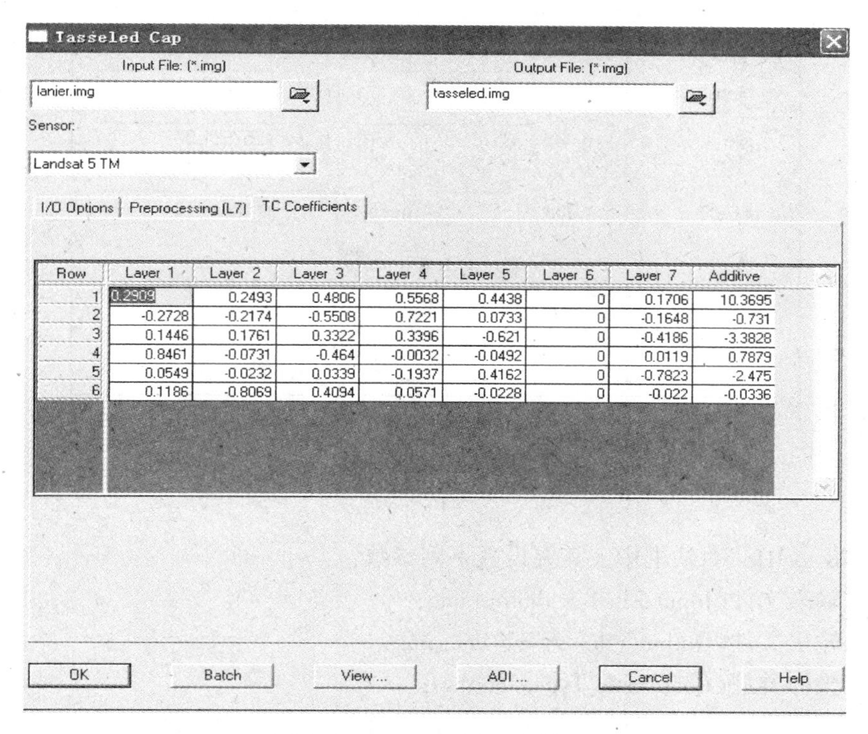

Row	Layer 1	Layer 2	Layer 3	Layer 4	Layer 5	Layer 6	Layer 7	Additive
1	0.2909	0.2493	0.4806	0.5568	0.4438	0	0.1706	10.3695
2	-0.2728	-0.2174	-0.5508	0.7221	0.0733	0	-0.1648	-0.731
3	0.1446	0.1761	0.3322	0.3396	-0.621	0	-0.4186	-3.3828
4	0.8461	-0.0731	-0.464	-0.0032	-0.0492	0	0.0119	0.7879
5	0.0549	-0.0232	0.0339	-0.1937	0.4162	0	-0.7823	-2.475
6	0.1186	-0.8069	0.4094	0.0571	-0.0228	0	-0.022	-0.0336

图 3.67 “Tasseled Cap”对话框

5. 色彩变换

在图像处理中通常应用两种彩色坐标系:一种是由红(R)、绿(G)、蓝(B)构成的彩色空间(RGB 空间);另一种是由亮度(I,Intensity)、色调(H,Hue)、饱和度(S,Saturation)3 个变量构成的彩色空间(IHS 空间)。也就是说一种颜色既可以用 RGB 空间内的 R、

G、B来描述(物理),也可以用IHS空间的I、H、S来描述(人的主观感觉)。

在IHS空间,亮度是指人眼对光源或物体明亮程度的感觉,一般来说与物体的反射率成正比,取值范围为0~1;色调也称色别,是指彩色的类别,是彩色彼此相互区分的特征,取值范围是0~360;饱和度代表颜色的纯度,一般来说颜色越鲜艳饱和度也越大,取值范围为0~1。

色彩变换(RGB to IHS)是将遥感图像从红(R)、绿(G)、蓝(B)3种颜色组成的彩色空间转换到以亮度(I)、色度(H)、饱和度(S)作为定位参数的彩色空间,以便使图像的颜色与人眼看到的更为接近。

在ERDAS面板上,选择"Interpreter"→"Spectral Enhancement"→"RGB to IHS"命令,打开"RGB to IHS"(色彩变换)对话框,如图3.68所示。

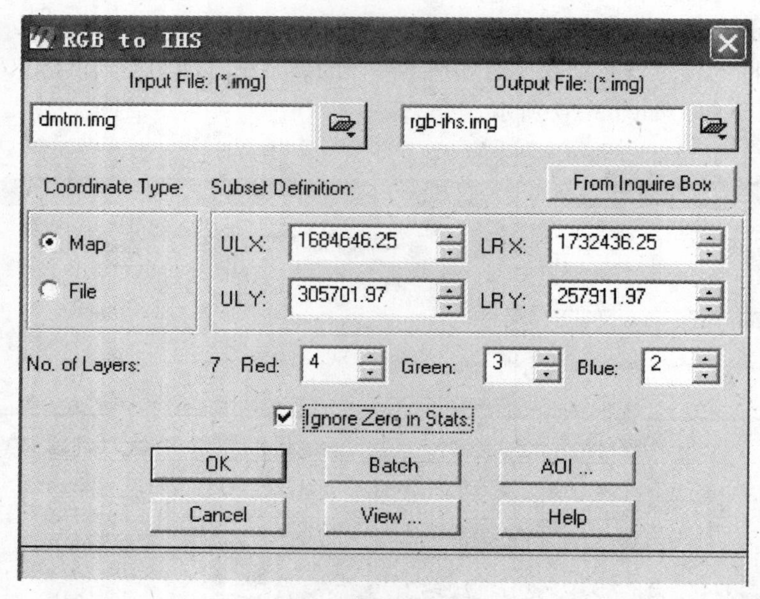

图3.68 色彩变换

在"RGB to IHS"对话框中,需要设置下列参数:

- 确定输入文件(Input File)为dmtm. img;
- 定义输出文件(Output File)为rgb-ihs. img;
- 文件坐标类型(Coordinate Type)为Map;
- 处理范围确定(Subset Definition),在ULX/Y、LRX/Y微调框中输入需要的数值(默认状态为整个图像范围,可以应用Inquire Box定义子区);
- 确定参与色彩变换的3个波段,Red:4/Green:3/Blue:2;
- 若输出数据统计时忽略零值,请选中Ignore Zero in Stats复选框;
- 单击"OK"按钮(关闭"RGB to IHS"对话框,执行RGB to IHS变换)。

6. 色彩逆变换

色彩逆变换(IHS to RGB)是将遥感图像从以亮度(I)、色度(H)、饱和度(S)作为定位参数的彩色空间转换到红(R)、绿(G)、蓝(B)3种颜色的彩色空间，在完成色彩逆变换的过程中，经常需要对亮度与饱和度进行最小最大拉伸，使其数值充满0~1的取值范围。

在ERDAS面板上，选择“Interpreter”→“Spectral Enhancement”→“IHS to RGB”命令，打开“IHS to RGB”(色彩变换)对话框，如图3.69所示。

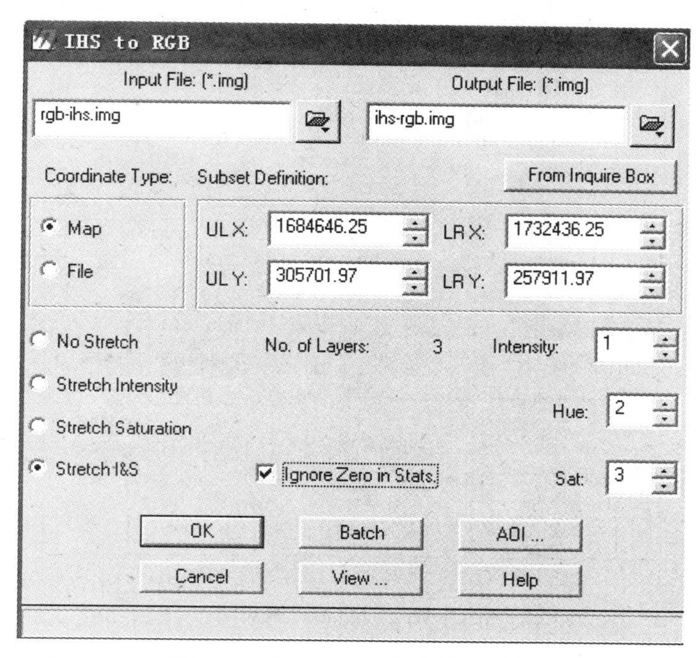

图3.69 “IHS to RGB”变换对话框

在“IHS to RGB”对话框中，需要设置下列参数：

■ 确定输入文件(Input File)为rgb-ihs. img；

■ 定义输出文件(Output File)为ihs-rgb. img；

■ 文件坐标类型(Coordinate Type)为Map；

■ 处理范围确定(Subset Definition)，在ULX/Y、LRX/Y微调框中输入需要的数值(默认状态为整个图像范围，可以应用Inquire Box定义子区)。

■ 对亮度(I)与饱和度(S)进行拉伸，选择“Stretch I&S”单选框；

■ 确定参与色彩变换的3个波段，Intensity：1/Hue：2/Sat：2；

■ 若输出数据统计时忽略零值，选中“Ignore Zero in Stats”复选框；

■ 单击“OK”按钮(关闭“IHS to RGB”对话框，执行IHS to RGB变换)。

7. 指数计算

指数计算广泛应用于地质探测和植被分析，是应用一定的数学方法，将遥感图像中不同波段的灰度值进行各种组合运算，计算反映矿物及植被的常用比率和指数。在多数情况下，指数选择得好可以将原始彩色波段里看不到的差别加大或增强。各种比率和指数与遥感图像类型密切相关，因而在进行指数运算时，必须根据输入图像类型选择传感器。

在ERDAS面板上，选择"Interpreter"→"Spectral Enhancement"→"Indices"命令，打开"Indices"(指数计算)对话框，如图3.70所示。

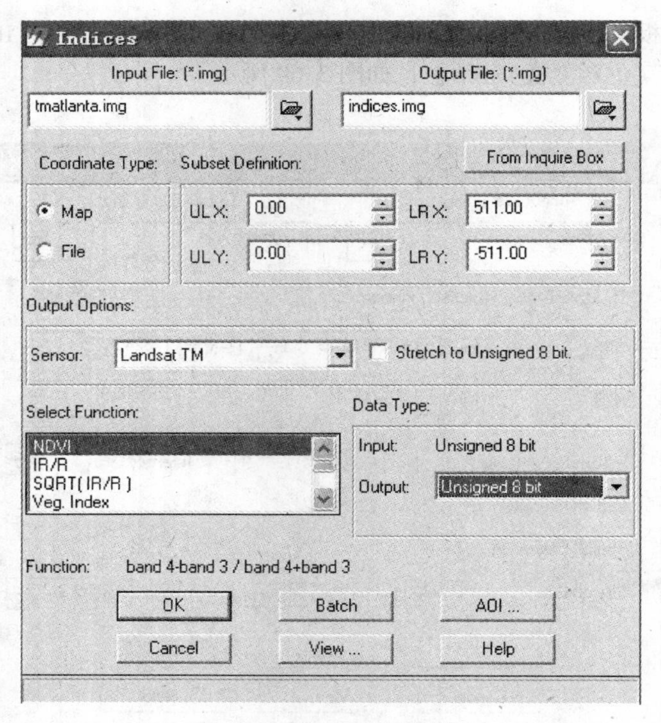

图3.70 "Indices"对话框

在"Indices"对话框中，需要设置下列参数：

■ 确定输入文件(Input File)为tmatlanta. img；

■ 定义输出文件(Output File)为indices. img；

■ 文件坐标类型(Coordinate Type)为Map；

■ 处理范围确定(Subset Definition)，在ULX/Y、LRX/Y微调框中输入需要的数值(默认状态为整个图像范围，可以应用Inquire Box定义子区)。

■ 选择传感器类型(Sensor)为Landsat TM；

■ 选择计算指数函数(Select Function)为NDVI(相应的计算公式将显示在对话框下方的Function提示栏)；

■ 输出数据类型(Output Data Type)为Unsigned 8 bit；

■ 单击"OK"按钮(关闭"Indices"对话框，执行Indices变换)。

8. 自然色彩变换

自然色彩变换(Natural Color)就是模拟自然色彩对多波段数据进行变换，输出自然色彩图像。变换过程中的关键是3个输入波段光谱范围的确定，这3个波段依次是近红外、红、绿，如果3个波段定义不够恰当，则转换以后的输出图像也不可能是真正的自然色彩。

在ERDAS面板上，选择“Interpreter”→“Spectral Enhancement”→“Natural Color”命令，打开“Natural Color”(色彩变换)对话框，如图3.71所示。

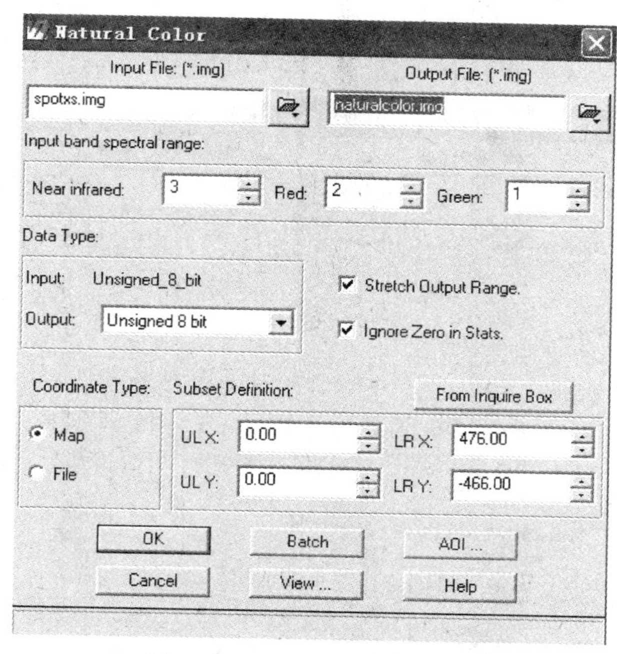

图3.71 “Natural Color”对话框

在“Natural Color”对话框中，需要设置下列参数：

■ 确定输入文件(Input File)为spotxs. img；

■ 定义输出文件(Output File)为naturalcolor. img；

■ 确定输入光谱范围(Input Band Spectral Range)为NI：3/R：2/G：1；

■ 输出数据类型(Output Data Type)为Unsigned 8 bit；

■ 拉伸输出数据，选中“Stretch Output Range”复选框；

■ 若输出数据统计时忽略零值，选中“Ignore Zero in Stats”复选框；

■ 文件坐标类型(Coordinate Type)为Map；

■ 处理范围确定(Subset Definition)，在“ULX/Y”、“LRX/Y”微调框中输入需要的数值(默认状态为整个图像范围，可以应用Inquire Box定义子区)。

■ 单击“OK”按钮(关闭“Natural Color”对话框，执行Natural Color变换)。

3.3.3 遥感图像辐射增强处理

遥感图像辐射增强处理是对单个像元的灰度值进行变换达到图像增强的目的。遥感图像辐射增强处理的方法：查找表拉伸、直方图均衡化、直方图匹配、亮度反转、去霾处理、降噪处理和去条带处理。

1. 查找表拉伸(LUT Stretch)

查找表拉伸是遥感图像对比度拉伸的总和，是通过修改图像查找表使输出图像值发生变化。根据用户对查找表的定义，可以实现线性拉伸、分段线性拉伸和非线性拉伸等处理。

在 ERDAS 面板上，选择“Interpreter”→“Radiometric Enhancement”→“LUT Stretch”命令，打开“LUT Stretch”(查找表拉伸)对话框，如图 3.72 所示。

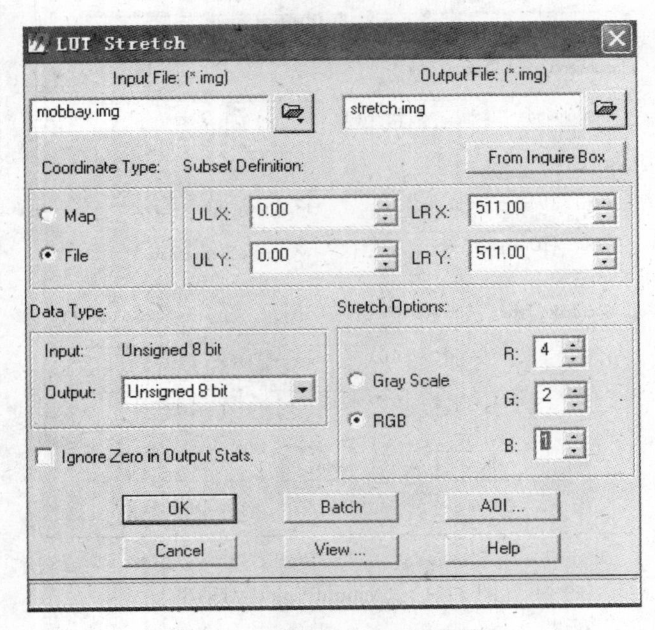

图 3.72 “LUT Stretch”对话框

在“LUT Stretch”对话框中，需要设置下列参数：

■ 确定输入文件(Input File)为 mobbay. img；

■ 定义输出文件(Output File)为 stretch. img；

■ 文件坐标类型(Coordinate Type)为 File；

■ 处理范围确定(Subset Definition)，在 ULX/Y、LRX/Y 微调框中输入需要的数值(默认状态为整个图像范围，可以应用 Inquire Box 定义子区)。

■ 输出数据类型(Output Data Type)为 Unsigned 8 bit；

■ 确定拉伸选择(Stretch Options)为 RGB(多波段图像、红绿蓝)或 Gray Scale(单波段图像)；

■ 单击“View”按钮，打开模型生成器窗口(图略)，浏览 Stretch 功能的空间模型；

■ 双击“Custom Table”，进入查找表编辑状态(图略)，根据需要修改查找表；

■ 单击“OK”按钮(关闭查找表定义对话框，退出查找表编辑状态)；

■ 单击“File | Close ALL”命令(退出模型生成器窗口)；

■ 单击“OK”按钮(关闭“LUT Stretch”对话框，执行查找表拉伸处理)。

2. 直方图均衡化(Histogram Equalization)

横轴表示灰度级，纵轴($P_i = m_i/M$)表示灰度级为 g_i 的像素个数 m_i 占像素总数 M 的百分比。将 $2n$ 个 P_i 绘于图上，所形成的统计直方图叫灰度直方图，如图 3.73 所示。

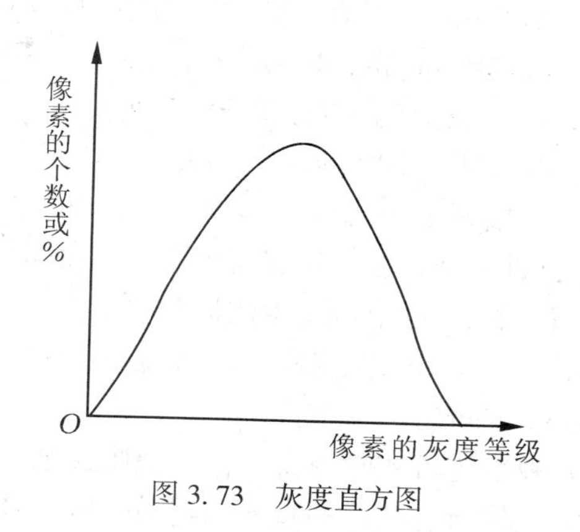

图 3.73 灰度直方图

直方图直观地表示了图像亮度值的分布范围、峰值的位置、均值以及亮度值分布的离散程度，因此，直方图曲线形态可以反映图像的质量。

直方图均衡化实质上是对图像进行非线性拉伸，重新分配图像像元值，使一定灰度范围内像元的数量大致相等。这样，原来直方图中间的封顶部分对比度得到增强，而两侧的谷底部分对比度降低，输出图像的直方图是一个较平的分段直方图。

在 ERDAS 面板上，选择"Interpreter"→"Radiometric Enhancement"→"Histogram Equalization"命令，打开"Histogram Equalization"(直方图均衡化)对话框，如图 3.74 所示。

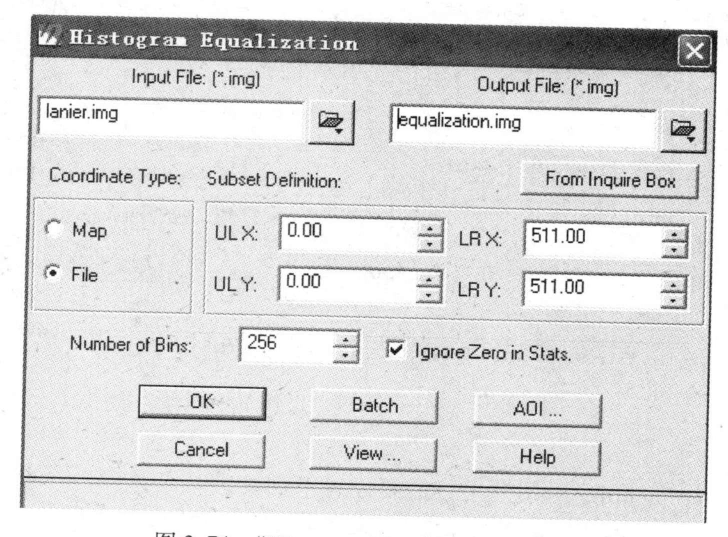

图 3.74 "Histogram Equalization"对话框

在"Histogram Equalization"对话框中，需要设置下列参数：

- 确定输入文件(Input File)为 lanier. img；
- 定义输出文件(Output File)为 equalization. img；
- 文件坐标类型(Coordinate Type)为 File；

■ 处理范围确定(Subset Definition)，在ULX/Y、LRX/Y微调框中输入需要的数值(默认状态为整个图像范围，可以应用Inquire Box定义子区)。

■ 输出数据分段(Number of Bins)为256(可以小一些)；

■ 输出数据统计时忽略零值，选中“Ignore Zero in Stats”复选框；

■ 单击“View”按钮，打开模型生成器窗口(图略)，浏览“Equalization”空间模型；

■ 双击“Custom Table”，进入查找表编辑状态(图略)，根据需要修改查找表；

■ 单击“File | Close ALL”命令(退出模型生成器窗口)；

■ 单击“OK”按钮(关闭“Histogram Equalization”对话框，执行直方图均衡化处理)。

3. *直方图匹配*(Histogram Match)

直方图匹配是对图像查找表进行数学变换，使一幅图像某个波段的直方图与另一幅图像对应波段类似，或使一幅图像所有波段的直方图与另一幅图像所有对应波段类似。

直方图匹配经常作为相邻图像拼接或应用多时相遥感图像进行动态变化研究的预处理工作，通过直方图匹配可以消除由于太阳高度角或大气影响造成的相邻图像的效果差异。

在ERDAS面板上，选择“Interpreter”→“Radiometric Enhancement”→“Histogram Matching”命令，打开“Histogram Matching”(直方图匹配)对话框，如图3.75所示。

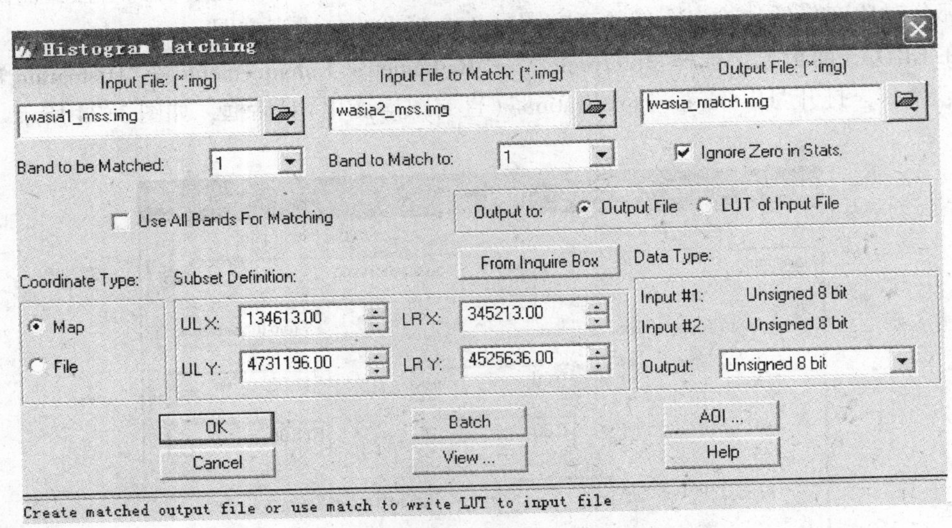

图3.75 “Histogram Match”对话框

在“Histogram Matching”对话框中，需要设置下列参数：

■ 输入匹配文件(Input File)为wasia1_mss.img；

■ 匹配参考文件(Input File to Match)为wasia2_mss.img；

■ 匹配输出文件(Output File)为wasia_match.img；

■ 选择匹配波段(Band to be Matched)为1；

■ 匹配参考波段(Band to Match to)为1(也可以对图像的所有波段进行匹配：Use ALL Bands for Matching)；

■ 文件坐标类型(Coordinate Type)为File；

■ 处理范围确定(Subset Definition)，在 ULX/Y、LRX/Y 微调框中输入需要的数值(默认状态为整个图像范围，可以应用 Inquire Box 定义子区)。

■ 输出数据统计时忽略零值，选中"Ignore Zero in Stats"复选框；

■ 输出数据类型(Output Data Type)为 Unsigned 8 bit；

■ 单击"View"按钮，打开模型生成器窗口(图略)，浏览 Matching 空间模型；

■ 双击"Custom Table"，进入查找表编辑状态(图略)，根据需要修改查找表；

■ 单击"File | Close ALL"命令(退出模型生成器窗口)；

■ 单击"OK"按钮(关闭"Histogram Matching"对话框，执行直方图匹配处理)。

4. 亮度反转处理(Brightness Inversion)

亮度反转处理是对图像亮度范围进行线性或非线性取反，产生一幅与输入图像亮度相反的图像，原来亮的地方变暗，原来暗的地方变亮。其中包括两种反转算法：一种是条件反转；一种是简单反转。前者强调输入图像中亮度较暗的部分，后者则简单取反、同等对待。

在 ERDAS 面板上，选择"Interpreter"→"Radiometric Enhancement"→"Brightness Inversion"命令，打开 Brightness Inversion(亮度反转处理)对话框，如图 3.76 所示。

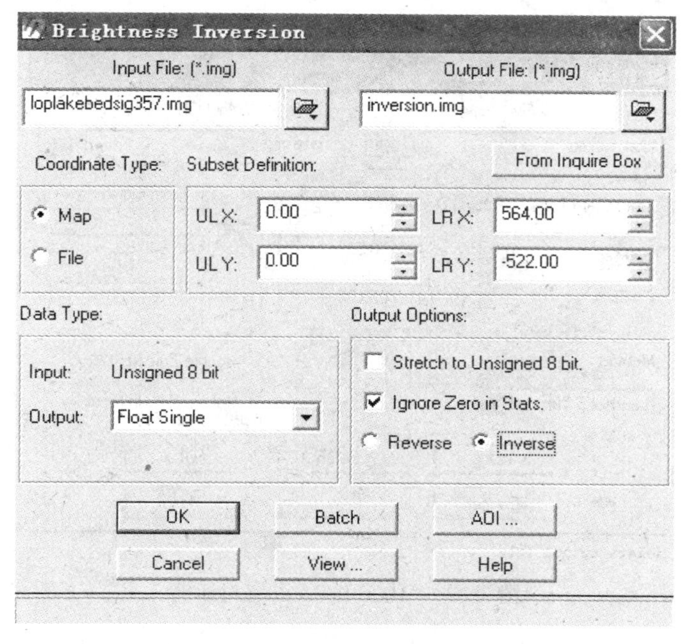

图 3.76 "Brightness Inversion"对话框

在"Brightness Inversion"对话框中，需要设置下列参数：

■ 确定输入文件(Input File)为 loplakebedsig357. img；

■ 输出文件(Output File)为 inversion. img；

■ 文件坐标类型(Coordinate Type)为 Map；

■ 处理范围确定(Subset Definition)，在 ULX/Y、LRX/Y 微调框中输入需要的数值(默认状态为整个图像范围，可以应用 Inquire Box 定义子区）。

■ 输入数据类型(Input Data Type)为 Unsigned 8 bit;

■ 输出数据统计时忽略零值，选中“Ignore Zero in Stats”复选框;

■ 输出变换选择(Output Options)为“Inverse”(或 Reverse)。“Inverse”表示条件反转，条件判断，强调输入图像中亮度较暗的部分；“Reverse”表示简单反转，简单取反，输出图像与输入图像等量相反;

■ 单击“View”按钮，打开模型生成器窗口(图略)，浏览 Inverse/Reverse 空间模型;

■ 单击“File | Close ALL”命令(退出模型生成器窗口);

■ 单击“OK”按钮(关闭“Brightness Inversion”对话框，执行亮度反转处理)。

5. 去霾处理(Haze Reduction)

去霾处理的目的是降低多波段图像或全色图像的模糊度(霾)。对于多波段图像，该方法实质上是基于缨帽变换方法，首先对图像进行主成分变换，找出与模糊度相关的成分并剔除，然后再进行主成分逆变换回到 RGB 彩色空间，达到去霾的目的。对于全色图像，该方法采用点扩展卷积反转进行处理，并根据情况选择卷积算子来去除。

在 ERDAS 面板上，选择“Interpreter”→“Radiometric Enhancement”→“Brightness Inversion”命令，打开“Haze Reduction”(去霾处理)对话框，如图 3.77 所示。

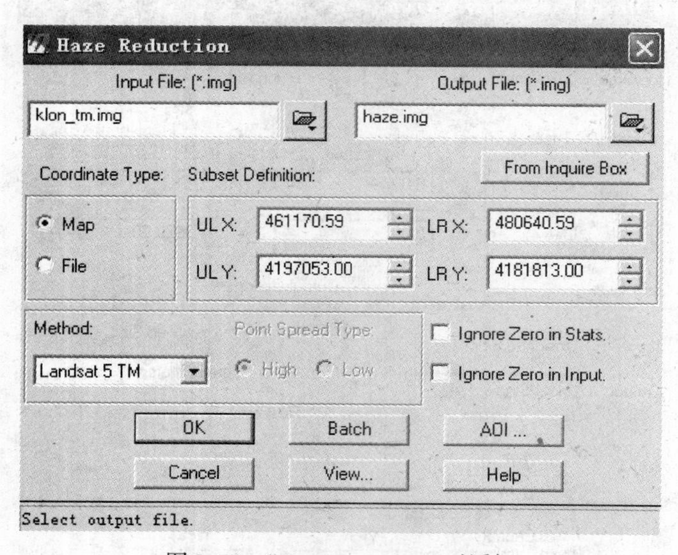

图 3.77 “Haze Reduction”对话框

在“Haze Reduction”对话框中，需要设置下列参数:

■ 确定输入文件(Input File)为 klon_tm. img;

■ 输出文件(Output File)为 haze. img;

■ 文件坐标类型(Coordinate Type)为 Map;

■ 处理范围确定(Subset Definition)，在 ULX/Y、LRX/Y 微调框中输入需要的数值(默认状态为整个图像范围，可以应用 Inquire Box 定义子区)。

■ 处理方法选择 Landsat 5 TM 为 Landsat 4 TM;

■ 单击“OK”按钮(关闭“Haze Reduction”对话框，执行去霾处理)。

6. 降噪处理(Noise Reduction)

降噪处理是利用自适应滤波方法去除图像中的噪声。该技术在沿着边缘或平坦区域去除噪声的同时，可以很好地保持图像中的一些微小的细节。

在 ERDAS 面板上，选择“Interpreter”→“Radiometric Enhancement”→“Noise Reduction”命令，打开“Noise Reduction”(降噪处理)对话框，如图 3.78 所示。

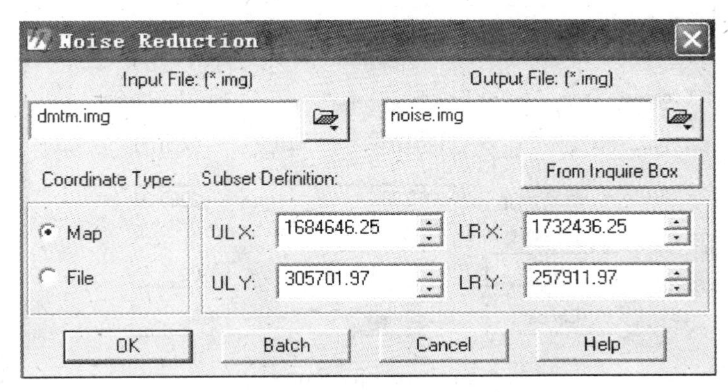

图 3.78 “Noise Reduction”对话框

在“Noise Reduction”对话框中，需要设置下列参数：

■ 确定输入文件(Input File)为 dmtm. img；

■ 输出文件(Output File)为 noise. img；

■ 文件坐标类型(Coordinate Type)为 Map；

■ 处理范围确定(Subset Definition)，在 ULX/Y、LRX/Y 微调框中输入需要的数值(默认状态为整个图像范围，可以应用 Inquire Box 定义子区)；

■ 处理方法选择 Landsat 5 TM 或 Landsat 4 TM；

■ 单击“OK”按钮(关闭“Noise Reduction”对话框，执行降噪处理)。

7. 去条带处理(Destripe TM)

去条带处理是针对 Land TM 的图像扫描特点对其原始数据进行 3 次卷积处理，以达到去除扫描条带的目的。

在 ERDAS 面板上，选择“Interpreter”→“Radiometric Enhancement”→“Destripe TM Data”命令，打开“Destripe TM”(去条带处理)对话框，如图 3.79 所示。

在“Destripe TM”对话框中，需要设置下列参数：

■ 确定输入文件(Input File)为 tm_striped. img；

■ 输出文件(Output File)为 destripe. img；

■ 输出数据类型(Output Data Type)为 Unsigned 8 bit；

■ 输出数据统计时忽略零值，选中“Ignore Zero in Stats”复选框；

■ 边缘处理方法(Handle Edges by)为 Reflection；

■ 文件坐标类型(Coordinate Type)为 Map；

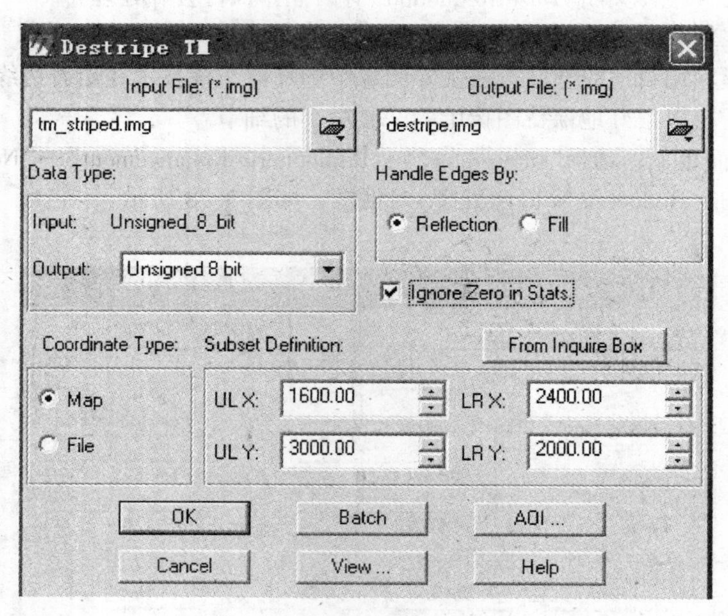

图 3.79 "Destripe TM"对话框

■ 处理范围确定(Subset Definition)，在 ULX/Y、LRX/Y 微调框中输入需要的数值(默认状态为整个图像范围，可以应用 Inquire Box 定义子区)；

■ 单击"OK"按钮(关闭"Destripe TM"对话框，执行去条带处理)。

习题与思考题

1. 什么是图像的采样和量化？
2. 通用的遥感数据的储存格式有哪些？
3. 什么是图像直方图？直方图在遥感图像分析中的意义是什么？
4. 常用遥感图像处理的软件有哪些？
5. 遥感图像几何变形误差的主要来源和类型。
6. 遥感图像几何校正的一般过程；采取多项式纠正时，控制点的选取个数与原则分别是什么？
7. 什么是遥感图像的镶嵌？
8. 什么是遥感图像的融合？它与图像镶嵌有什么区别？
9. 什么是图像重采样？重采样的方法有哪些？比较一下优缺点。
10. 遥感图像处理中通常应用的两种彩色坐标系是什么？
11. 为什么要进行遥感图像的裁剪？常用的裁剪方法有哪两种？
12. 遥感图像空间增强的方法是什么？
13. 遥感图像光谱增强的方法是什么？
14. 遥感图像辐射增强的方法是什么？

第4章 遥感图像的目视判读

☞学习目标

本章主要介绍遥感图像目视判读的概念、遥感图像判读的标志以及注意事项；目视判读的原则、方法和步骤以及应用。通过本章的学习，掌握遥感图像的目视判读特征和方法，遥感图像目视判读的标志；掌握常见的居民地、道路、水系、植被等地物的判读；应注意运用判读标志时所存在的问题；了解城市绿化遥感的判读。

4.1 遥感图像的目视判读原理

4.1.1 遥感图像目视判读的概念

遥感成像的过程是将地物的电磁辐射特性或地物波谱特性，用不同的成像方式(摄影、光电扫描、雷达成像)生成各种影像。一般来说，当选定时间、位置、成像方式、探测波段后，成像过程获得的像元与相应的地面单元一一对应。

遥感图像是探测目标地物综合信息的最直观、最丰富的载体，人们运用丰富的专业背景知识，通过肉眼观察，经过综合分析、逻辑推理、验证检查把这些信息提取和解析出来的过程称为遥感图像目视判读，也叫遥感图像解译。目视判断即为遥感成像的逆过程，如图4.1所示。

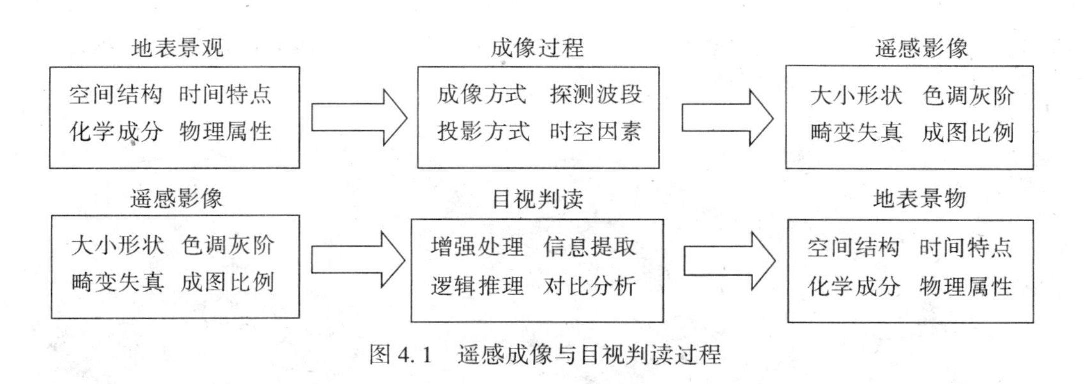

图4.1 遥感成像与目视判读过程

4.1.2 遥感图像目视判读的标志

遥感图像目视判读是依据图像特征进行的，这些图像特征即为图像的判读标志。它分为直接判读标志和间接判读标志两类。

1. 直接判读标志

直接判读标志是地物本身属性在图像上的反映，即凭借图像特征能直接确定地物的属性，如形状、大小、颜色、色调、阴影、位置、图案、纹理等。

①形状：地面物体都具有一定的几何形态，根据像片上物体特有的形态特征可以判断和识别目标地物，如图4.2所示。我们知道，同种物体在图像上有相同的灰度特征，这些同灰度的像元在图像上的分布就构成了与物体相似的形状。物体的形状与物体本身的性质和形成有密切的关系。随着图像比例尺的变化，形状的含义也不同。一般情况下，大比例尺图像上可看出每幢房屋的平面几何形状，而在小比例尺图像上则只能看出整个居民地房屋集中分布的外围轮廓。

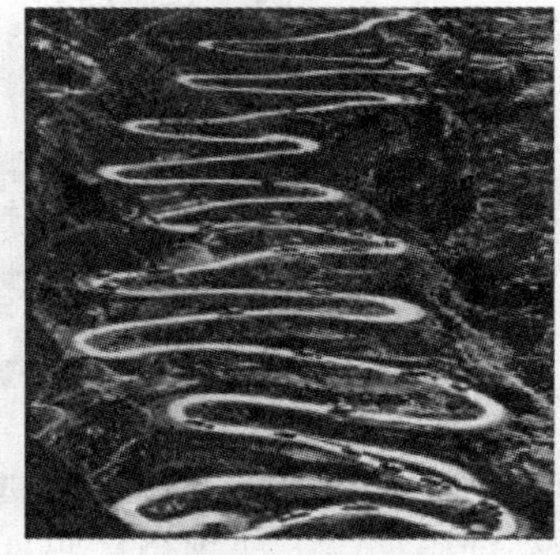

图4.2 形状(飞机、盘山公路、建筑物)

②大小：是地物的尺寸、面积、体积在图像上按比例缩小后的相似性记录，如图4.3所示。在不知道像片比例尺时，比较两个物体的相对大小有助于我们识别它们的性质，例如，房屋和楼房的大小不同，单车道和多车道的街道宽度不同。如果知道了像片比例尺，根据比例尺的大小可以计算或估算出图像上物体所对应的实际大小，也可以利用已知目标地物在像片上的尺寸来比较其他待识别的目标。影响图像上物体大小的因素有地面分辨率、物体本身亮度与周围亮度的对比关系等。

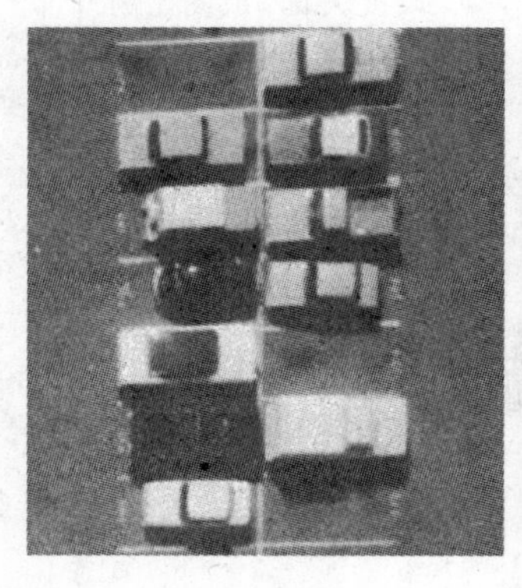

图4.3 大小(小汽车、火车、立交桥)

③颜色：是彩色遥感图像中目标地物识别的基本标志。日常生活中目标地物的颜色是地物在可见光波段对入射光选择性吸收与反射在人眼中的主观感受。遥感图像中目标地物的颜色是地物在不同波段中反射或发射电磁辐射能量差异的综合反映。颜色的差别反映了地物间的细小差别，为细心的判读人员提供更多的信息。特别是多波段彩色合成图像的判读，判读人员往往依据颜色的差别来确定地物与地物间或地物与背景间的边缘线，从而区分各类物体。

④色调：是人眼对图像灰度大小的生理感受。人眼不能确切地分辨出灰度值，只能感受其大小的变化，灰度大者色调深，灰度小者色调浅。色调是地物电磁辐射能量大小和地物波谱特征的综合反映。同一地物在不同波段的图像上存在色调差异，在同一波段的影像上，由于成像时间和季节的差异，即使同一地区同一地物的色调也会不同。目标地物与背景之间必须存在能被人的视觉所分辨出的色调差异，目标地物才能够被区分。图 4.4 为红树林在绿、红、近红外波段图像上的色调特征。

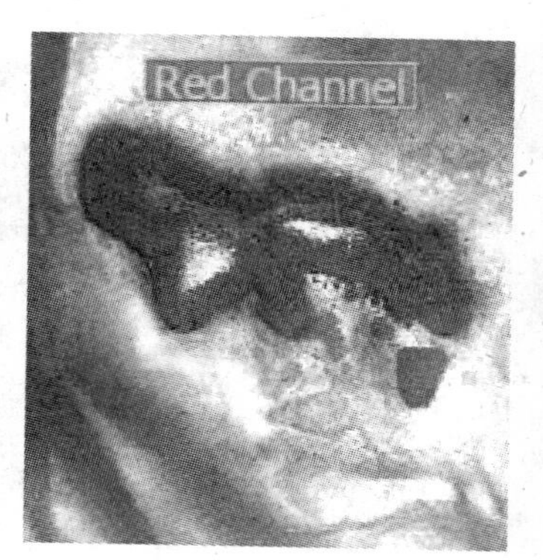

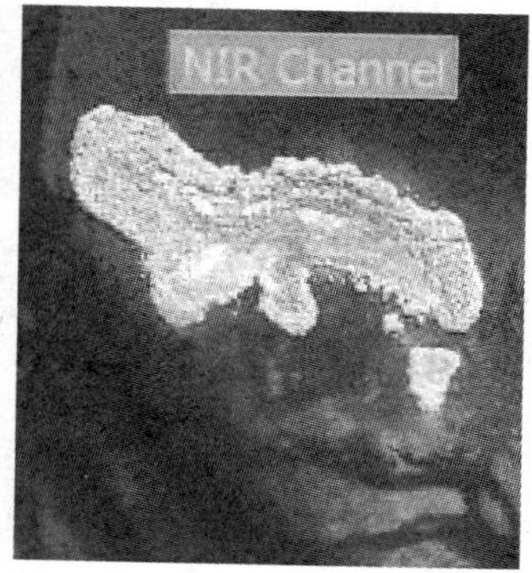

图 4.4　红树林在绿、红、近红外波段图像上的色调特征

⑤阴影：由于地物高度的变化，阻挡太阳光照射而产生了阴影，如图 4.5 所示。根据阴影形状、大小可判读物体的性质或高度，如航空像片判读时利用阴影可以了解铁塔及高

图 4.5　阴影(金字塔、立交桥)

层建筑物等的高度及结构。阴影会对目视判读产生相互矛盾的影响。一方面，人们可以利用阴影的立体感，判读地形地貌特征。在大比例尺图像上，还可利用阴影判读物体的侧视图形，根据落影的长度和成像时间的太阳高度角测量物体的高度、单株树木的干粗等。另一方面，阴影区中的物体不易判读，甚至根本无法判读。

⑥位置：指地物存在的地点和所处的环境，如图4.6和图4.7所示。目标地物与其周围地理环境总是存在着一定的空间联系，因而它是判断地物属性的重要标志。例如，造船厂要求设置在江、河、湖、海附近，不会在没有水域的地方出现；公路与沟渠相交一般都有桥涵相连。特别是组合目标，它们的每一个组成单元都是按一定的关系位置配置的。如火力发电厂由燃料场、主厂房、变电所和散热设备所组成；导弹基地则一般由发射场、储备库和组装车间、控制中心等组成。因此，了解地物间的位置有利于识别集团目标的性质和作用。在军事目标判读中，位置可以判断军事基地类型、部队的兵种、建制等。

图4.6　桥梁与水系、居民地与道路

图4.7　水电站、核电站

位置特征有利于对一些影像较小的地物或地物很小而没有成像的地物的判读。例如，草原上的水井，有的影像很小或没有影像，不能直接判读，但可以根据多条小路相交于一处来识别；又如当田间的机井房没有影像时，可以根据机井房和水渠的相关位置来判读。

⑦图案：指目标地物有规律地组合排列而形成的图案，如图4.8所示。它可以反映出各种人造地物和天然地物的特征，如农田的垄、果树林排列整齐的树冠等，各种水系类型、植被类型、耕地类型等也都有其独特的图形结构。

图4.8 农田的垄、果园、阔叶林

⑧纹理：指图像上细部结构以一定频率重复出现，是单一特征的集合，如图4.9所示。组成纹理的最小细部结构称为纹理基元，纹理反映了图像上目标地物表面的质感。纹理特征有光滑的、波纹的、斑纹的、线性的和不规则的等。例如，航空像片上农田呈线条带状纹理，草地及牧场看上去像天鹅绒一样平滑，阔叶林看上去呈现粗糙的簇状特征，坟看上去呈弧形的特征。纹理可以作为区别地物属件的重要依据。

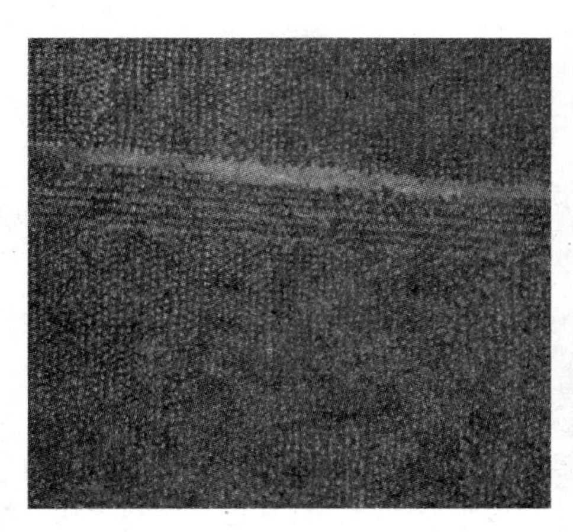

图4.9 森林、坟地

2. 间接判读标志

判读时除运用上述直接判读标志外，还应充分利用反映事物之间相互关系的各种间接判读标志。间接判读标志是指根据地物间相互的内在联系以及相关关系，通过分析推断来辨认地物的那些影像特征。它是通过与之有联系的其他地物在图像上反映出来的特征，推断地物的类别属性。例如，不同的植物群落具有不同的生态环境，有时可以通过判读地形(如沼泽、沙地、平原、丘陵、山地、高山等)来粗略推断植被类型。又如从地貌特征可推断分析出相应的土壤属性及特征，影像上所反映出的地貌影像特征，即可作为土壤判读的间接判读标志。在像片上泉水的影像呈线状排列分布，依照泉水与地质断层的内在联系，即可推断出此地段有隐伏断层的存在，呈线状排列分布的泉水影像特征即成为识别断层的间接判断标志。实际工作中，间接判读标志与直接判读标志不是独立分开的，而只是相对的概念，既有区别又有联系，常因判读对象不同而相互转化。图 4.10 为利用间接判读标志识别地物的示例。

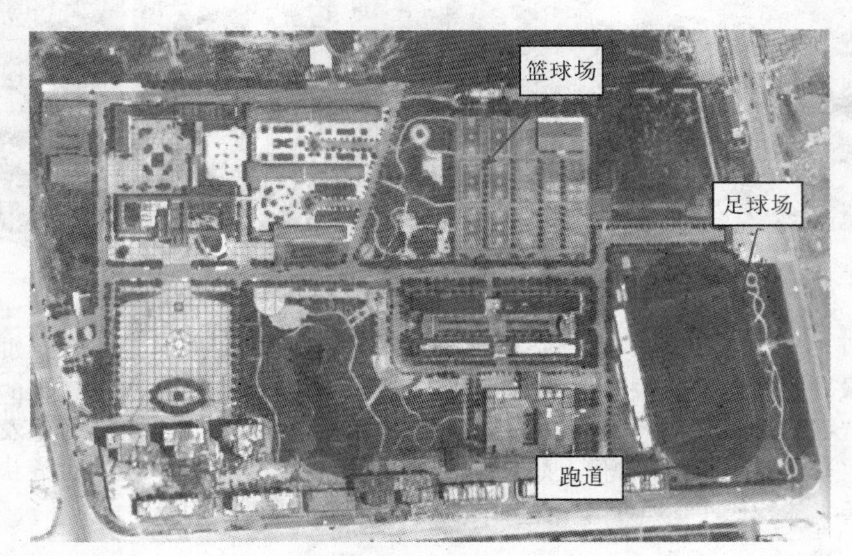

图 4.10 学校

4.1.3 一般地物的判读

航空像片和卫星影像都可以通过目视判读来解译，方法是使用不同地物的判读标志，确定影像对应的地物。

一般地物，如水体、城市、道路、农业用地、林地等的判读标志主要是影像的形状和色调特征，见表 4.1。

1. 居民地的判读

居民地多为矩形和较规则的几何图形的组合，影像色调取决于该居民地建筑物屋顶的材料性质，若为混凝土屋顶，色调为浅白色；若为砖瓦屋顶，红瓦色调比青灰瓦要浅。城市居民地的特点是街道网规则，房屋高大，往往有公园、车站、广场等公共建筑物，并有较多的工厂、仓库、烟囱等地物。

2. 道路网的判读

道路可分为铁路、公路、机耕路、小路等。铁路影像呈灰黑色带状，弯曲半径很大，多数路线平直，并有交叉道、车站及附属建筑物，在立体镜下观察有路基。公路坚实而对光反射能力较强，呈白色或浅色调，但沥青路面呈灰色带状，和铁路比较，转弯处半径要小一些，立体镜下往往发现有排水沟和行道树。农村的机耕路、乡间小路，通常不规则，宽度也不等，干燥时，影像呈白色细带状；雨后含水量大时，可能影像要暗一些，呈灰色的细带状。

3. 水系的判断

河流影像呈黑色或深灰色，通常水越深色调越黑，河边往往因为有白色的沙地而反光能力强，影像呈白色，有些河流在立体镜下可以观察到。水渠呈直线而整齐的暗色调，没有水的干渠道影像呈灰白色。

4. 农业用地和森林的判读

耕地一般为方形，有田埂及小路。水稻田影像色调较深，旱地色调浅，沙土呈白色，梯田有它特有的几何形状。农田色调随农作物的生长情况而变化。森林为有轮廓的深暗色图形，色调不均匀，呈现颗粒影像。

表 4.1 **一般地物的判读标志**

类型	形状特征	色调特征
河流	常为界限明显、自然弯曲、宽窄不一的带状，上面常有堤坝、桥梁等人工建筑	河水比较浑浊或水较浅，则色调较浅；河水清澈或水较深，则色调较深
湖泊	湖岸呈自然弯曲的闭合曲线，轮廓明显	常为均匀的深色调
城市	钢筋水泥结构的房屋排列较规则整齐，砖木结构的房屋排列不很规则	钢筋水泥结构的房屋色调多为浅灰，砖木结构的房屋色调多为深灰
道路	一般呈线状延伸，道路间有交叉点	色调从浅灰到深灰，简易公路多为沙石路面，色调较浅，沥青路面呈深灰色
农业用地	常被道路分隔为一个个长方形	在假彩色合成影像上，农业用地呈现红到深红颜色
林地	常可以观察到高大树木投下的阴影	在假彩色合成影像上，林地呈现出红到深红颜色

4.1.4 应用判读标志应注意的问题

上述判读标志是遥感图像目视判读中经常用到的基本标志。由于遥感图像种类较多，投影性质、波普特征、色调色彩和比例尺等存在差异，故利用上述判读标志时应区分不同遥感图像的特点，在具体应用时必须注意一些问题。

1. 彩色红外图像

这种像片的色彩与自然景物的色彩不同。从地物反射辐射的光谱特性曲线可知，健康的植物是绿色的，由于它大量地反射近红外辐射，像片上的影像呈红色或品红色。有病虫害的植物，由于降低了红外反射，像片上的影像呈现暗红色或黑色。水体由于对红外辐射有较高的吸收性，像片上的影像呈现蓝色——暗蓝色或黑色。而沙土由于对绿光或红外光谱波段没有明显的选择反射，像片上的影像呈白色或灰白色。

2. 假彩色合成图像

这种像片本身就是根据判读对象和要求，以突出判读内容为目的的像片，其影像色彩都是人为合成的。因此，应用这种像片判读，必须了解假彩色合成图像生成机制，以便建立起景物色彩与影像色彩相对应的判读标志。图4.11为山区假彩色合成图像。

图4.11 TM4(红)、3(绿)、2(蓝)假彩色合成图像

3. 热红外图像

这种像片的影像形状、大小和色调(或色彩)与地物的发射辐射有关，地物发射辐射能与绝对温度有关，同一性质的物体(如冷水和热水)，由于温度不同，其影像色调(或色彩)也不同。影像的形状和大小只能说明物体热辐射的空间分布，不能反映物体真实的形状和大小。例如，起飞后飞机尾部排出热辐射的影像形状和大小就不是飞机的真正形状和大小。图4.12为城市热岛效应图像。

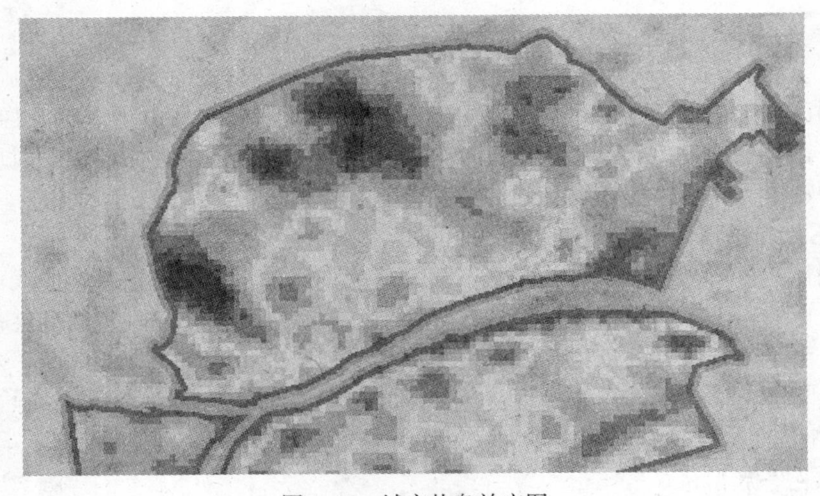

图4.12 城市热岛效应图

4. 雷达图像

雷达图像是多中心斜距投影的侧视图像，具有与其他遥感图像不同的一些特点。这些特点主要是：图像比例尺的变化使图像产生明显的失真，如一块正方形的农田会变成菱形；雷达图像具有透视收缩的特点，即在图像上量得地面斜坡的长度比实际长度要短；当雷达波束俯角与高出地面目标的坡度角之和大于90°时，雷达图像将产生叠掩现象，即相对于飞行器的前景将出现在后景之后，如广场上一旗杆，在雷达图像上表现为顶在前、底在后的一小段，这与航空摄影中旗杆的影像正好相反；此外，在雷达图像上还会出现雷达阴影，即雷达波束受目标阻挡时，由于目标背面无雷达反射波而出现暗区。雷达图像的上述特点在目视判读中必须予以充分注意。图4.13为天气雷达影像。天气雷达是透过量度从雨点反射回来的信号强弱来探测大气中的降雨。信号的强弱取决于多种因素。一般来说，雨点越大越多，反射信号越强。天气雷达偶然会接收到并非来自降雨的反射信号，包括来自云、树木、建筑物、山、海浪等物体的反射。这些信号会出现在雷达图像上，判读图像时请留意区分。

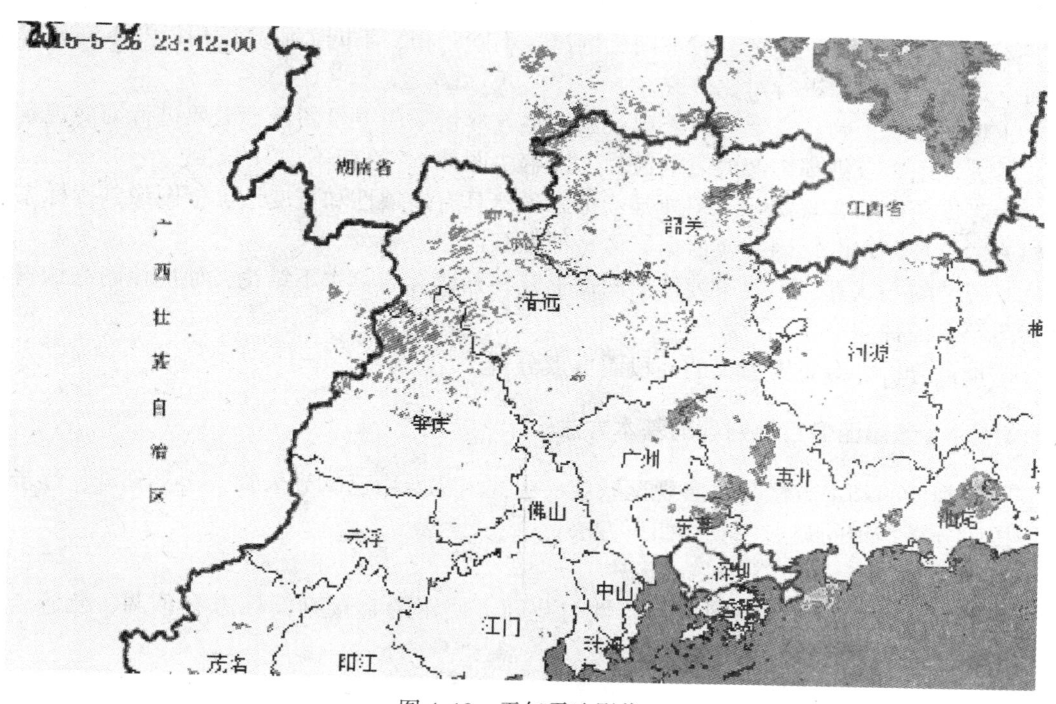

图4.13 天气雷达影像

此外，在应用判读标志时，还必须注意图像的投影性质。中心投影的图像是按一定比例尺缩小了地面景物，影像与地物具有相似性。MSS和TM扫描图像是多中心动态投影，其图像具有“全景畸变”，随着扫描角度的增大，图像比例尺逐渐缩小，边缘的图像变形十分突出。当应用这种未经几何校正的图像判读时，就不能机械地使用形状和大小的标志。

4.2 遥感图像目视判读的原则、方法和步骤及其应用

4.2.1 遥感图像目视判读的原则

遥感影像目视判读的一般顺序是先宏观后微观，先整体后局部；先已知后未知，先易后难等。例如，在中小比例尺像片上通常首先判读水系，确定水系的位置和流向，其次根据水系确定分水岭的位置，区分流域范围，再次判读大片农田的位置、居民点的分布和交通道路。在此基础上，最后进行地质、地貌等专门要素的判读。图像判读时，一般应遵循以下原则：

①总体观察。从整体到局部对遥感图像进行观察。

②综合分析。应用航空和卫星图像、地形图及数理统计等手段，参考前人调查资料，结合地面实况调查和地学相关分析方法进行图像判读标志的综合分析，使判读出的界线和类型的结论具有唯一性、可靠性。

③对比分析。将不同平台、不同比例尺、不同时相、不同太阳高度角以及不同波段或不同方式组合的图像进行对比研究。

④观察方法正确。需要进行宏观观察的地方尽量采用卫星图像，需要进行细部观察的地方尽量采用具有细部影像的航空像片，以解决图像上“见而不识”的问题。

⑤尊重图像的客观实际。图像判读标志虽然具有地域性和可变性，但图像判读标志间的相关性却是存在的，因此应依据影像特征做解译。

⑥解译耐心认真。不能单纯依据图像上几种判读标志草率下结论，而应该耐心认真地观察图像上各种微小变异。

⑦重点分析。有重要意义的地段需重点分析。

4.2.2 遥感图像目视判读的基本方法

图像判读的基本方法是由宏观至微观、由浅入深、由已知到未知、由易到难，逐步展开。按照分析推理的观点一般有如下方法：

1. 直接判读法

根据判读标志，直接识别地物属性与范围。使用的直接判读标志有色调、色彩、大小、形状、阴影、纹理、图案等。

2. 对比分析法

由于地物在不同时相、不同波段、不同传感器的影像中的表现形式不同，利用典型样片或多时相、多光谱的像片和彩色像片，进行对比分析判读。通过与典型样片图像的分析对比，解译出目标类别。例如，同类地物对比分析法、空间对比分析法、时相动态对比法。同类地物对比分析法是在同一景遥感影像图上，由已知地物推出未知目标地物的方法。空间对比分析法是根据待判读区域的特点，判读者选择另一个熟悉的与遥感图像区域特征类似的影像，将两个影像相互对比分析，由已知影像为依据判读未知影像的一种方法。时相动态对比法是利用同一地区不同时间成像的遥感影像加以对比分析，了解同一目标地物动态变化的一种解译方法。

3. 信息复合法

利用透明专题图或透明地形图与遥感图像复合，根据专题图或者地形图提供的多种辅助信息，识别遥感图像上目标地物。

4. 综合推理法

综合考虑遥感图像的多种解译特征，结合生活常识，分析推断某种目标地物。例如，铁道延伸到大山脚下突然中断，可以推断有铁路隧道通过山中。

5. 地理相关分析法

根据地理环境中各种地理要素之间的相互依存、相互制约的关系，借助专业知识，分析推断某种地理要素性质、类型、状况与分布。例如，桥梁与河流共存，码头都建在河流或湖泊边上，飞机在机场上等。

上述各种判读方法在具体运用中不可能完全分割开，而是交错在一起，只能是在某一解译过程中，某一方法占主导地位而已。

4.2.3 遥感图像目视判读的步骤

遥感影像判读可能有不同的应用目的，有的要编制专题图，有的要提取某种有用信息和进行数据估算，但判读程序基本相同。

遥感影像目视判读是一项认真细致的工作，判读人员必须遵循一定的行之有效的基本程序与步骤，才能更好地完成判读任务。一般认为，遥感图像目视判读分为以下 5 个阶段。

1. 准备工作

遥感图像反映的是地球表层信息，由于地理环境的综合性和区域性的特点，以及受大气吸收与散射影响等，遥感影像有时存在同物异谱或异物同谱现象，使得遥感图像目视判读存在着一定的不确定性和多解性。为了提高目视判读质量，需要认真做好目视判读前的准备工作。一般来说，准备工作包括：明确判读任务与要求，收集与分析有关资料，根据影像的获取平台、成像方式、成像日期、季节、影像比例尺、空间分辨率等选择合适的波段与恰当时相的遥感影像，同时收集地形图和各种有关的专业图件，以及文字资料。

2. 初步判读，建立判读标志

初步判读的主要工作包括路线踏勘、制定判读对象的专业分类系统和建立判读标志。首先，根据要求进行判读区的野外考察，具体了解判读对象的时空分布规律、实地存在状态、基本性质特征以及在影像上的表现形式。然后，根据判读目的和专业理论，制定出判读对象的分类系统及制图单位。同时，根据影像特征，即形状、大小、阴影、颜色、色调、纹理、图案、位置等建立影像和实地目标物之间的对应关系。

3. 室内判读

根据建立的判读标志，遵循一定的判读原则和步骤，充分运用判读方法，在遥感图像上按照判读目的和精度要求进行判读。勾绘类型界限，标注地物类别，形成判读草图。

4. 野外验证与补判

室内目视判读的初步结果需要进行野外验证，以检验目视判读的质量和判读精度。对于详细判读中出现的疑难点、难以判读的地方则需要在野外验证过程中补充判读。

5. 遥感图像成果的转绘与制图

遥感图像目视判读成果，一般以专题图或遥感影像图的形式表现出来。将经过修改的草图审查、拼接，准确无误后着墨上色形成判读原图，然后将判读原图上的类型界限转绘到地理地图上，得到转绘草图；在转绘草图上进行地图编绘，着墨整饰后得到编绘原图；最后清绘得到符合要求的专题地图。将判读过程和野外调查、室内测量得到的所有资料整理编目，最后进行分析总结并编写说明报告。

4.2.4 遥感图像目视判读的应用

1. MSS影像目视判读

MSS影像为多光谱扫描仪（MultiSpectral Scanner，MSS）获取的影像，它具有4个波段，2个波段为可见光波段，2个波段为近红外波段。第一颗至第三颗地球卫星（Landsat）上还提供热红外波段影像，这个波段称为第8波段。热红外波段使用不久，就因仪器操作上的问题而关闭了，因此，Landsat提供的热红外波段影像并不多。MSS影像主要应用范围见表4.2。

表4.2 **MSS影像主要应用范围**

波段序号	波段名称	地面分辨率（m）	主要应用范围
4	绿色波段	79	对水体有一定的投射能力，在清洁的水体中透射深度可达10~20m，可以判读浅水地形和近海海水泥沙。由于植被波谱在绿色波段有一次反射峰，可以探测健康植被在绿色波段的反射率
5	红色波段	79	可反映河口区海水团涌入淡水的情况，对海水中的泥沙流、河流中的悬浮物质与河水浑浊度反映明显，可区分沼泽地和沙地，可以利用植物绿色素吸收率进行植物分类。此外，该波段可用于城市研究，对道路、大型建筑工地、砂砾场和采矿区反映明显，在绿色波段各类岩石反射波谱更容易穿过大气层被传感器接收，也可用于地质研究
6	近红外波段	79	植被在此波段有强烈的反射峰，可区分健康与病虫害植被。水体在此波段上具有强烈的吸收作用，水体呈暗黑色，含水量多的土壤为深色调，含水量少的土壤色调较浅，水体与湿地区分明显
7	近红外波段	79	植被在此波段有强烈的反射峰，可用来测定生物量和监测作物长势，水体吸收率高，水体和湿地色调更深，海陆界限清晰。第7波段可用于地质研究，划分大型地质体的边界，区分规模较大的构造形迹或岩体
8	热红外波段	240	该波段可以监测地物热辐射与水体的热污染，根据岩石与矿物的热辐射特性可以区分一些岩石与矿物，并可用于热制图

2. TM 影像目视判读

TM 影像为专题绘图仪(Thematic Mapper, TM)获取的遥感图像。从 Landsat-4 起,陆地卫星增加了专题绘图仪。TM 在光谱分辨率、辐射分辨率和地面分辨率方面都比 MSS 有较大改进。在光谱分辨率方面,TM 采用 7 个波段来记录目标地物信息,与 MSS 相比,它增加了 3 个新波段,1 个为蓝色(蓝绿)波段,1 个为短波红外波段,1 个为热红外波段,根据 MSS 数据使用的经验与光谱适用范围研究结果,TM 在波长范围与光谱位置上都作了调整。在辐射分辨率方面,TM 采用双向扫描,改进了辐射测量精度,目标地物模拟信号经过模/数转换,以 256 级辐射亮度来描述不同地物的光谱特性,一些在 MSS 中无法探测出的地物电磁辐射的细小变化,可以在 TM 波段内观测到。在地面分辨率方面,TM 瞬间视场角对应的地面分辨率为 30m(第 6 波段除外)。1999 年 4 月 15 日发射的 Landsat-7,又增加了分辨率为 15m 的全色波段(PAN 波段)图像,并把第 6 波段的图像分辨率从 120m 提高到 60m。TM 影像主要应用范围见表 4.3。

表 4.3 **TM 影像主要应用范围**

波段序号	波长范围(μm)	波段名称	地面分辨率(m)	主要应用范围
1	0.45~0.52	蓝色	30	对水体有一定的透视能力,能够反射浅水水下特征,区分土壤和植被,编制森林类型图,区分人造地物类型
2	0.52~0.60	绿色	30	探测健康植被绿色反射率,区分植被类型和评估作物长势,区分人造地物类型,对水体有一定的透射能力
3	0.63~0.69	红色	30	测量植物绿色素吸收率,并依此进行植物分类,可区分人造地物类型
4	0.76~0.90	近红外	30	测量生物量和作物长势,区分植被类型,绘制水体边界,探测水中生物的含量和土壤湿度
5	1.55~1.75	短波红外	30	探测植物含水量和土壤湿度,区别雪和云
6	10.4~12.5	热红外	60	探测地表物质自身热辐射,用于热分布制图、岩石识别和地质探矿
7	2.08~2.35	短波红外	30	探测高温辐射源,如监测森林火灾,火山活动等,区分人造地物类型
8	0.52~0.90	全色	15	适用于农业、林业和草场资源调查,土地利用制图和土地分类,城市扩展监测,地貌制图与区域构造分析,水资源与海岸资源调查等

3. 城市遥感绿化的判读

绿化遥感是通过使用现代测绘、网络及计算机、RS、GIS、GPS 等新技术新方法，按照统一的技术标准，全面查清建成区范围内的绿地及绿化覆盖状况，统计各项指标数据，分析其空间分布情况，结合城市热岛效应分析数据，检验城市绿地系统规划执行情况、城市绿化及生态环境建设情况，为城市发展总体规划、“一大四小”工程建设、政府有关部门决策提供科学依据。

城市绿化覆盖范围包括各类绿地(公园绿地、附属绿地、防护绿地、生产绿地、其他绿地)的实际绿化种植覆盖范围(含被绿化种植包围的水面)、屋顶绿化覆盖范围以及零散树木的覆盖面。

(1)公园绿地

公园绿地是指向公众开放，以游憩为主要功能，兼具生态、美化、防灾等作用的绿地。

判读标志：参照公园设计资料、绿地系统设计图件确定公园名称，颜色以墨绿色或绿色为主，形态上多以云朵状的乔木林和面状分布的花草地为主，有一定的艺术布局，规模较大，多有水域点缀其中，而人工建筑物分布稀疏。图 4.14 为县城公园绿地分布图。

图 4.14 县城公园绿地分布图(图中红色线是建成区范围线)

(2)附属绿地

附属绿地是指居住用地、公共设施用地、工业用地、仓储用地、对外交通用地、道路、广场用地、市政设施用地和特殊用地中的绿地。

判读标志：颜色以墨绿色或浅绿色为主，分布于建筑物之间有规律地排列，既有云朵状树冠的乔木，也有线状、环状或面状的草地或灌木花草地。图4.15所示为县城建成区附属绿地分布图。

图4.15 县城建成区附属绿地分布图(图中红色线是建成区范围线)

(3)防护绿地

防护绿地是指具有卫生、隔离和安全防护功能的绿地，包括卫生隔离带、道路防护绿地、城市高压走廊绿带、防风林、城市组团隔离带等。

判读标志：形态上呈现带(线)状排列，色彩以深绿色为主。如道路绿化用地主要分布于街道或路的两旁或中间，有规律地沿街道或道路呈规则的线状或带状延伸，如图4.16所示。

(4)生产绿地

生产绿地是指为城市绿化提供苗木、花草、种子的苗圃、花圃、草圃等。

判读标志：呈现绿色，几何形态比较规则，同时由县城住建局提供相关划定资料协助确认，如图4.17所示。

(5)其他绿地

其他绿地是指对城市生态环境质量、居民休闲生活、城市景观和生物多样性保护有直

图4.16 建成区防护绿地分布图(图中红色线是建成区范围线)

图4.17 建成区生产绿地分布图(图中红色线是建成区范围线)

接影响的绿地。包括风景名胜区、水源保护区、郊野公园、森林公园、自然保护区、风景林地、城市绿化隔离带、野生动植物园、湿地、垃圾填埋场恢复绿地等。

判读标志：一般为城市中间或外围的大片绿地，可结合影像周围环境加以判断，如图4.18所示。

图4.18 建成区其他绿地分布图(图中红色线是建成区范围线)

习题与思考题

1. 什么是遥感图像的目视判读？
2. 什么是直接判读标志？其一般包括哪些内容？什么是间接判读标志？
3. 遥感目视判读的方法主要有哪些？
4. 简述遥感影像目视判读的具体步骤。

第 5 章 遥感图像的分类

☞学习目标

本章主要介绍遥感数字图像计算机分类的基本原理，重点介绍图像的监督法和非监督法分类原理、过程以及分类后处理，结合其他信息提高分类精度。通过本章的学习，能够应用遥感图像处理软件 ERDAS IMAGING 进行图像的监督法和非监督法分类及分类后的后处理和精度分析工作。

5.1 遥感数字图像分类的基本原理

遥感图像的计算机分类，是模式识别技术在遥感技术领域中的具体运用。遥感图像的计算机分类，就是对地球表面及其环境在遥感图像上的信息进行属性的识别和分类，从而达到识别图像信息所相应的实际地物，提取所需地物信息的目的。与遥感图像的目视判读技术相比较，它们的目的是一致的，但手段不同，目视判读是直接利用人类的自然识别智能，而计算机分类是利用计算机技术来人工模拟人类的识别功能。

5.1.1 遥感数字图像计算机分类的基本原理

自然界中不同类型的地物具有不同的电磁波谱特性，遥感数字图像中像元的不同数值(亮度值)反映了相应地物的波谱特性。

通过计算机对图像像元数值的统计、运算、对比和归纳，对像元进行分类，即可达到对地物的自动识别，这种技术处理称为遥感数字图像分类。其依赖统计模式识别，提取待识别模式的一组统计特征值，然后按照一定准则作出分类决策。

遥感图像分类中所用统计特征变量有全局统计特征变量和局部统计特征变量。全局统计特征变量是将整个数字图像作为研究对象，从整个图像中获取或进行变换处理后获取变量；局部统计特征变量是将数字图像分割为不同识别单元，在各单元内分别抽取的统计特征变量(如描述纹理的特征量)。例如，1~7 波段亮度值是特征变量 x_1，x_2，…，x_7；组合运算也可产生特征变量。

①变量能反映分类特征的区别。

将人分为婴儿、儿童……要选择特征变量“年龄”，而不是身高、体重、性别、民族等波段 1~7 分别反映对不同波段的反射率差异，但如果进行热分布制图，主要依据热红外波段 6，而不用其他波段值。

②如果有几个特征变量，尽可能使其区分不同的特征。

如通过主成分变换，将相互之间存在相关性的原始波段遥感图像转换为相互独立的多波段新图像，变换后的信息集中于前几个组分的图像上，实现特征空间将维压缩的目的。

理想状况的同物同谱(同亮度)是指多维空间中聚于一点，分类实质上是划分多维特征空间，每个子空间(区域)相当于某一类地物集合。

参与分类的多个特征量(向量)所定义的空间，称为特征空间，例如，2个波段定义的2维特征空间，3个波段定义的3维特征空间，等等。

遥感图像计算机分类的依据是遥感图像像素的相似度。常使用距离和相关系数来衡量相似度。采用距离衡量相似度时，距离越小相似度越大。采用相关系数衡量相似度时，相关程度越大，相似度越大。

例如，已知分类标准：类别婴儿0~2，平均1岁；儿童3~9，平均6岁；少年依次类推；问：8岁的人是哪一类?

混合距离发现，离儿童平均年龄6岁差值2，最接近，所以是“儿童”类。

5.1.2 遥感图像分类的工作流程

遥感数字图像计算机分类工作流程如下：

①首先明确遥感图像分类的目的及其需要解决的问题，在此基础上根据应用目的选取特定区域的遥感数字图像，图像选取中应考虑图像的空间分辨率、光谱分辨率、成像时间、图像质量。

②根据研究区域，收集与分析地面参考信息与有关数据。为提高计算机分类的精度，需要对数字图像进行辐射校正和几何纠正(这部分工作也可能由提供数字图像的卫星地面站完成)。

③对图像分类方法进行比较研究，掌握各种分类方法的优缺点，然后根据分类要求和图像数据的特征，选择合适的图像分类方法和算法。根据应用目的及图像数据的特征制定分类系统，确定分类类别，也可通过监督分类方法，从训练数据中提取图像数据特征，在分类过程中确定分类类别。

④找出代表这些类别的统计特征。

⑤为了测定总体特征，在监督分类中可选择具有代表性的训练场地进行采样，测定其特征。在无监督分类中，可用聚类等方法对特征相似的像素进行归类，测定其特征。

⑥对遥感图像中各像素进行分类，包括对每个像素进行分类和对预先分割均匀的区域进行分类。

⑦分类精度检查。在监督分类中把已知的训练数据及分类类别与分类结果进行比较，确认分类的精度及可靠性。在非监督分类中，采用随机抽样方法，分类效果的好坏需经实际检验或利用分类区域的调查材料或专题图进行核查。

⑧对判别分析的结果统计检验。

5.2 遥感图像非监督分类

5.2.1 非监督分类的概念

非监督分类是指人们事先对分类过程不施加任何的先验知识，而仅凭数据遥感影像地物的光谱特征的分布规律，即自然聚类的特性，进行“盲目”的分类；其分类的结果只是对不同类别达到了区分，但并不能确定类别的属性；其类别的属性是通过分类结束后目视判读或实地调查确定的。非监督分类也称聚类分析。一般的聚类算法是先选择若干个模式点作为聚类的中心。每一中心代表一个类别，按照某种相似性度量方法(如最小距离方法)将各模式归于各聚类中心所代表的类别，形成初始分类。然后由聚类准则判断初始分类是否合理，如果不合理就修改分类，如此反复迭代运算，直到合理为止。

5.2.2 非监督分类的方法

非监督分类的方法是边学习边分类，通过学习找到相同的类别，然后将该类与其他类区分开，但是非监督法与监督法都是以图像的灰度为基础。通过统计计算一些特征参数，如均值、协方差等进行分类。所以也有一些共性，下面介绍两种常用的聚类非监督分类方法。

1. *K*-均值算法的聚类分析

K-均值算法的聚类准则是使每一聚类中，多模式点到该类别的中心的距离的平方和最小。其基本思想是：通过迭代，逐次移动各类的中心，直至得到最好的聚类结果为止。其算法框图如图5.1所示。

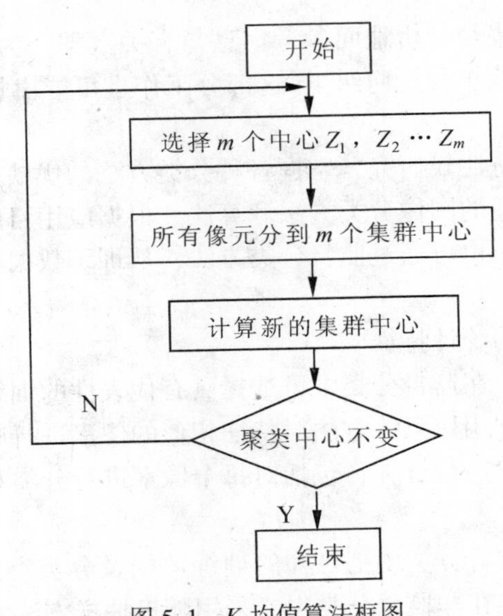

图5.1 *K*-均值算法框图

具体计算步骤如下：

假设图像上的目标要分为 K 类别，K 为已知数。

第1步：适当地选取 m 个类的初始中心 $Z_1(1)$，$Z_2(2)$，……$Z_m(m)$，初始中心的选择对聚类结果有一定的影响，初始中心的选择一般有如下两种方法：根据问题的性质，根据经验确定类别数 m，从数据中找出从直观上看起来比较适合的 m 个类的初始中心；将全部数据随机地分为 m 个类别，计算每类的重心，将这些重心作为 m 个类的初始中心。

第2步：在第 K 次迭代中，对任一样本 X 按如下的方法把它调整到 m 个类别中的某

一类别中去。对于所有的 $i \neq j$，$i=1, 2, \cdots, m$，如果 $\| \boldsymbol{X}-\boldsymbol{Z}_j^{(k)} \| < \| \boldsymbol{X}-\boldsymbol{Z}_i^{(k)} \|$，则 $\boldsymbol{X} \in \boldsymbol{S}_j^{(k)}$，其中 $\boldsymbol{S}_j^{(k)}$ 是以 $\boldsymbol{Z}_j^{(k)}$ 为中心的类。

第 3 步：由第二步得到 $\boldsymbol{S}_j^{(k)}$ 类新的中心 $\boldsymbol{Z}_j^{(k+1)}$

$$\boldsymbol{Z}_j^{(k)} = \frac{1}{N_j} \sum_{x \in S_j^{(k)}} X$$

式中：$\boldsymbol{N}_j$ 为 $\boldsymbol{S}_j^{(k)}$ 类中的样本数。$\boldsymbol{Z}_j^{(k+1)}$ 是按照使 J 最小的原则确定的，J 的表达式为：

$$J = \sum_{j=1}^{m} \sum_{x \in S_j^{(k)}} \| \boldsymbol{X}-\boldsymbol{Z}_i^{(k)} \|^2$$

第 4 步：对于所有的 $i=1, 2, \cdots, m$，如果 $\boldsymbol{Z}_j^{(k+1)} = \boldsymbol{Z}_j^{(k)}$，则迭代结束，否则转到第 2 步继续进行迭代。

这种算法的结果受到所选聚类中心的数目和其初始位置以及模式分布的几何性质和读入次序等因素的影响，并且在迭代过程中又没有调整类数的措施，因此可能产生不同的初始分类得到不同的结果，这是这种方法的缺点；但可以通过其他的简单的聚类中心试探方法，如最大最小距离定位法，来找出初始中心，提高分类效果。

2. ISODATA 算法聚类分析

ISODATA(Iterative Self-Organizing Data Analysis Techniques Algorithm)算法也称为迭代自组织数据分析算法。它与 K-均值算法有两点不同：第一，它不是每调整一个样本的类别就重新计算一次各类样本的均值，而是在每次把所有样本都调整完毕之后才重新计算一次各类样本的均值，前者称为逐个样本修正法，后者称为成批样本修正法；第二，ISODATA 算法不仅可以通过调整样本所属类别完成样本的聚类分析，而且可以自动地进行类别的“合并”和“分裂”，从而得到类数比较合理的聚类结果。

ISODATA 算法过程框图如图 5.2 所示。

其中具体算法步骤如下：

第 1 步：将 N 个模式样本 $\{\boldsymbol{X}_i, i=1, 2, 3, \cdots, N\}$ 读入。

预选 N_c 个初始聚类中心 $\{\boldsymbol{Z}_1, \boldsymbol{Z}_2, \cdots, \boldsymbol{Z}_{Nc}\}$，它可以不必等于所要求的聚类中心的数目，其初始位置亦可从样本中任选一些代入。

预选：K=预期的聚类中心数目；

θ_N=每一聚类域中最少的样本数目，即若少于此数就不作为一个独立的聚类；

θ_S=一个聚类域中样本距离分布的标准差；

θ_c= 两聚类中心之间的最小距离，如小于此数，两个聚类进行合并；

L =在一次迭代运算中可以合并的聚类中心的最多对数；

I =迭代运算的次数序号。

第 2 步：将 N 个模式样本分给最近的聚类 S_j，假如

$$D_j = \min(\| X - Z_j \|, i = 1, 2, \cdots, N_c),$$

即 $\| X-Z_j \|$ 的距离最小，则 $X \in S_j$。

第 3 步：如果 S_j 中的样本数目 $N_j<\theta_N$，取消该样本子集，这时 N_c 减去 1。

第 4 步：修正各聚类中心值：$Z_j \dfrac{1}{N_j} \sum_{X \in S_j(k)} X$，$j = 1, 2, \cdots, N_c$。

第 5 步：计算各聚类域 S_j 中诸聚类中心间的平均距离。

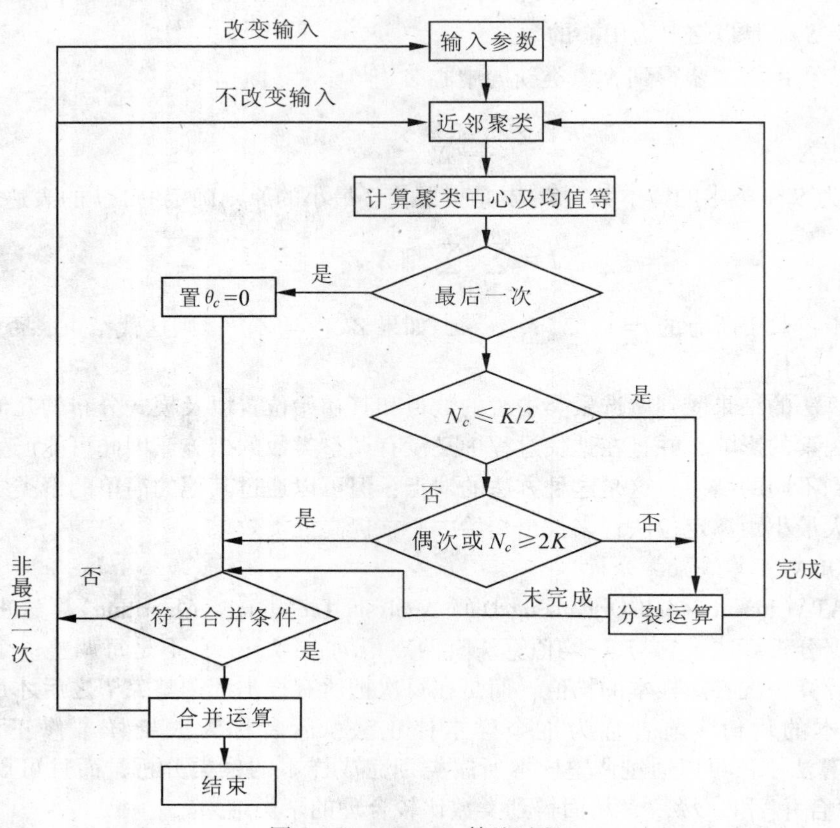

图5.2 ISODATA算法过程

第6步：计算全部模式样本对其相应聚类中心的总平均距离：$\overline{D}=\frac{1}{N}\sum_{j=1}^{N_c}N_j\overline{D}_j$

第7步：判别分裂、合并及迭代运算等步骤：

①如迭代运算次数已达 I 次，即最后一次迭代，置 $\theta_c=0$，跳到第11步，运算结束；

②如 $N_c\leqslant K/2$，即聚类中心的数目等于或不到规定值的一半，则进入第8步，将已有的聚类分裂；

③如迭代运算的次数是偶次，或 $N_c\geqslant 2K$，不进行分裂处理，跳到第11步；如不符合以上两个条件(即既不是偶次迭代，也不是 $N_c\geqslant 2K$，则进入第8步，进行分裂处理。

第8步：计算每聚类中样本距离的标准差向量：

$$\boldsymbol{\sigma}_j=(\boldsymbol{\sigma}_{1j}\boldsymbol{\sigma}_{2j}\cdots\boldsymbol{\sigma}_{x_j})^{\mathrm{T}}$$

其中向量的各个分量为

$$\boldsymbol{\sigma}_{ij}=\sqrt{\frac{1}{N_j}\sum_{X\in S_j}(x_{ij}-z_{ij})^2}$$

式中，维数 $i=1,2,\cdots,n$；聚类数 $j=1,2,\cdots,N_c$。

第9步：求每一标准差向量 $\{\boldsymbol{\sigma}_j,j=1,2,\cdots,N_c\}$ 中的最大分量，以 $\{\boldsymbol{\sigma}_{j\max},j=1,2,\cdots,N_c\}$ 为代表。

第 10 步：在任一最大分量集$\{\boldsymbol{\sigma}_{j\max}, j=1, 2, \cdots, N_c\}$中，如有$\boldsymbol{\sigma}_{j\max}>\theta_s$（该值给定），同时又满足以下两条件中之一：

①$D_j>D$ 和 $N_j>2(\theta_N+1)$，即 S_j 中样本总数超过规定值一倍以上；

②$N_c \leqslant K/2$；

则将 z_j 分裂为两个新的聚类中心 z_j^+ 和 z_j^-，且 N_c 加 1。z_j^+ 中相当于 $\sigma_{j\max}$ 的分量，可加上 $k\boldsymbol{\sigma}_{j\max}$，其中 $0<k\leqslant 1$；z_j^- 中相当于 $\sigma_{j\max}$ 的分量，可减去 $k\sigma_{j\max}$。如果本步完成了分裂运算，则跳回第 2 步；否则，继续合并处理。

第 11 步：计算全部聚类中心的距离：

$$D_{ij} = \| Z_i - Z_j \|, \ (i=1, 2, \cdots, N_c-1; \ j=i+1, 2, \cdots, N_c),$$

第 12 步：比较 D_{ij} 与 θ_c 值，将 $D_{ij}<\theta_c$ 的值按最小距离次序递增排列，即

$$\{D_{i_1 j_1}, D_{i_2 j_2}, \cdots, D_{i_l j_l}\};$$

式中，$D_{i_1 j_1}<D_{i_2 j_2}<\cdots<D_{i_l j_l}$

第 13 步：如将距离为 $D_{i_1 j_1}$ 的两个聚类中心的 z_{i_1} 和 z_{j_1} 合并，得新中心。

第 14 步：如果是最后一次迭代运算（即第 I 次），算法结束。如果需由操作者改变输入参数，则转至第 1 步；如果输入参数不变则转至第 2 步。在本步运算里，迭代运算的次数每次应加 1。至此本算法完。

5.2.3 非监督分类的实施

下面以遥感图像处理软件 ERDAS IMAGING 为例介绍一下遥感图像非监督分类的实施过程。

1. 非监督分类过程

(1)启动非监督分类对话框

方法一：Data Pretation→Unsupervised Classification；

方法二：Classifier 图标→Classification→Unsupervised Classification。

(2)进行非监督分类（图 5.3）。

■ 确定输入文件（Input Raster File），即要被分类的图像。

■ 确定输出文件（Output File），即将要产生的分类图像。

■ 选择生成分类模板文件（Output Signature Set），将产生一个模板文件。

■ 确定分类模板文件（Filename）。

■ 确定聚类参数，两种方法详述如下："Initialize from Statistics"是指由图像文件整体（或其 AOI 区域）的统计值产生自由聚类，分出类别的多少由自己决定；"Use Signature Means"是基于选定的模板文件进行非监督分类，类别的数目由模板文件决定。

■ 确定初始分类数（Number of classes），如输入"8"则表示将分出 8 个类别，实际工作中一般将初始分类数取为最终分类数的两倍以上。

■ 点击"Initializing Options"按钮调出"Fi1e Statistics Options"对话框以设置 ISODATA 的一些统计参数。

■ 点击"Co1or Scheme Options"按钮可以调出"Output Color Scheme Options"对话框，以决定输出的分类图像是彩色的还是黑白的。

■ 前两个选项的设置一般使用缺省值即可。

■ 定义最大循环次数(Maximum Iterations)，最大循环次数是指 ISODATA 重新聚类的最多次数，这是为了避免程序运行时间太长或由于没有达到聚类标准而导致的死循环。一般在应用中将循环次数设置为 6 次以上。

■ 设置循环收敛阈值(Convergence Threshold)，收敛阈值是指两次分类结果相比保持不变的像元所占最大百分比，此值的设立可以避免 ISODATA 无限循环下去。

■ 执行非监督分类，获得一个初步的分类结果。

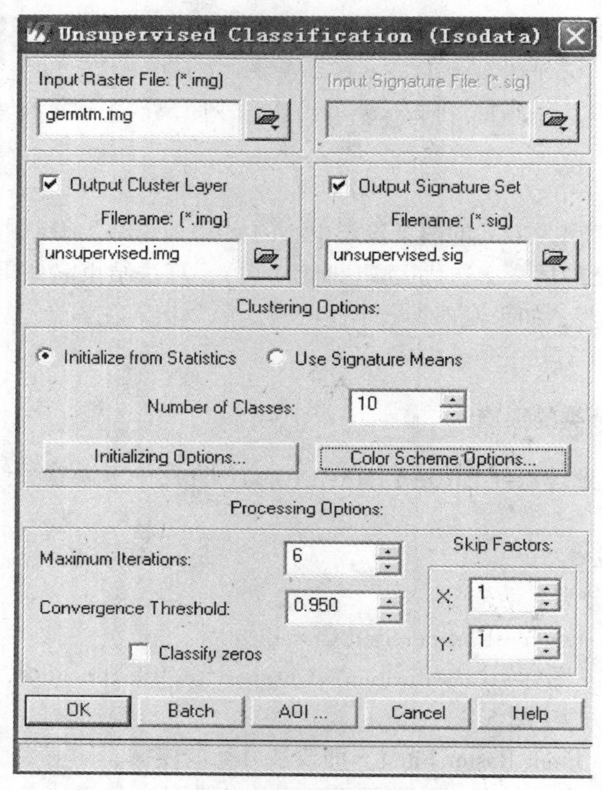

图 5.3 非监督分类对话框

2. 分类评价(Evaluate Classification)

获得一个初步的分类结果以后，可以应用分类叠加(Classification Overlay)方法来评价检查分类精度。其方法如下：

(1)显示原图像与分类图像

在视窗中同时显示原始图像和分类图像，两个图像的叠加顺序为原始图像在下，分类图像在上。

(2)打开分类图像属性并调整字段显示顺序

在视窗工具条中点击图标(或者在“Raster”菜单项下选择“Tools”工具)，打开“Raster”工具面板，并点中工具面板的图标(或者在视窗菜单条单击“Raster”再选中“Attributes”)，从而打开属性表(“Raster Attribute Editor”对话框)。

属性表中的9个记录分别对应产生的8个类及Unclassified类，每个记录都有一系列的字段。如果想看到所有字段，需要用鼠标拖动浏览条，为了方便看到关心的重要字段，需要调整字段显示顺序。

在属性对话框菜单条单击“Edit”，选中“Column Properties”，打开“Column Properties”对话框，如图5.4所示。

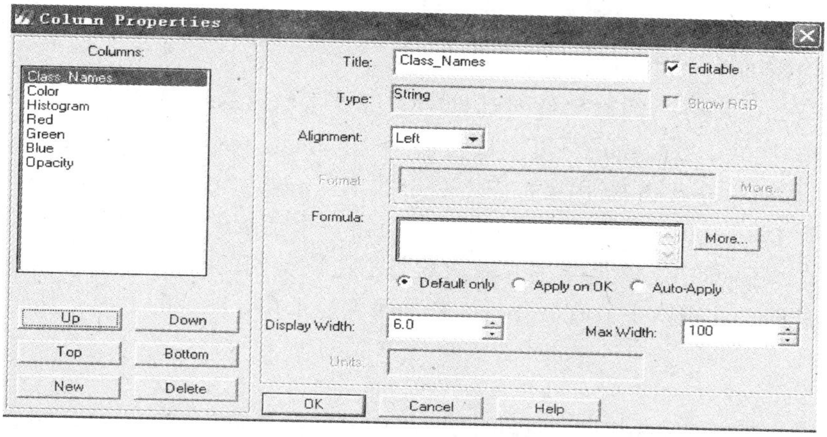

图5.4　属性列表对话框

在Columns中选择要调整显示顺序的字段，通过“Up”、“Down”、“Top”、“Bottom”等几个按钮调整其合适的位置，通过选择“Display Width”调整其显示宽度，通过Alignment调整其对齐方式。如果选择Editable复选框，则可以在Title中修改各个字段的名字及其他内容。

为了后续操作方便，通过属性对话框中字段顺序调整，得到如下显示顺序：Class Names、Opacity、Color、Histogram，如图5.5所示。

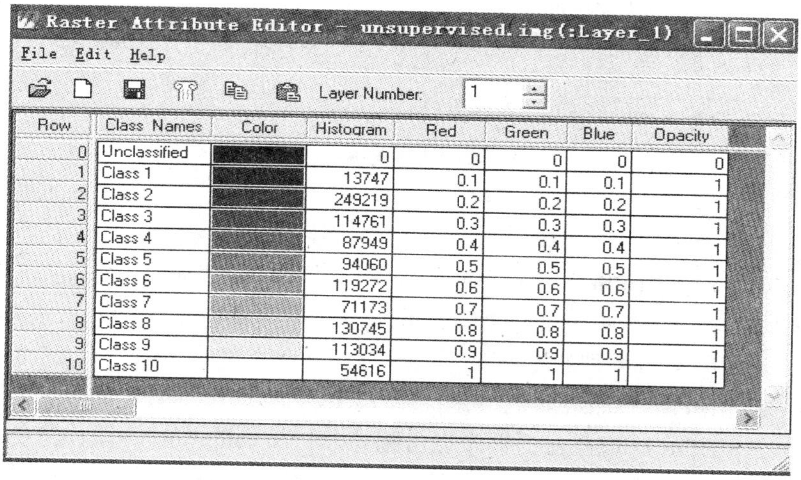

Row	Class Names	Color	Histogram	Red	Green	Blue	Opacity
0	Unclassified		0	0	0	0	0
1	Class 1		13747	0.1	0.1	0.1	1
2	Class 2		249219	0.2	0.2	0.2	1
3	Class 3		114761	0.3	0.3	0.3	1
4	Class 4		87949	0.4	0.4	0.4	1
5	Class 5		94060	0.5	0.5	0.5	1
6	Class 6		119272	0.6	0.6	0.6	1
7	Class 7		71173	0.7	0.7	0.7	1
8	Class 8		130745	0.8	0.8	0.8	1
9	Class 9		113034	0.9	0.9	0.9	1
10	Class 10		54616	1	1	1	1

图5.5　分类图像属性表

(3)给各个类别赋相应的颜色

在属性对话框中点击一个类别的 Row 字段从而选中该类别，然后右键点击该类别的 Color 字段(颜色显示区)，选择一种合适颜色。重复以上步骤直到给所有类别赋予合适的颜色。

(4)不透明度设置

由于分类图像覆盖在原图像上面，为了对单个类别的判别精度进行分析，首先要把其他所有类别的不透明程度(Opacity)值设为"0"(即改为透明)，而要分析的类别的透明度设为"1"(即不透明)。

具体方法如下：分类图像属性对话框中右键点击"Opacity"字段的名字，在"Column Options"菜单中单击"Formula"项，从而打开"Formula"对话框，如图 5.6 所示。在"Formula"对话框的输入框中(用鼠标点击右上数字区)输入"0"，单击"Apply"按钮(应用设置)。返回"Raster Attribute Editor"对话框，点击一个类别的 Row 字段从而选择该类别，点击该类别的"Opacity"字段从而进入输入状态，在该类别的 Opacity 字段中输入"1"，并按回车键。此时，在视窗中只有要分析类别的颜色显示在原图像的上面，其他类别都是透明的。

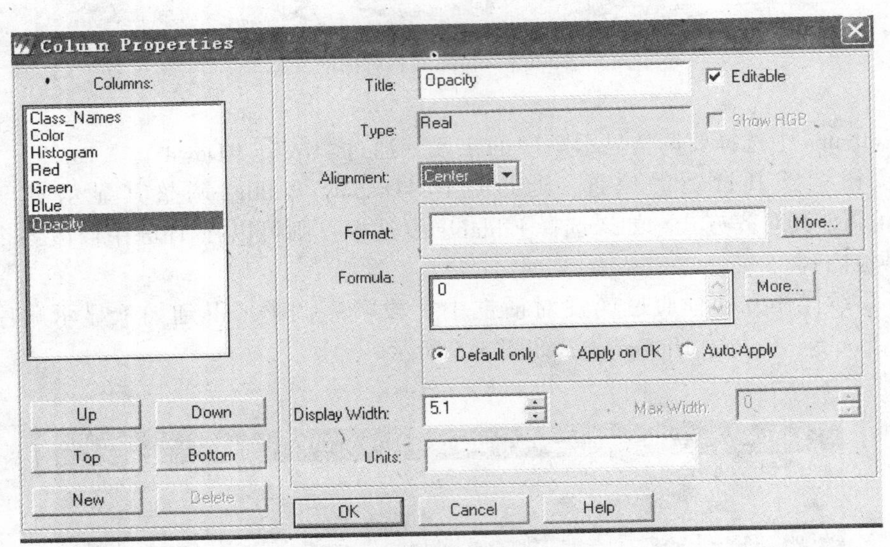

图 5.6　属性列表变量设置对话框

(5)确定类别专题意义及其准确程度

在视窗菜单条单击"Utility"，下拉菜单单击"Flicker"，从而打开"Viewer Flicker"对话框，并选择"Auto Mode"。该步骤是设置分类图像在原图像背景上闪烁，观察它与背景图像之间的关系从而断定该类别的专题意义，并分析其分类准确与否。

(6)标注类别的名称和相应颜色

在"Raster Attribute Editor"对话框中点击刚才分析类别的 Row 字段，从而选中该类别，在该类别的"Class Names"字段中输入其专题意义(如水体)，并按回车键。右键点击该类别的 Color 字段(颜色显示区)，选择一种合适的颜色(如水体为蓝色)，如前文图 5.5 所示。

重复以上(4)、(5)、(6)3步直到对所有类别都进行了分析与处理。注意，在进行分类叠加分析时，一次可以选择一个类别，也可以选择多个类别同时进行。

如果经过上述6步操作获得了比较满意的分类，非监督分类的过程就可以结束，反之，就需要进行分类后处理。

5.3 遥感图像的监督分类

5.3.1 监督分类的概念

监督分类的思想是：首先根据已知的样本类别和类别的先验知识，确定判别函数和相应的判别准则，其中利用一定数量的已知类别函数中求解待定参数的过程称为学习或训练，然后将未知类别的样本的观测值代入判别函数，再依据判别准则对该样本的所属类别作出判定。在进一步讨论之前，我们先对判别函数和判别规则进行说明。

5.3.2 判别函数和判别规则

由于地物在特征空间中分布在不同的区域，并且以集群的现象出现，这样就可能把特征空间的某些区域与特定的地面覆盖类型联系起来。如果要判别某一个特征矢量 X 属于哪一类，只要在类别之间画上一些合适的边界，将特征空间分割成不同的判别区域。当特征矢量 X 落入某个区域时，这个地物单元就属于那一类别。

各个类别的判别区域确定后，某个特征矢量属于哪个类别可以用一些函数来表示和鉴别，这些函数就称为判别函数。这些函数不是集群在特征空间形状的数学描述，而是描述某一未知矢量属于某个类别的情况，如属于某个类别的条件概率。一般说来，不同的类别都有各自不同的判别函数。当计算完某个矢量在不同类别判别函数中的值后，我们要确定该矢量属于某类，必须给出一个判断的依据。如若所得函数值最大则该矢量属于最大值对应的类别。这种判断的依据，我们称之为判别规则。下面介绍监督法分类中常用的两种判别函数和判别规则。

1. 概率判别函数和贝叶斯判别规则

根据前面介绍的特征空间概念可知，地物点可以在特征空间找到相应的特征点，并且同类地物在特征空间中形成一个从属于某种概率分布的集群。由此，我们可以把某特征矢量($\boldsymbol{X}$)落入某类集群 w_i 的条件概率 $P(w_i \mid \boldsymbol{X})$ 当成分类判别函数(概率判别函数)，把 $\boldsymbol{X}$ 落入某集群的条件概率最大的类为 $\boldsymbol{X}$ 的类别，这种判别规则就是贝叶斯判别规则。贝叶斯判别规则是以错分概率或风险最小为准则的判别规则。

假设，同类地物在特征空间服从正态分布，则类别 w_i 的概率密度函数如式(5-1)所示。根据贝叶斯公式可得：

$$P(w_i \mid \boldsymbol{X}) = P(\boldsymbol{X} \mid w_i) * P(w_i) / P(\boldsymbol{X}) \tag{5-1}$$

式中：$P(w_i)$ 为 w_i 类出现的概率，也称先验概率；$P(\boldsymbol{X} \mid w_i)$ 为在 w_i 类中出现 $\boldsymbol{X}$ 的条件概率，也称 w_i 类的似然概率；$P(w_i \mid \boldsymbol{X})$ 为 $\boldsymbol{X}$ 属于 w_i 的后验概率。

由于 $P(\boldsymbol{X})$ 对各个类别都是一个常数，故可略去，判别函数可用下式表示：

$$d_i(\boldsymbol{X}) = P(\boldsymbol{X} \mid w_i) * P(w_i) \tag{5-2}$$

根据判别函数的概念，分类时函数列形式不是唯一的。如果用$f(d_i(\boldsymbol{X}))$取代每一个$f(d_i(\boldsymbol{X}))$，只要$f(d_i(\boldsymbol{X}))$是一个单调增函数，则最后的分类结果仍旧不变，为了计算方便，将上式可以用取对数的方式来处理。即

$$d_i(\boldsymbol{X})=\ln P(\boldsymbol{X}\mid w_i)+\ln P(w_i) \tag{5-3}$$

再将式(5-2)代入式(5-3)，得贝叶斯判别函数$d_i(\boldsymbol{X})$如下：

$$d_i(\boldsymbol{X}) = -\frac{1}{2}(\boldsymbol{X}-M_i)^{\mathrm{T}}\sum\nolimits_i^{-1}(\boldsymbol{X}-M_i)-\frac{n}{2}\ln 2\pi-\frac{1}{2}\ln\left|\sum i\right|+\ln P(w_i) \tag{5-4}$$

去掉与i值无关的项对分类结果没有影响，因此上式可简化为：

$$d_i(\boldsymbol{X}) = -\frac{1}{2}(\boldsymbol{X}-M_i)^{\mathrm{T}}\sum\nolimits_i^{-1}(\boldsymbol{X}-M_i)-\frac{1}{2}\ln\left|\sum i\right|+\ln P(w_i) \tag{5-5}$$

相应的贝叶斯判别规则为：若对于所有可能的$j=1, 2, \cdots, m$；$j\neq i$ 有 $d_i(\boldsymbol{X})>d_j(\boldsymbol{X})$，则$\boldsymbol{X}$属于$w_i$类。

由以上分析可知，概率判别函数的判别边界是$d_1(\boldsymbol{X})=d_2(\boldsymbol{X})$(假设有两类)。当使用概率判别函数实行分类时，不可避免地会出现错分现象，分类错误的总概率由后验概率函数重叠部分下的面积给出(图 5.7)。错分概率是类别判决分界两侧做出不正确判决的概率之和。很容易看出，贝叶斯判别边界使这个数错误为最小，因为这个判别边界无论向左移还是向右移都将包括不是 1 类便是 2 类的一个更大的面积，从而增加总的错分概率。由此可见，贝叶斯判别规则是以错分概率最小的最优准则。

根据概率判别函数和贝叶斯判别规则来进行的分类通常称为最大似然分类法。

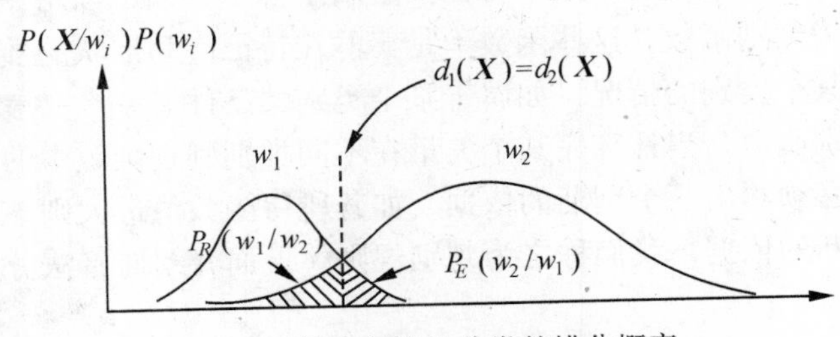

图 5.7 最大似然法分类的错分概率

2. 距离判别函数和判别规则

基于距离判别函数和判别规则，在实践中以此为原理的分类方法称为最小距离分类法。距离判别函数的建立是以地物光谱特征在特征空间中是按集群方式分布为前提的，它的基本思想是设法计算未知矢量X到有关类别集群之间的距离，哪类距离它最近，该未知矢量就属于哪类。

距离判别函数不像概率判别函数那样偏重于集群分布的统计性质，而是偏重于几何位置。但它又可以从概率判别函数出发，通过概念的简化而导出，而且在简化的过程中，其判别函数的类型可以由非线性的转化为线性的。距离判别规则是按最小距离判别的原则进行的。其判别规则如下：

若对于所有的比较类$j=1, 2, \cdots, m$；$j\neq i$，有 $d_i(\boldsymbol{X})<d_j(\boldsymbol{X})$，则$\boldsymbol{X}$属于$w_i$类。其中，$d_i(\boldsymbol{X})$为$\boldsymbol{X}$到第$i$类集群间的距离。

最小距离分类法中通常使用以下3种距离判别函数：

(1)马氏(Mahalanobis)距离

由式(5-4)出发，如果考虑下列条件成立，$P(w_i)=P(\omega_j)$，$|\boldsymbol{\Sigma}_i|=|\boldsymbol{\Sigma}_j|$，则 $P(\omega)$ 和 $|\boldsymbol{\Sigma}|$ 可消去不计，式(5-4) 转化为下式：

$$d_{M\ i}=(\boldsymbol{X}-\boldsymbol{M}_i)^{\mathrm{T}}\boldsymbol{\Sigma}_i^{\mathrm{T}}(\boldsymbol{X}-\boldsymbol{M}_i) \tag{5-6}$$

这就是马氏距离，其几何意义是 $\boldsymbol{X}$ 到 w_i类重心 $\boldsymbol{M}_i$ 之间的加权距离，其权系数为多维方差或协方差 σ_{ij}。马氏距离判别函数实际是在各类别先验概率 $P(w_i)$和集群体积 $|\boldsymbol{\Sigma}|$ 都相同(或先验概率与体积的比为同一常数)情况下的概率判别函数。

(2)欧氏(Euclidean)距离

若将协方差矩阵限制为对角的，即所有特征均为非相关的，并且沿每一特征轴的方差均相等，则式(5-6)进一步简化为：

$$d_{Ei}=(\boldsymbol{X}-\boldsymbol{M}_i)^{\mathrm{T}}(\boldsymbol{X}-\boldsymbol{M}_i)=\|\boldsymbol{X}-\boldsymbol{M}_i\|^2 \tag{5-7}$$

$d_{Ei}(X)$ 即为欧氏距离。欧氏距离是马氏距离用于分类集群的形状都相同情况下的特例。

(3)计程(Taxi)距离

计程距离判别函数是欧氏距离的进一步简化。其目的是为了避免平方(或开方)计算，从而用 $\boldsymbol{X}$ 到集群中心 $\boldsymbol{M}_i$ 在多维空间中距离的绝对值的总和来表示，即

$$d_{Ti}=\sum_{j=1}^{m}|\boldsymbol{X}-\boldsymbol{M}_{ij}| \tag{5-8}$$

由于其计算简单的特点，在分类实践中得以经常使用。

下面分析一下最大似然法和最小距离法分类的错分概率问题。可以从一维特征空间来进行说明，设有两类 w_1 和 w_2，其后验概率分布如图 5.8 所示。其中的最小距离法是以欧氏距离和计程距离为例说明的，因为马氏距离不仅与均值向量有关，还和协方差矩阵有关，考虑起来要复杂些。从图中可以看出最大似然法总的错分概率小于最小距离法总的错分概率。对于马氏距离来说，判别边界有可能不是两个均值向量的中点，其判别边界与集群的分布形状大小有关。

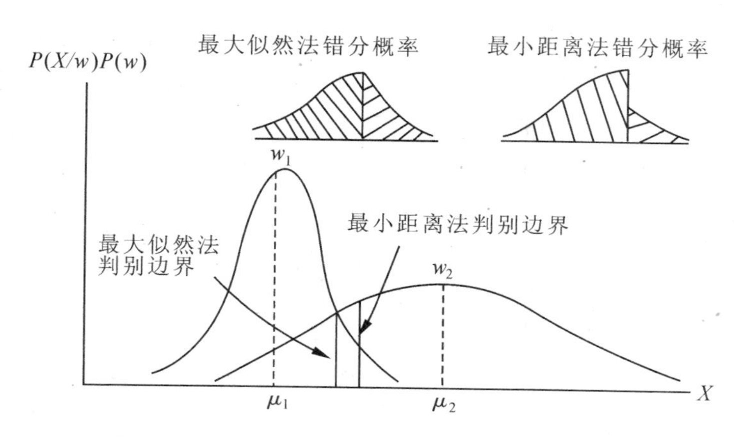

图 5.8 最大似然法与最小距离法错分概率及判别边界

5.3.3 分类过程

确定判别函数和判别规则以后，下一步的工作是计算每一类别对应的判别函数中的各个参数，如使用最大似然法进行分类，必须知道判别函数中的均值向量和协方差矩阵。而这些参数的计算是通过使用“训练样区”的数据来获取的。监督法分类意味着对类别已有一定的先验知识，根据这些先验知识，就可以有目的地选择若干个“训练样区”。这些“训练样区”的类别是已知的。利用“训练样区”的数据去“训练”判别函数就建立了每个类别的分类器，然后按照分类器对未知区域进行分类。分类的结果不仅使不同的类别区分开来，而且也知道了类别的属性。

监督分类的主要步骤如下：

1. 确定感兴趣的类别数

首先确定要对哪些地物进行分类，这样就可以建立这些地物的先验知识。

2. 特征变换和特征选择

根据感兴趣地物的特征进行有针对性的特征变换，这部分内容在前面特征选择和特征变换一节有比较详细的介绍。变换之后的特征影像和原始影像共同进行特征选择，以选出既能满足分类需要，又尽可能少参与分类的特征影像，加快分类速度，提高分类精度。

3. 选择训练样区

训练样区指的是图像上那些已知其类别属性，可以用来统计类别参数的区域。因为监督分类关于类别的数字特性都是从训练样区获得的，所以训练样区的选择一定要保证类别的代表性。训练样区选择不正确便无法得到正确的分类结果。训练样区的选择要注意准确性、代表性和统计性 3 个问题。准确性就是要确保选择的样区与实际地物的一致性；代表性一方面是指所选择区为某一地物的代表，另一方面还要考虑到地物本身的复杂性，所以必须在一定程度上反映同类地物光谱特性的波动情况，统计性是指选择的训练样区内必须有足够多的像元，以保证由此计算出的类别参数符合统计规律。实际应用中，每一类别的样本数都在 102 数量级左右。

4. 确定判别函数和判别规则

一旦训练样区被选定后，相应地物类别的光谱特征便可以用训练区中的样本数据进行统计。如果使用最大似然法进行分类。那么就可以用样区中的数据计算判别函数所需的参数 $\boldsymbol{M}_i$ 和 $\boldsymbol{\Sigma}_i$。同理，对于最小距离法计算 $\boldsymbol{\Sigma}_i$ 和 $\boldsymbol{M}_i$。如果使用盒式分类法则和用样区数据算出“盒子”的边界。判别函数确定之后，再选择一定的判别规则就可以对其他非样区的数据进行分类。

5. 根据判别函数和判别规则对非训练样区的图像区域进行分类

这一步骤结束之后完成了监督分类的主要工作——分类编码。

完成以上步骤，我们可以得到一幅分类后的编码影像，每一编码对应的类别属性也是已知的。也就是说，不仅达到了类别之间区分的目的，而且类别也被识别出来了。

5.3.4 监督分类的方法

监督分类中常用的具体分类方法有以下两种方法：

1. 最小距离分类法

最小距离分类法是用特征空间中的距离作为像元分类依据的。最小距离分类包括最小距离判别法和最近邻域分类法。最小距离判别法要求对遥感图像中每一个类别选一个具有代表意义的统计特征量(均值)，首先计算待分像元与已知类别之间的距离，然后将其归属于距离最小的一类。最近邻域分类法是上述方法在多波段遥感图像分类的推广。在多波段遥感图像分类中，每一类别具有多个统计特征量。最近邻域分类法首先计算待分像元到每一类中每一个统计特征量间的距离，这样，该像元到每一类都有几个距离值，取其中最小的一个距离作为该像元到该类别的距离，最后比较该待分像元到所有类别间的距离，将其归属于距离最小的一类。最小距离分类法原理简单，分类精度不高，但计算速度快，它可以在快速浏览分类概况中使用。

2. 最大似然分类法

最大似然分类法是经常使用的监督分类方法之一，它是通过求出每个像元对于各类别归属概率(似然度)，把该像元分到归属概率(似然度)最大的类别中去的方法。最大似然法假定训练区地物的光谱特征和自然界大部分随机现象一样，近似服从正态分布，利用训练区可求出均值、方差以及协方差等特征参数，从而可求出总体的先验概率密度函数。当总体分布不符合正态分布时，其分类可靠性将下降，这种情况下不宜采用最大似然分类法。

最大似然分类法在多类别分类时，常采用统计学方法建立起一个判别函数集，然后根据这个判别函数集计算各待分像元的归属概率(似然度)。这里，归属概率(似然度)是指对于待分像元 x，它从属于分类类别 k 的(后验)概率。

设从类别 k 中观测到 x 的条件概率为 $P(x \mid k)$，则归属概率 L_k 可表示为如下形式的判别函数：

$$L_K = P(k|x) = P(k) \times P(x|k) / \Sigma P(i) \times (x|i) \tag{5-9}$$

式中，$P(k)$ 为类别 k 的先验概率，它可以通过训练区来决定。此外，由于上式中分母和类别无关，在类别间比较的时候可以忽略。

最大似然分类必须知道总体的概率密度函数 $P(x \mid k)$。由于假定训练区地物的光谱特征和自然界大部分随机现象一样，近似服从正态分布(对一些非正态分布可以通过数学方法化为正态问题来处理)，因此通常可以假设总体的概率密率函数为多维正态分布，通过训练区，按最大似然度测定其平均值及方差、协方差。此时，像元 X 归为类别 k 的归属概率 L_k 表示如下(这里省略了和类别无关的数据项)：

$$L_K(X) = \left\{2\pi^{n/2} \times \left(\det \sum_k\right)^{1/2}\right\} \exp\left\{(-1/2) \times (x - \mu_k)^i \sum_k^{-1} (X - \mu_k)\right\} \tag{5-10}$$

式中，n 表示特征空间的维数；$P(k)$：类别 k 的先验概率；$L_k(x)$：像元 X 归并到类别 k 的归属概率；X：像元向量；μ_k：类别 k 的平均向量(n 维列向量)；det：矩阵 $\boldsymbol{A}$ 的行列式；Σk：类别 k 的方差、协方差矩($n \times n$ 矩阵)。

注意：各个类别的训练数据至少要为特征维数的 2 到 3 倍以上，这样才能测定具有较高精度的均值及方差、协方差；如果 2 个以上的波段相关性强，那么方差、协方差矩阵的逆矩阵可能不存在，或非常不稳定，在训练样本几乎都取相同值的均质性数据组时这种情况也会出现。此时，最好采用主成分变换，把维数压缩成仅剩下相互独立的波段，然后再求方差、协方差矩阵；当总体分布不符合正态分布时，不适于采用正态分布的假设为基础的最大似然分类法。

当各类别的方差、协方差矩阵相等时，归属概率变成线性判别函数，如果类别的先验概率也相同，此时是根据欧氏距离建立的线性判别函数，特别当协方差矩阵取为单位矩阵时，最大似然判别函数退化为采用欧氏距离建立的最小距离判别法。

5.3.5　监督分类的实施

监督分类一般有以下几个步骤：定义分类模板(Define Signatures)、评价分类模板(Evaluate Signatures)、进行监督分类(Perform Supervised Classification)、评价分类结果(Evaluate Classification)。当然，在实际应用过程中，可以根据需要执行其中的部分操作。

1. 定义分类模板(Define Signature Using Signature Editor)

ERDAS的监督分类是基于分类模板(Classification Signature)来进行的，而分类模板的生成、管理、评价和编辑等功能是由分类模板编辑器(Signature Editor)来负责的。毫无疑问，分类模板编辑器是进行监督分类一个不可缺少的组件。

在分类模板编辑器中生成分类模板的基础是原图像或其特征空间图像。因此，显示这两种图像的视窗也是进行监督分类的重要组件。

①第1步：显示需要分类的图像。

在视窗中显示germtm. img(Red4/Green5/B1ue3)选择“Fit to Frame”，其他使用缺省设置。

②第2步：打开模板编辑器并调整显示字段。

ERDAS图标面板工具条，点击模块 Classifier Signature Editor命令，打开“Signature Editor”窗口，如图5.9所示。

由图5.9中可以看到有很多字段，有些字段对分类的意义不大，我们希望不显示这些字段，所以要进行如下调整：在“Signature Editor”窗口菜单条中，单击“View | Columns”

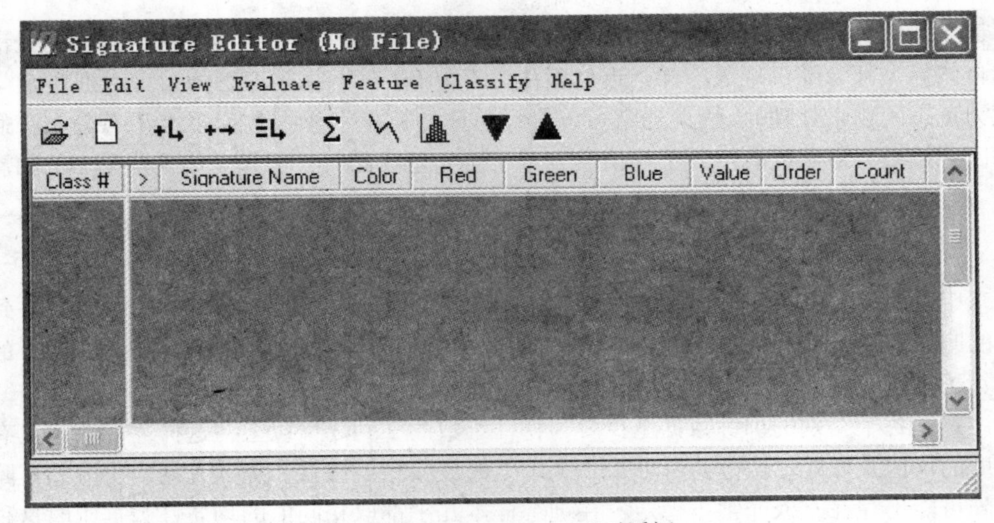

图5.9　“Signature Editor”对话框

命令，打开"View signature columns"对话框：单击第一个字段的"Column"列并向下拖拉直到最后一个段，此时，所有字段都被选择，并用黄色(缺省色)标识出来。按住 Shift 键的同时分别点击"Red"、"Green"、"Blue"3 个字段，"Red"、"Green"、"Blue"3 个字段将分别从选择集中被清除。

③第 3 步：获取分类模板信息。

可以分别应用 AOI 绘图工具、AOI 扩展工具和查询光标这 3 种方法，在原始图像或特征空间图像中获取分类模板信息。在实际工作中也许只用一种方法就可以了，也许要将几种方法联合应用。

本示例以应用 AOI 绘图工具在原始图像获取分类模板信息为例：在显示原始图像的视窗中点击图标(或者选择"Raster"菜单下的"Tools"菜单)，打开"Raster"工具面板，点击"Raster"工具面板的图标，在视窗中选择绿色区域(农田)，绘制一个多边形 AOI，如图 5.10 所示。

图 5.10 建立样区模板

在"Signature Editor"窗口中，单击"Create New Signature"图标，将多边形 AOI 区域加载到"Signature Editor"分类模板属性表中。

重复上述两步操作过程，选择图像中认为属性相同的多个绿色区域，绘制若干个多边形 AOI，并将其作为模板依次加入到"Signature Editor"分类模板属性表中。

按下 Shift 键，同时在"Signature Editor"分类模板属性表中依次单击选择 Class#字段下面的分类编号，将上面加入的多个绿色区域 AOI 模板全部选定。

在"Signature Editor"工具条中，单击"Merge Signatures"图标，将多个绿色区域

AOI模板合并，生成一个综合的新模板，其中包含了合并前的所有模板像元属性。

在“Signature Editor”菜单条中，单击“Edit | Delete”，删除合并前的多个模板。

在“Signature Editor”属性表中，改变合并生成的分类模板的属性：包括名称与颜色分类名称(Signature Name)：Agriculture/颜色(Color)：绿色。

重复上述所有操作过程，根据实地调查结果和已有研究结果，在图像窗口选择绘制多个黑色区域AOI(水体)，依次加载到“Signature Editor”分类属性表，并执行合并生成综合的水体分类模板，然后确定分类模板的名称和颜色。

同样重复上述所有操作过程，绘制多个蓝色区域AOI(建筑)、多个红色区域AOI(林地)等，加载、合并、命名、建立新的模板。

如果将所有的类型都建立分类模板，就可以保存分类模板，如图5.11所示。

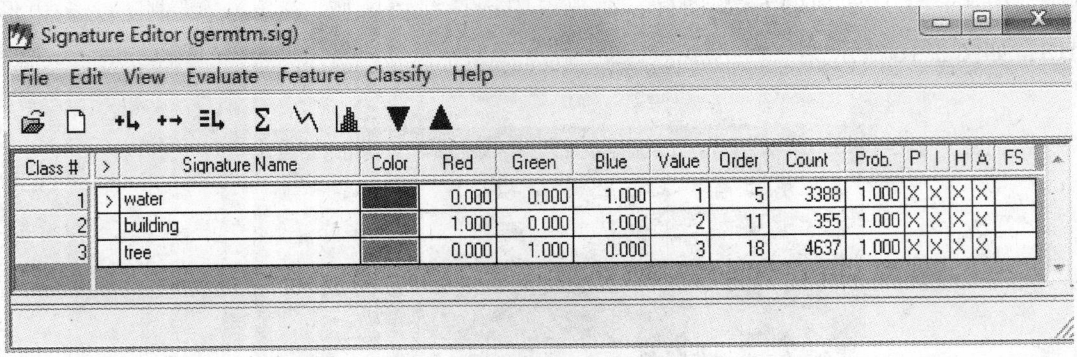

Signature Editor (germtm.sig)

File Edit View Evaluate Feature Classify Help

Class #	>	Signature Name	Color	Red	Green	Blue	Value	Order	Count	Prob.	P	I	H	A	FS
1	>	water		0.000	0.000	1.000	1	5	3388	1.000	X	X	X	X	
2		building		1.000	0.000	1.000	2	11	355	1.000	X	X	X	X	
3		tree		0.000	1.000	0.000	3	18	4637	1.000	X	X	X	X	

图5.11 将选择样区添加到分类

2. 评价分类模板(Evaluating Signatures)

分类模板建立之后，就可以对其进行评价、删除、更名，与其他分类模板合并等操作。ERDAS IMAGINE 9.0提供的分类模板评价工具包括分类预警、可能性矩阵、特征对象、图像掩膜评价、直方图方法、分离性分析和分类统计分析等工具。这里主要介绍可能性矩阵评价分类模板的方法。

可能性矩阵(Contingency Matrix)评价工具是根据分类模板分析AOI训练样区的像元是否完全落在相应的种别之中。通常都期望AOI区域的像元分到它们参于练习的种别当中，实际上AOI中的像元对各个类都有一个权重值，AOI练习样区只是对种别模板起一个加权的作用。可能性矩阵的输出结果是一个百分比矩阵，它说明每个AOI练习区中有多少个像元分别属于相应的种别。可能性矩阵评价工具操作过程如下：

①在“Signature Editor”分类属性表中选中所有的类别，然后依次单击“Evaluation”→“Contingency”→“Contingency Matrix”命令，弹出如图5.12所示的对话框。

②在“Contingency Matrix”中，设定相应的分类决策参数。一般设置“Non-parametric Rule”参数为“Feature Space”，设置“Overlay Rule”参数以及“Unclassified Rule”参数为“Parametric Ru1e”，设置“Parametric Rule”为所提供的3种分类方法中的一种均可。同时，选中“Pixel Counts”和“Pixel Percentages”。

③单击“OK”按钮。进行分类误差矩阵计算，并弹出文本编辑器，显示分类误差矩

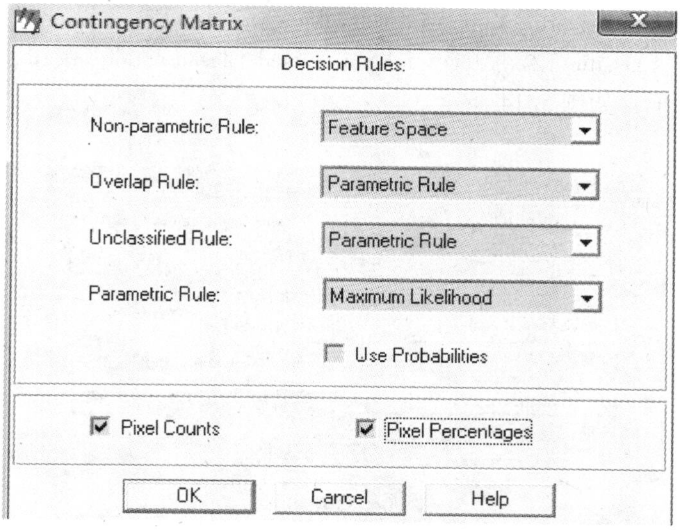

Contingency Matrix

Decision Rules:

Non-parametric Rule: Feature Space

Overlap Rule: Parametric Rule

Unclassified Rule: Parametric Rule

Parametric Rule: Maximum Likelihood

Use Probabilities

Pixel Counts　Pixel Percentages

OK　Cancel　Help

图 5.12 "Contingency Matrix"对话框

阵，如图 5.13 所示。

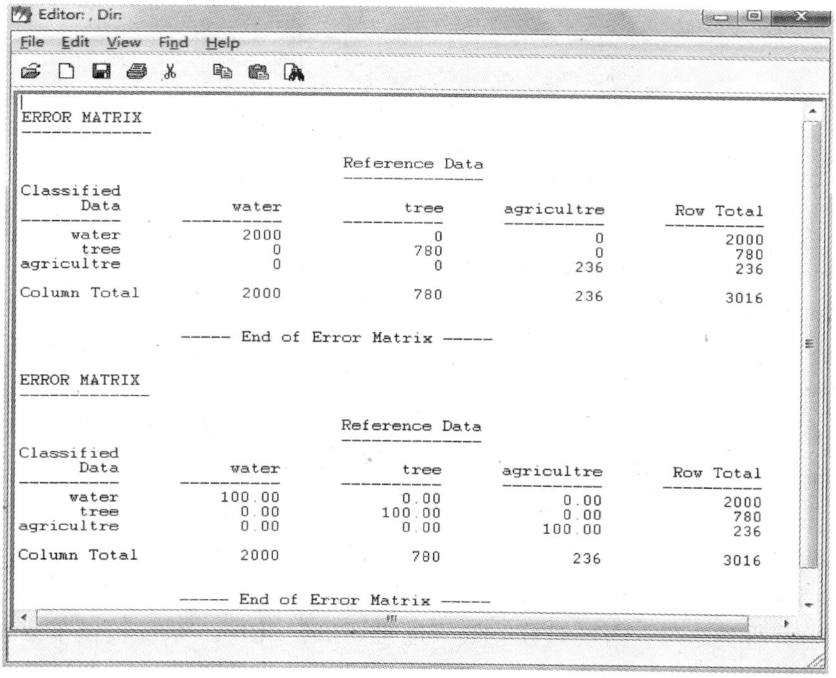

Editor: , Dir:

File Edit View Find Help

ERROR MATRIX

Classified Data	water	tree	agricultre	Row Total
	Reference Data			
water	2000	0	0	2000
tree	0	780	0	780
agricultre	0	0	236	236
Column Total	2000	780	236	3016

----- End of Error Matrix -----

ERROR MATRIX

Classified Data	water	tree	agricultre	Row Total
	Reference Data			
water	100.00	0.00	0.00	2000
tree	0.00	100.00	0.00	780
agricultre	0.00	0.00	100.00	236
Column Total	2000	780	236	3016

----- End of Error Matrix -----

图 5.13 分类模板可能性矩阵评价

在分类误差矩阵中，表明了 AOI 训练样区内的像元被误分到其他类别的像元数目。可能性矩阵评价工具能够较好地评定分类模板的精度，如果误分的比例较高，则说明分类模板精度低，需要重新建立分类模板。

3. 执行监督分类(Perform Supervised Classification)

在 ERDAS 的"Classifier"模板中单击"Supervised Classification"按钮，打开"Supervised Classification"对话框，如图 5.14 所示。

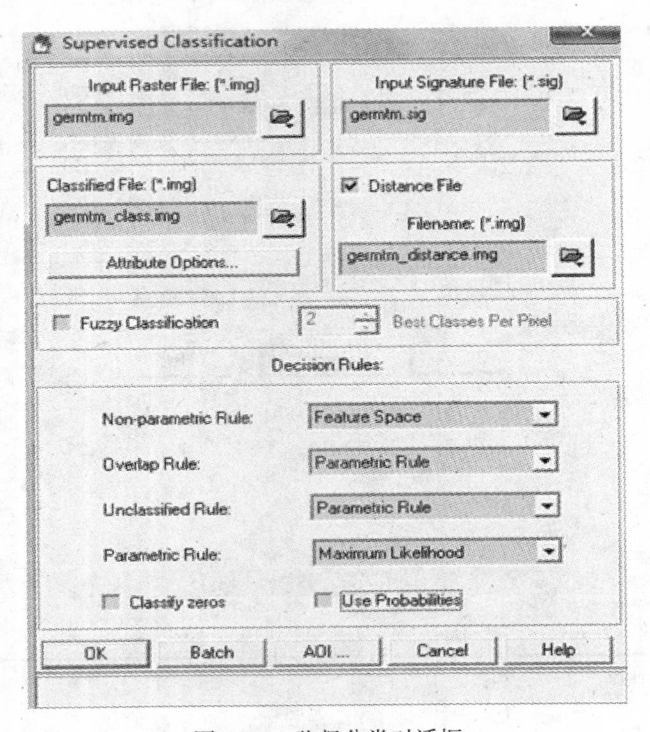

图 5.14 监督分类对话框

在"Supervised Classification"对话框中，主要需要确定下列参数：确定分类模板文件(Input Signature File)、选择输出分类距离文件(Distance File)、选择非参数规则(Non_parametric Rule)、选择叠加规则(Overlay Rule)、选择未分类规则(Unclassified Rule)、选择参数规则(Parametric Rule)。

说明：在"Supervised Classification"对话框中，还可以定义分类图的属性表项目(Attribute Options)。通过"Attribute Options"对话框，可以确定模板的哪些统计信息将被包括在输出的分类图像层中。这些统计值是基于各个层中模板对应的数据计算出来的，而不是基于被分类的整个图像。

4. 评价分类结果(Evaluate Classification)

执行了监督分类之后，需要对分类效果进行评价，ERDAS 系统提供了多种分类评价方法，包括分类叠加(Classification Overlay)、定义阈值(Thresholding)、分类重编码(Recode Classes)、精度评估(Accuracy Assessment)等，下面有侧重地进行介绍：

(1)分类叠加

分类叠加就是将专题分类图像与分类原始图像同时在一个视窗中打开，将分类专题层置于上层，通过改变分类专题的透明度(Opacity)及颜色等属性，查看分类专题与原始图像之间的关系。对于非监督分类结果，通过分类叠加方法来确定类别的专题特性、并评价分类结果。对监督分类结果，该方法只是查看分类结果的准确性。

(2)阈值处理法

阈值处理法首先确定哪些像元最有可能没有被正确分类，从而对监督分类的初步结果进行优化。用户可以对每个类别设置一个距离阈值，系统将有可能不属于该类别的像元筛选出去，筛选出去的像元在分类图像中将被赋予另一个分类值。其操作流程如下：

① 在 ERDAS 工具栏中依次单击“Classifier”→“Threshold”，启动如图 5.15 左图所示的阈值处理窗口。

② 在“Threshold”窗口中，依次单击“File”→“Open”命令，在弹出的“Open”对话框中设置分类专题图像以及分类距离图像的名称及路径，然后关闭对话框。

③ 在“Threshold”窗口中，依次单击“View→Select View”命令，关联分类专题图像的窗口。然后单击“Histograms”→“Computer”命令，计算各个类别的距离直方图，如图 5.15 右图所示。

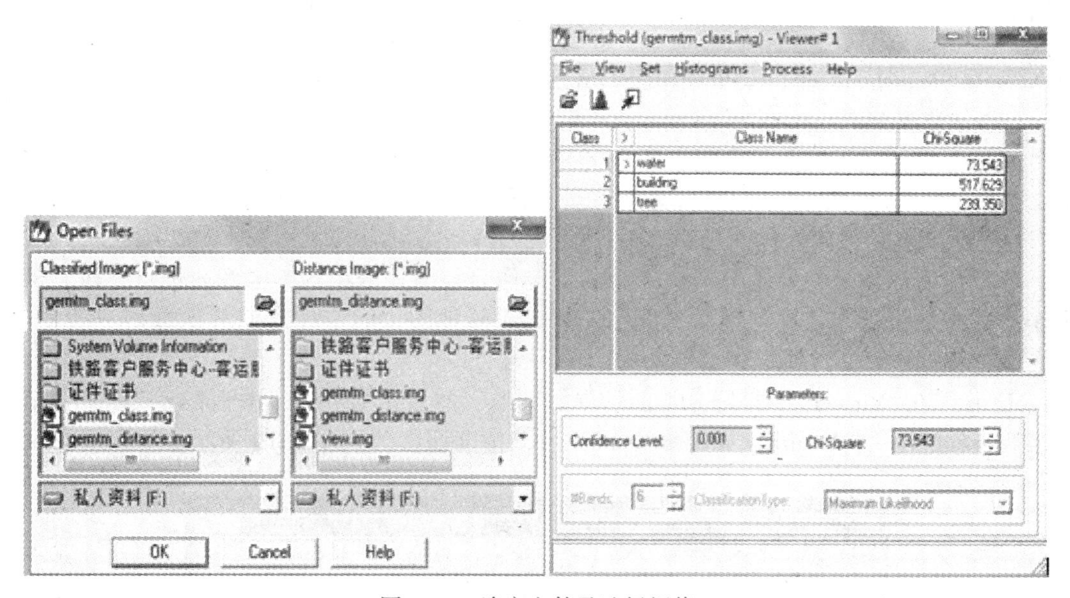

图 5.15 确定文件及选择阈值

④ 在“Threshold”窗口的分类属性表格中，移动“>”符号到指定的专题类别旁，选定某个专题类别，然后在菜单条单击“Histograms”→“View”命令，显示选中类别的距离直方图，如图 5.16(a)所示。

⑤ 拖动“Distance Histogram”中的 X 轴上的箭头到想设置的阈值的位置，此时，“Threshold”中的 Chi-square 值自动变化。然后重复步骤④和步骤⑤，设定每个类别的阈值。

⑥ 在“Threshold”窗口菜单中单击“Process”→“To Viewer”命令，此时阈值图像将显示在所关联的分类图像上，形成一个阈值掩膜层(如图 5.16(b))。同样地，可以使用叠加

显示功能来直观地查看阈值处理前后的分类变化。

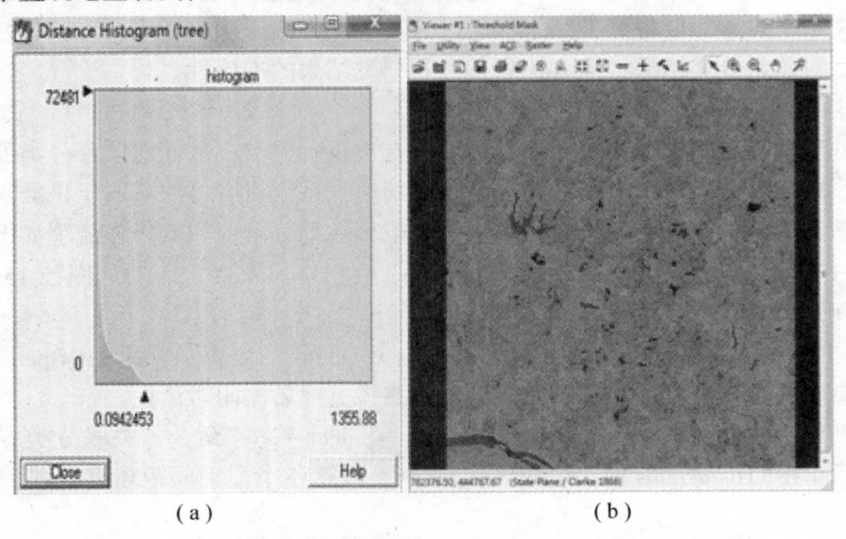

(a) (b)

图 5.16 距离直方图与阈值掩膜图

⑦ 在“Threshold”窗口菜单中单击“Process”→“To Flie“命令，保存阈值处理图像。

(3)分类重编码

对分类像元进行了分析之后，可能需要对原来的分类重新进行组合(如将林地1与林地2合并为林地)，给部分或所有类别以新的分类值，从而产生一个新的专题分类图像。

(4)分类精度评估

分类精度评估是将专题分类图像中的特定像元与已知分类的参考像元进行比较，实际工作中常常是将分类数据与地面真值、先前的试验地图、航空像片或其他数据进行对比。其操作过程如下：

① 首先在“Viewer”中打开分类前的原始图像，然后在ERDAS图标面板工具条中依次单击“Classifier”→“Accuracy Assessment”，启动精度评估，如图5.17所示。

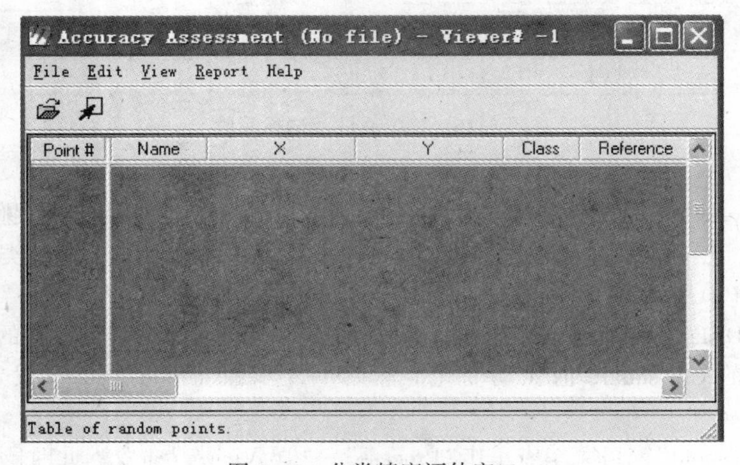

图 5.17 分类精度评估窗口

②在“Accuracy Assessment”窗口，依次单击菜单“File”→“Open”，在打开的“Classified Image ”对话框中打开所需要评定分类精度的分类图像，单击“OK”返回“Classified Image”按钮。

③在“Accuracy Assessment”对话框：依次单击菜单“View”→“Select View”，关联原始图像窗口和精度评估窗口。

④在“Accuracy Assessment”对话框：依次单击菜单“View”→“Change Colors”，在“Change colors”中分别设定“Points with no reference”以及“Points with reference”的颜色，如图5.18所示。

⑤在“Accuracy Assessment”窗口中，依次单击菜单“Edit”→“Create/Add Random Points”命令，弹出“Add Random Points”对话框，如图5.19所示。

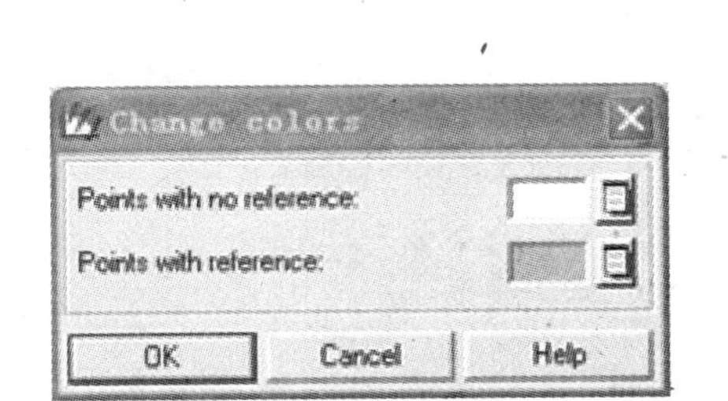

图5.18 “Change colors”对话框

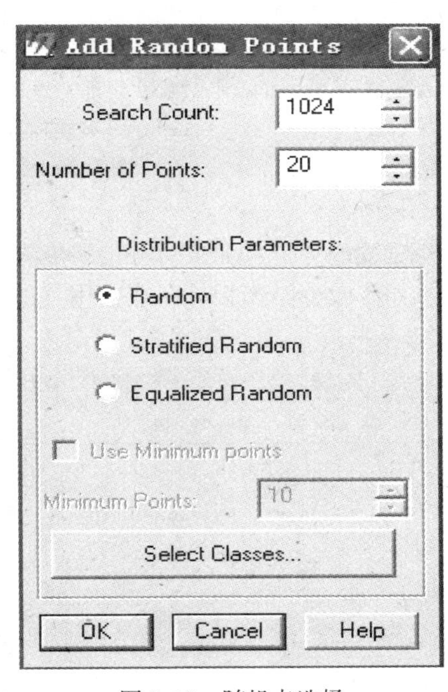

图5.19 随机点选择

在“Add Random Points”对话框中，分别设定“Search Count”项以及“Number of Point”项参数，在“Distribution Parameters”设定随即点的产生方法为“Random”，然后单击“OK”，返回精度评定窗口。

⑥在精度评定窗口，单击菜单“View”→“Show All”命令，在原始图像窗口显示产生的随机点，单击“Edit”→“Show Class Values”命令在评定窗口的精度评估数据表中显示各点的类别号。

⑦在精度评定窗口中的精度评定数据表中输入各个随机点的实际类别值(图5.20)。

⑧在精度评定窗口中的，单击菜单“Report”→“Options”命令，设定分类评价报告输出内容选项。单击“Report”→“Accuracy Report”命令生成分类精度报告，如图5.21所示。

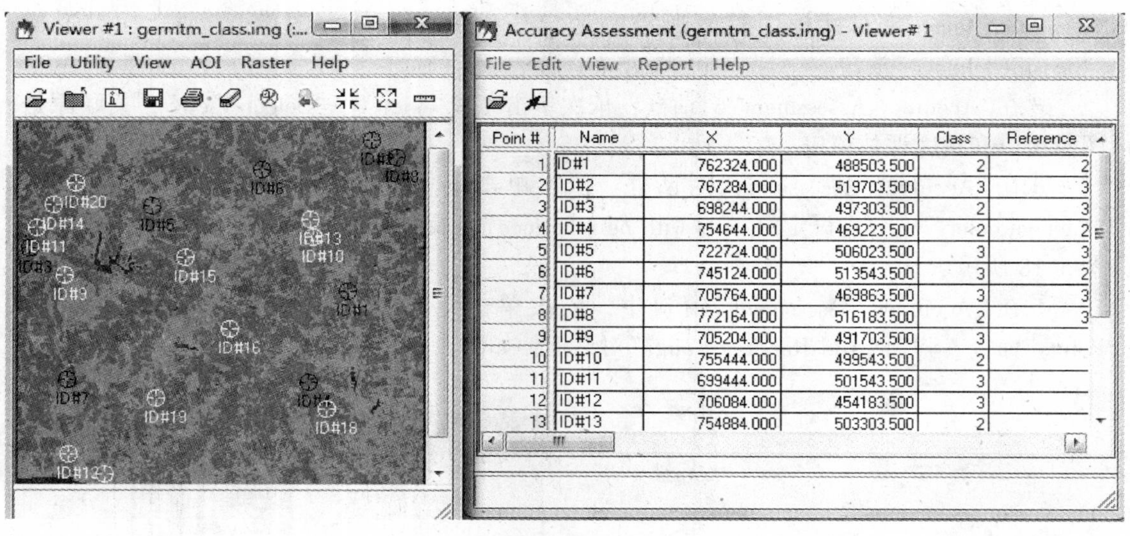

Viewer #1 : germtm_class.img

Accuracy Assessment (germtm_class.img) - Viewer# 1

Point #	Name	X	Y	Class	Reference
1	ID#1	762324.000	488503.500	2	2
2	ID#2	767284.000	519703.500	3	3
3	ID#3	698244.000	497303.500	2	3
4	ID#4	754644.000	469223.500	2	2
5	ID#5	722724.000	506023.500	3	3
6	ID#6	745124.000	513543.500	3	2
7	ID#7	705764.000	469863.500	3	3
8	ID#8	772164.000	516183.500	2	3
9	ID#9	705204.000	491703.500	3	
10	ID#10	755444.000	499543.500	2	
11	ID#11	699444.000	501543.500	3	
12	ID#12	706084.000	454183.500	3	
13	ID#13	754884.000	503303.500	2	

图 5.20 判断随机点类别

通过对分类的评价，如果对分类精度满意，保存结果。如果不满意，可以进一步做有关的修改，如修改分类模板等，或应用其他功能进行调整。

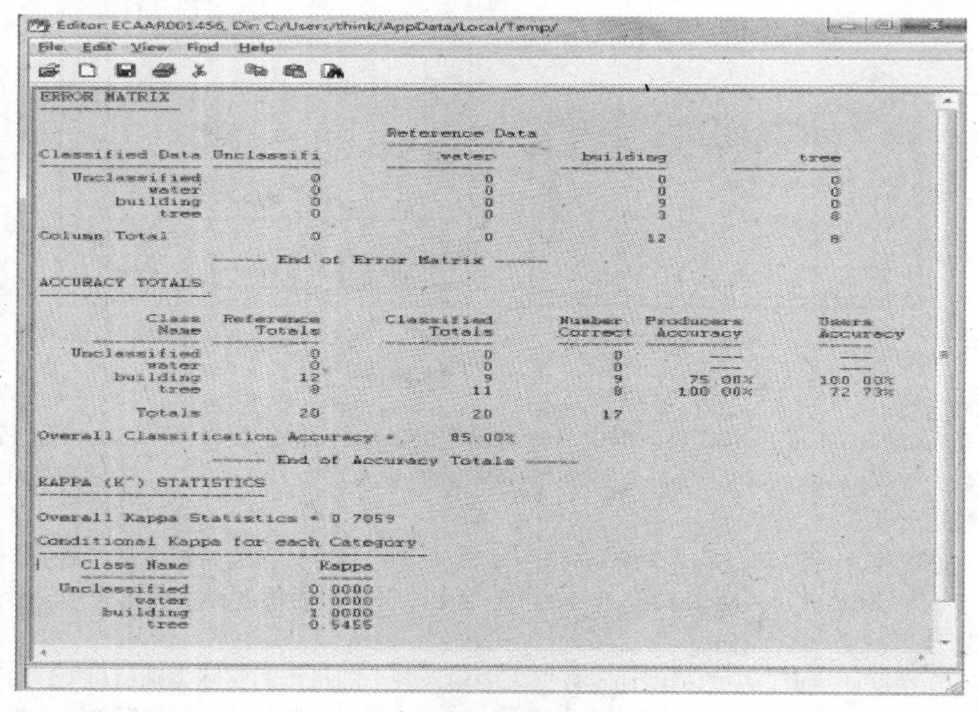

ERROR MATRIX

Classified Data	Unclassifi	water	building	tree
Unclassified	0	0	0	0
water	0	0	0	0
building	0	0	9	0
tree	0	0	3	8
Column Total	0	0	12	8

----- End of Error Matrix -----

ACCURACY TOTALS

Class Name	Reference Totals	Classified Totals	Number Correct	Producers Accuracy	Users Accuracy
Unclassified	0	0	0	---	---
water	0	0	0	---	---
building	12	9	9	75.00%	100.00%
tree	8	11	8	100.00%	72.73%
Totals	20	20	17		

Overall Classification Accuracy = 85.00%

----- End of Accuracy Totals -----

KAPPA (K^) STATISTICS

Overall Kappa Statistics = 0.7059

Conditional Kappa for each Category.

Class Name	Kappa
Unclassified	0.0000
water	0.0000
building	1.0000
tree	0.5455

图 5.21 分类精度评定报告

5.4 遥感图像分类后处理与分类精度评价

无论监督分类还是非监督分类，都是按照图像光谱特征进行聚类分析的，因此，都带有一定的盲目性。所以，需要对获得的分类结果再进行一些处理工作，才能得到最终相对理想的分类结果，这些处理操作就通称为分类后处理。

5.4.1 分类后处理

1. 分类后专题图像的格式

遥感影像经分类后形成的专题图，用编号、字符、图符或颜色表示各种类别。它还是一个由原始影像上一个个像元组成的二维专题地图，但像元上的数值、符号或色调已不再代表地面物体的亮度值，而是地面物体的类别。它在计算机中一般以数字或字符表示像元的类别号。输出的专题图除了直接输出编码的专题图，一般用图符或颜色分别代表各类别的打印专题图和彩色专题图。以上介绍的是栅格图像的后处理，也可将栅格图像转变成矢量格式表示的专题图。

2. 分类后处理的内容

用光谱信息对影像进行逐个像元的分类，在结果的分类地图上会出现"噪声"，产生噪声的原因有原始影像本身的噪声，在地类交界处的像元中包括有多种类别，主要是由于其混合的辐射量造成错误分类，以及其他原因等。另外，还有一种现象，分类是正确的，但某种类别零星分布于地面，占的面积很小，我们对大面积的类型感兴趣，对占很少面积的地物不感兴趣，因此希望用综合的方法使它从图面上消失。

5.4.2 分类后处理的实施

由于分类结果中都会产生一些面积很小的图斑，因此无论从专题制图的角度，还是从实际应用的角度考虑，都有必要对这些小图斑进行剔除。ERDAS 系统的 GIS 分析命令中的 Clump、Sieve、Eliminate 等工作可以联合完成小图斑的处理。

1. 聚类统计

聚类处理(Clump)是运用形态学算子将临近的类似分类区域聚类并合并。分类图像经常缺少空间连续性(分类区域中斑点或洞的存在)。低通滤波虽然可以用来平滑这些图像，但是类别信息常常会被临近类别的编码干扰，聚类处理解决了这个问题。首先将被选的分类用一个扩大操作合并到一块，然后用参数对话框中指定了大小的变换核对分类图像进行侵蚀操作。

以遥感图像处理软件 ERDAS IMAGING 为例说明聚类分析的具体操作步骤：

在 ERDAS 工具条中依次单击"Interpreter"→"GIS Analysis"→"Clump"，启动聚类统计对话框。

在 Clump 对话框中在"Input File"项设定分类后专题图像名称及全名，在"Output File"项设定过滤后的输出图像名称及路径。并根据实际需求分别设定其他各项参数名称。单击"OK"按钮，执行聚类统计分析。

聚类统计是通过对分类专题图像计算每个分类图斑的面积、记录相邻区域中最大图斑面积的分类值等操作，产生一个 Clump 类组输出图像，其中每个图斑都包含 Clump 类组属性。该图像是一个中间文件，用于进行下一步处理，如图 5.22 所示。

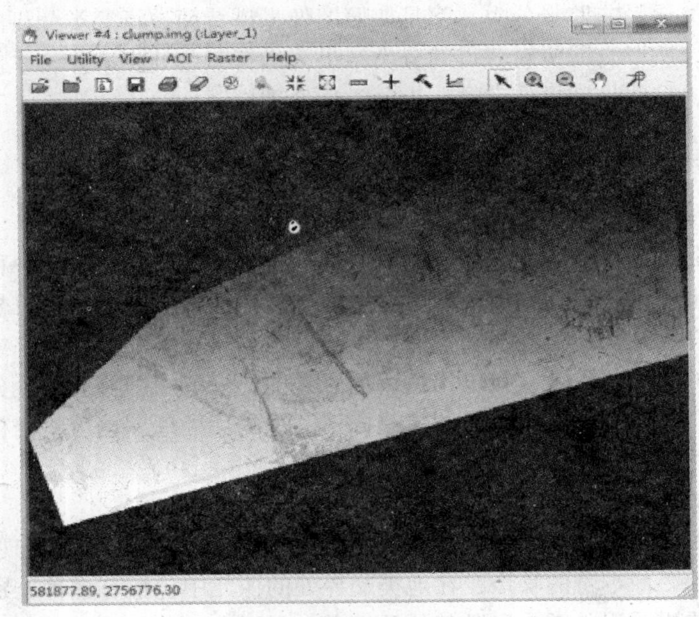

图 5.22 聚类统计结果

2. 过滤分析(Sieve)

在 ERDAS 工具条中依次单击"Interpreter"→"GIS Analysis"→"Sieve"，启动过滤分析对话框。

过滤分析(Sieve)功能是对经 Clump 处理后的 Clump 类组图像进行处理，按照定义的数值大小，删除 Clump 图像中较小的类组图斑，并给所有小图斑赋予新的属性值 0。显然，这里引出了一个新的问题，就是小图斑的归属问题。可以与原分类图对比确定其新属性，也可以通过空间建模方法，调用"Delerows"或"Zone 1"工具进行处理。Sieve 经常与 Clump 命令配合使用，对于无须考虑小图斑归属的应用问题，有很好的作用(图 5.23 及图 5.24(a))。

3. 去除分析(Eliminate)

在 ERDAS 工具条中依次单击"Interpreter"→"GIS Analysis"→"Eliminate"，启动去除分析对话框。

去除分析是用于删除原始分类图像中的小图斑或 Clump 聚类图像中的小 Clump 类组，与 Sieve 命令不同，将删除的小图斑合并到相邻的最大的分类当中，而且，如果输入图像是 Clump 聚类图像的话，经过 Eliminate 处理后，将小类图斑的属性值自动恢复为 Clump 处理前的原始分类编码。显然，Eliminate 处理后的输出图像是简化了的分类图像(图 5.23 及图 5.24(b))。

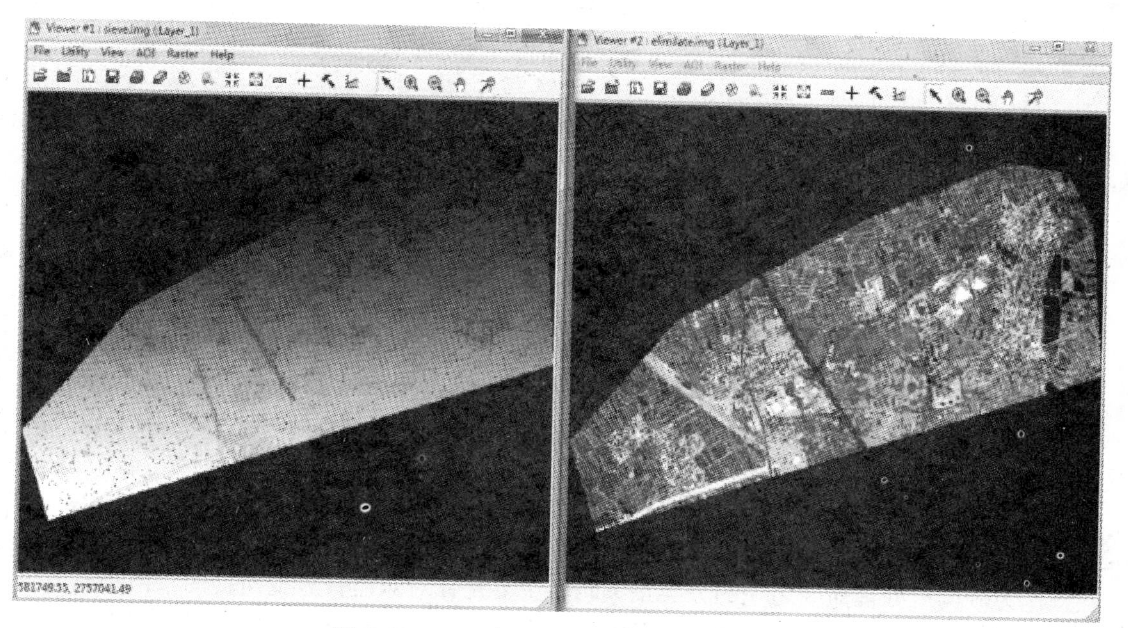

图 5.23 Sieve 与 Elimilate 处理后图像比较

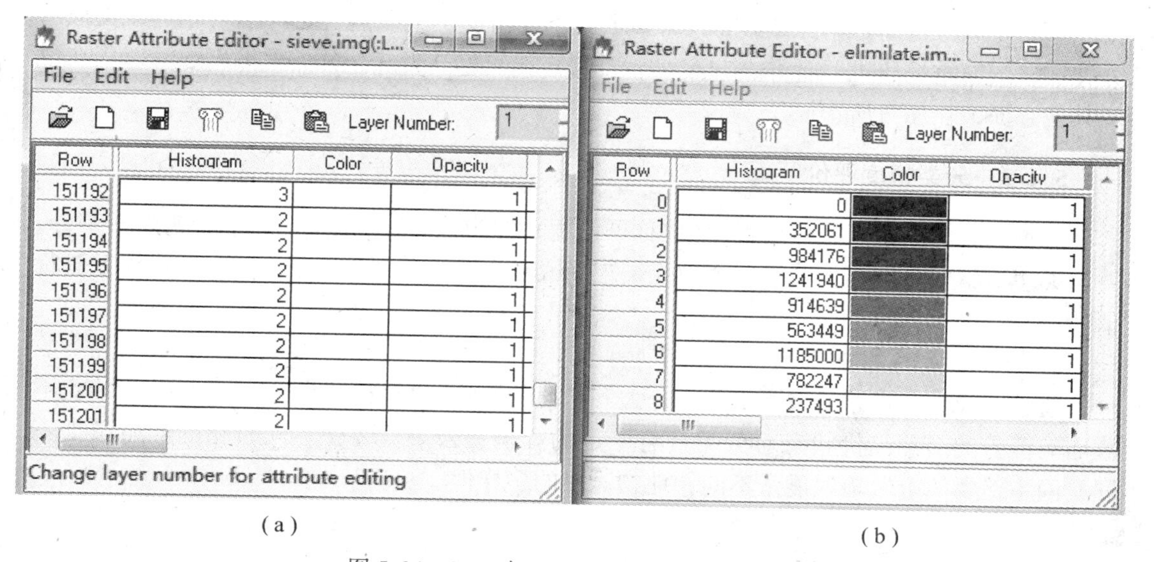

(a) (b)

图 5.24 Sieve 与 Elimilate 处理后属性比较

4. 分类重编码(Recode)

在 ERDAS 工具条中依次单击“Interpreter”→“GIS Analysis”→“Recode”，启动分类重编码对话框，如图 5.25(a)所示，单击“Setup Recode”，在“New Value”一栏中将相同的类别用相同的数字表示，如图 5.25(b)所示，即进行类别的合并。注意，Recode 最终分类的类别数目取决于 New Value 的最大值，并且分得的类别值是从 0 自然增加到最大 Value 值的。

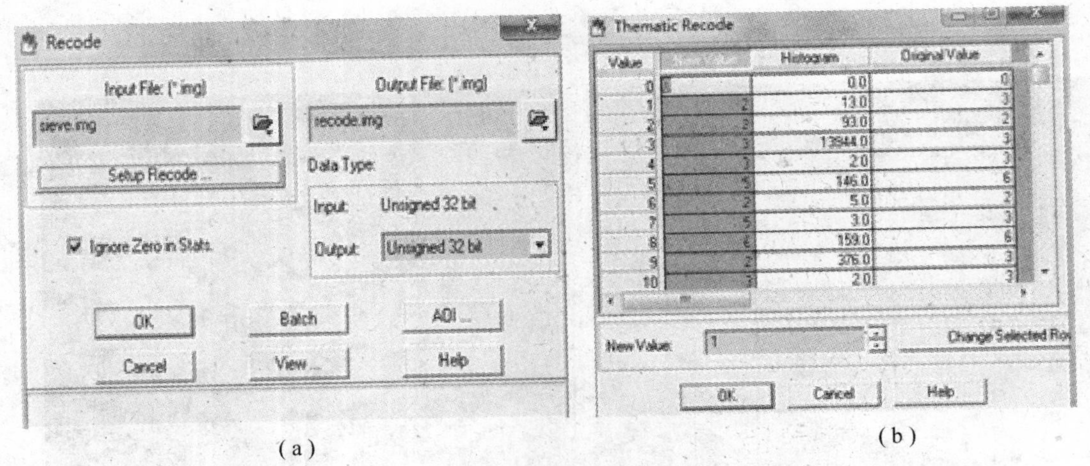

(a) (b)

图 5.25 分类重编码参数设置

作为分类后处理命令之一的分类重编码，主要是针对非监督分类而言的，由于非监督分类之前，用户对分类地区没有什么了解，所以在非监督分类过程中，一般要定义比最终需要多一定数量的分类数；在完全按照像元灰度值通过 ISODATA 聚类获得分类方案后，首先是将专题分类图像与原始图像对照，判断每个分类的专题属性，然后对相近或类似的分类通过图像重编码进行合并，并定义分类名称和颜色。当然，分类重编码还可以用在很多其他方面，作用有所不同。

5.4.3 分类精度评价

分类后专题图的正确分类程度(也称可信度)的检核，是遥感图像定量分析的一部分。一般无法对整幅分类图去检核每个像元是正确或错误，而是利用一些样本对分类误差进行估计。

1. 分类误差的来源

遥感图像分类误差的来源主要有：大气状况的影响：吸收、散射；下垫面的影响：下垫面的覆盖类型和起伏状态对分类具有一定的影响；云朵覆盖；不同时相的光照条件不同，同一地物的电磁辐射能量不同；地物边界的多样性。

2. 误差的特征

误差并非随机分布在影像上，而是显示出空间上的系统性和规则性。一般来说，错分像元在空间上并不是单独出现的，而是按照一定的形状和分布位置成群出现。误差与它们属于的地块有着明确的空间关系，如它们倾向于出现在边缘或地块内部。

3. 精度评价的方法

对一帧遥感影像进行专题分类后需要进行分类精度的评价，而进行评价精度的因子有混淆矩阵、总体分类精度、Kappa 系数、错分误差、漏分误差、每一类的制图精度和用户精度。

混淆矩阵(Confusion Matrix)主要用于比较分类结果和地表真实信息，可以把分类结果的精度显示在一个混淆矩阵里面。混淆矩阵是通过将每个地表真实像元的位置和分类与分类图像中的相应位置和分类相比较计算的。混淆矩阵的每一列代表了一个地表真实分类，每一列中的数值等于地表真实像元在分类图像中对应于相应类别的数量，有像元数和百分比表示两种。

总体分类精度(Overall Accuracy)等于被正确分类的像元总和除以总像元数，地表真实图像或地表真实感兴趣区限定了像元的真实分类。被正确分类的像元沿着混淆矩阵的对角线分布，它显示出被分类到正确地表真实分类中的像元数。像元总数等于所有地表真实分类中的像元总和。

Kappa 系数是另外一种计算分类精度的方法。它是通过把所有地表真实分类中的像元总数(N)乘以混淆矩阵对角线(X_{kk})的和，再减去某一类中地表真实像元总数与该类中被分类像元总数之积对所有类别求和的结果，再除以总像元数的平方差减去某一类中地表真实像元总数与该类中被分类像元总数之积对所有类别求和的结果所得到的。

错分误差指被分为用户感兴趣的类，而实际上属于另一类的像元，错分误差显示在混淆矩阵的行里面。

漏分误差指本属于地表真实分类，但没有被分类器分到相应类别中的像元数。漏分误差显示在混淆矩阵的列里。

制图精度指假定地表真实为 A 类，分类器能将一幅图像的像元归为 A 类的概率。

用户精度指假定分类器将像元归到 A 类时，相应的地表真实类别是 A 类的概率。

对分类结果进行评价，确定分类的精度和可靠性。有两种方式用于精度验证：一是混淆矩阵，二是 ROC 曲线，比较常用的为混淆矩阵，ROC 曲线可以用图形的方式表达分类精度，比较形象。

习题与思考题

1. 叙述监督分类与非监督分类的区别。
2. 叙述最大似然法分类原理及存在的缺点。
3. 叙述最小距离法分类的原理和步骤。
4. 叙述 ISODATA 法非监督分类的原理和步骤。

第6章 遥感专题图

☞学习目标

本章介绍了4种遥感专题图的内容与制作方法：遥感影像地图、土地利用图、植被指数图和三维景观图。通过本章的学习，要求理解并掌握这4种遥感专题图的相关知识和制作方法。

6.1 遥感影像地图

6.1.1 遥感影像地图的概述

遥感影像地图是一种以遥感影像和一定的地图符号来表现制图对象地理空间分布和环境状况的地图。在遥感影像地图中，图面内容要素主要由影像构成，辅助以一定的地图符号来表现或说明制图对象。由于遥感影像地图结合了遥感影像与地图的各自优点，比遥感影像具有可读性和可测量性，比普通地图更加客观真实，信息量更加丰富，因此日益受到人们的重视。

遥感影像地图的制作包括图像的纠正、线划要素的制作和图廓整饰3部分。

对于影像纠正，首先在影像图区域内，均匀选取足够数量(根据纠正模型)的控制点，按照多项式纠正法或者共线方程法进行几何纠正。控制点的坐标可以从与制作出的影像地图比例尺相当的地形图上读取，也可以通过GPS等其他测量手段获得。遥感影像图的制图比例尺一般按照lm分辨率的遥感图像可制作1∶1万的地图为参考。制图精度应根据纠正模型将平面误差控制在1~1.5个像元。

对于线划要素的制作，影像上能清楚显示的要素均以图像表示，而不用符号表示，如河流、湖泊，山体，海岸等；图像上能清楚显示，而不能很好区分其位置和特征，用说明注记表示；影像上重要地物在无法识别时用符号表示，如居民地、道路；影像没有的内容用符号和注记表示，如高程注记、河流流向、山名等。

6.1.2 遥感影像地图的制作

1. 遥感影像地图的制作方法

遥感影像地图的制作方法如下：

(1)遥感影像信息选取与数字化

根据图像制图要求，选取合适时相、恰当波段与指定地区的遥感影像，需要镶嵌的多景遥感影像宜选用同一颗卫星获取的图像或胶片，非同一颗卫星影像时，也应选择时相接近的影像或胶片，检查所选的图像质量，制图区域范围内不应有云或云量低于 10%。

对航空像片或图像胶片需要数字化处理。扫描的图像反差应适中，尽量保持原图像信息不损失，不产生灰度拖尾现象。

(2)地理信息底图的选取与数字化

采用地理基础底图对遥感影像进行几何纠正，首先需要对地理底图数字化。

(3)遥感影像几何纠正与图像处理

几何纠正的目的是提高遥感图像与地理基础底图的复合精度，遥感图像几何纠正精度与在图像和地形图上选取同名地物控制点密切相关，其选取原则如下：尽量选取相对永久性地物，如道路交叉点、大桥或水坝等；所选地物控制点应均匀分布，一景遥感图像范围内的地物控制点不少于 20 个。

地物控制点应按顺序编号，自上而下，自左而右，同名地物控制点编号必须一致，以避免配准过程中因同名地物控制点编号不一致而出现错误。

设影像图和地形图上有 k 个同名地物点，这些同名地物点在图像图中记为 T_1，T_2，…，T_k，在地形图中记为 T'_1、T'_2、…、T'_k，令 T_{ix} 表示影像图中控制点的 X 坐标，T_{iy} 表示影像图中控制点的 Y 坐标，T'_{ix} 表示地形图中控制点的 X 坐标，T'_{iy} 表示地形图中控制点的 Y 坐标，这里 $i=1$，2，…，k。

计算同名地物点方差与单点最大误差公式如下：

$$M=\frac{1}{k-1}\sum_{i=1}^{k}\sqrt{(T_{ix}-T'_{ix})^2+(T_{iy}-T'_{iy})^2}\quad (i=1,\ 2,\ \cdots,\ k)\tag{6-1}$$

$$\mathrm{SME}=\max\left(\sqrt{(T_{ix}-T'_{ix})^2+(T_{iy}-T'_{iy})^2}\right)\quad (i=1,\ 2,\ \cdots,\ k)\tag{6-2}$$

式中，M 为同名地物点方差，SME 为单点最大误差。这里规定：图像配准允许最大误差为小于或等于 1 个像素，同名地物点总方差阈值 $E=1$ 像元，单个同名地物点最大误差阈值 $e=0.5$ 像元。如果 SME<e，且 $M<E$，说明达到配准精度要求。若 SME>e，或 $M>E$，则需要重新进行数字图像与地理底图之间配准。

进行图像几何纠正，纠正的图像应附有地理坐标，图像的灰度动态范围可不做调整。图像处理的目的是消除图像噪音，去除少量云朵，增强图像中的专题内容。

(4)遥感图像镶嵌与地理基础底图拼接

如果制图区域范围很大，一景遥感图像不能覆盖全部区域，或一幅地理基础底图不能覆盖全部区域，这就需要进行遥感图像镶嵌或地理基础底图拼接。

镶嵌过程可以利用通用遥感图像处理软件，也可针对图像特点开发专用图像镶嵌软件。镶嵌的质量要求在不同图像之间接缝处几何位置相对误差不大于 1 个像元。图像之间灰度过度平缓、自然，接缝处过度灰度均值不大于两个灰度等级并看不出拼接灰度的痕迹。镶嵌后的图像是一幅信息完整、比例尺统一和灰度一致的图像。

多幅地理基础底图拼接可以利用 GIS 提供的底图拼接功能进行，依次利用两张底图相邻的四周角点地理坐标进行拼接，将多幅地理基础底图拼接成一幅信息完整、比例尺统一的制图区域底图。

(5)地理基础底图与遥感图像复合

遥感图像与地理底图的复合是将同一区域的图像与图形准确套合，但它们在数据库中仍然是以不同数据层的形式存在的。遥感图像与地理底图复合的目的是提高遥感图像地图的定位精度和解译效果。

卫星数字图像与地理底图之间复合操作如下：利用多个同名地物控制点做卫星数字图像与数字底图之间的位置配准；将数字专题地图与卫星数字图像进行重合叠置。

(6)符号注记图层生成

地图符号可以突出地表现制图区域内一种或几种自然要素或社会经济要素，例如，人口密度、行政区划界线等。尽管地表现象种类繁多，变化复杂，但从现象的空间分布来看，可以将它们归纳为点状、线状、面状地物。对于点状分布地物，常用定点符号法表示；对于线状分布地物则多用线状符号法表示；对间断、成片分布的地物或现象来说，主要用范围法表示；对连续而布满某个区域的地物，可选择等值线法和定位图表法、分区统计图表法来表示。

注记是对某种地物属性的补充说明，如在图像图上可注记街道名称、山峰和河流名称，标明山峰的高程，这些注记可以提高图像地图的易读性。

符号和注记可以利用图形软件交互式添加在新的数据图层中。

(7)图像地图图面配置

图面配置要求保持图像地图上信息量均衡和便于用图者使用。合理设计与配置地图图面可以提高图像地图表现的艺术性。图面配置包括以下内容：

①图像地图放置的位置。一般将图像地图放在图的中心区域，以便突出与醒目。

②添加图像标题。图像标题是对制图区域与图像特征的说明，图像标题字号要醒目，通常放在图像图上方或左侧。

③配置图例。为便于阅读遥感图像，需要增加图例来说明每种专题内容。图例一般放在图像地图中的右侧或下部位置。

④配置参考图。参考图可以对图像图起到补充或者说明作用，参考图可以作为平衡图面的一种手段，放在图的四周任意位置。

⑤放置比例尺。比例尺一般放在图像图下部右侧。

⑥配置指北箭头。指北箭头可以说明图像图的方向，通常将指北箭头放在图像图右侧。

⑦图幅边框生成。图像图幅边框是对图像区域的界定，可以根据需要指定图符边框线框与边框颜色。

图面配置的结果可以单独保存在一个数据图层中。

(8)遥感图像地图制作与印刷

经过前面各项工作后，就可以生成数字图像地图原图，过程如下：数字图像与数据底图、符号注记图层、图面配置数字图层精确配准，配准时可以利用各个图层的同名地物点作为控制点，保证同名控制点精确重合，同名地物点配准允许最大误差小于1个像素。

在图像图与多个数字图层配准基础上，通过不同图层的逻辑运算生成一个新的数据层，该数据层作为一个数据文件保存。

2. 遥感影像地图软件操作

遥感影像地图制作的方法很多，这里以 ERDAS IMAGINE 9.0 软件为例进行介绍。首先启动 ERDAS 软件的 Composer 模块或单击"Main"菜单下的"Map Composer"选项，打开地图编辑器，如图 6.1 所示。该模块包括新建地图、打开已有地图、打印地图、编辑地图文件路径等一系列地图工具和地图数据库工具。制作遥感图像地图的步骤包括：数据准备、产生专题制图文件、绘制地图图框、绘制格网线与坐标注记、绘制比例尺、绘制地图图例、绘制指北针、放置地图图名。具体操作步骤如下：

(1)数据准备

选择"File/Open/Raster Layer"命令，打开"Select Layer To Add"对话框，选择输入数据(File name)为 Supervised. img，打开遥感图像。

(2)产生专题制图文件

点击"Composer"图标"/New Map Composition"命令，打开"New Map Composition"对话框。在"New Map Composition"中定义下列参数，如图 6.2 所示。

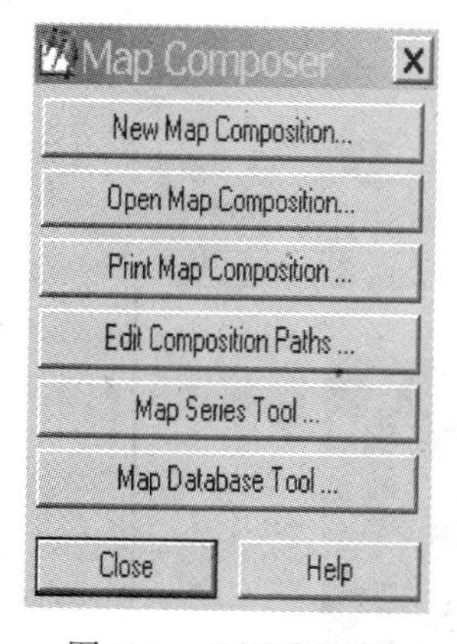

图 6.1 地图编辑器

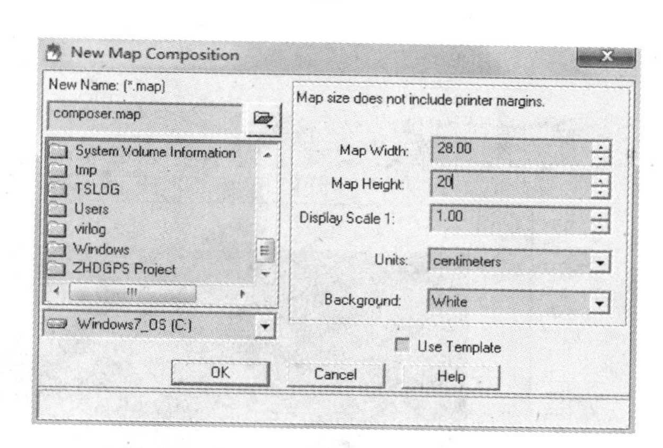

图 6.2 "New Map Composition"对话框

(3)绘制地图图框

①在 Annotation 工具面板，点击 ⬚ 图标。

②在地图编辑视窗的图形窗口中，按住鼠标左键拖动绘制一个矩形框(Map Frame)。

③释放鼠标左键后，打开"Map Frame Data Source"对话框。点击"Viewer"中的图像后，打开"Create Frame Instructions"指示器。

④在显示图像的视窗中任意位置单击左键，表示对该图像进行专题制图。随即打开"Map Frame"对话框，在"Map Frame"对话框中可按照用户需要改变参数，如图 6.3 所示。

⑤将输出图面充满整个视窗(View/Scale/Map Window 命令)(图 6.4)。

(4)绘制格网线与坐标注记

单击图标 卌，单击地图编辑视窗图形窗口中的图框，打开"Set Grid/Tick Info"对话框设置参数，单击"Apply"按钮，然后单击"Close"按钮(图 6.5)。

(5)绘制比例尺

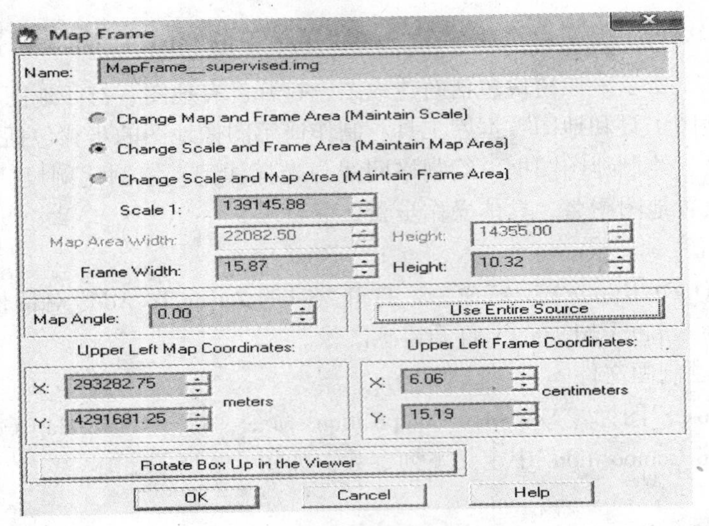

图 6.3 “Map Frame”对话框

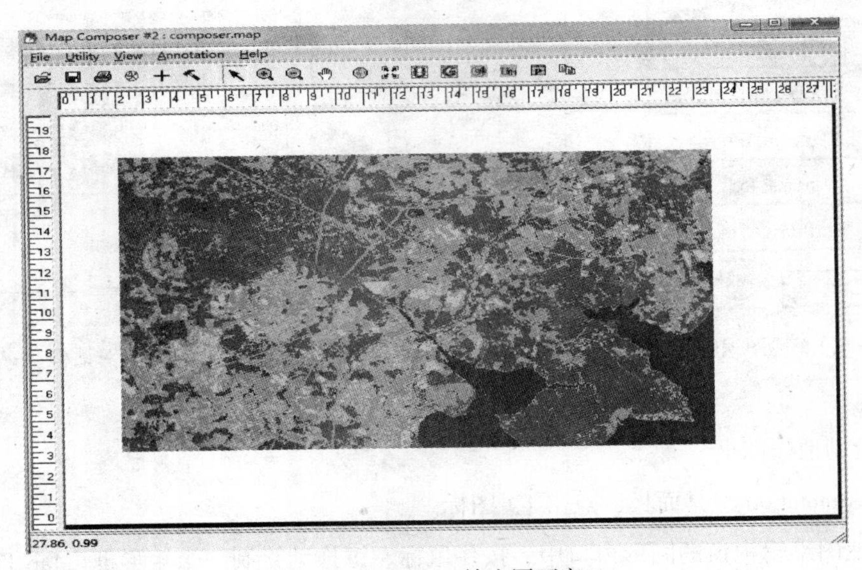

图 6.4 Scomposer 输出图面窗口

在“Annotation”工具面板，点击图标，绘制比例尺放置框，随即打开“Scale Bar Instructions”指示器。鼠标指定绘制比例尺的依据，随即打开“Scale Bar Properties”对话框。如图 6.6 所示，定义参数，单击“Apply”按钮，单击“Close”按钮。

(6)绘制地图图例

在“Annotation”工具面板，单击图标，定义放置图例左上角位置，随即打开“Legend Instruction”指示器。

鼠标指定绘制图例的依据，随即打开“Legend Properties”对话框。如图 6.7 至图 6.10 所示，定义参数，单击“Apply”按钮，单击“Close”按钮。

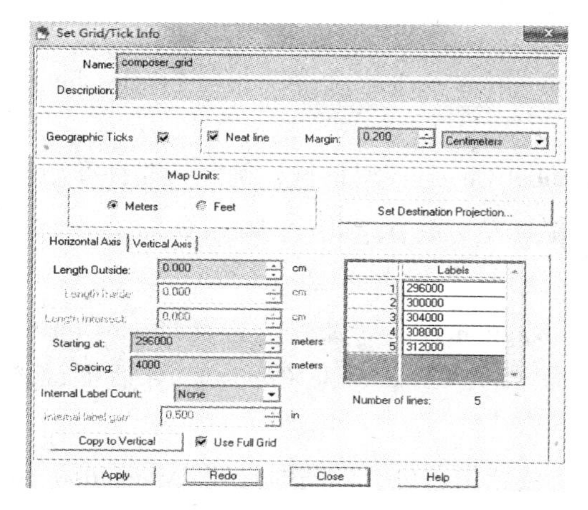

图 6.5 “Set Grid/Tick Info”对话框

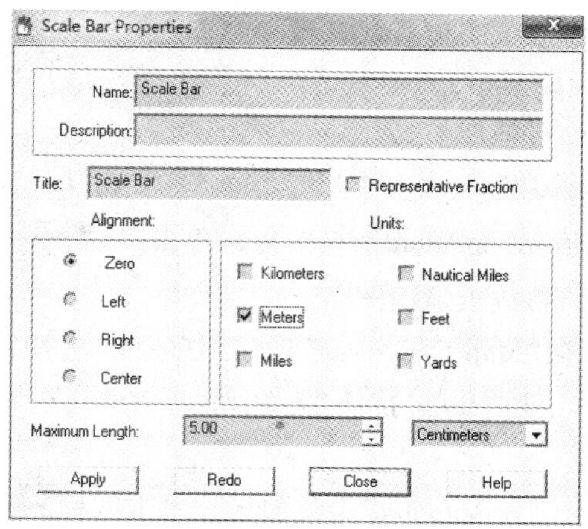

图 6.6 “Scale Bar Properties”对话框

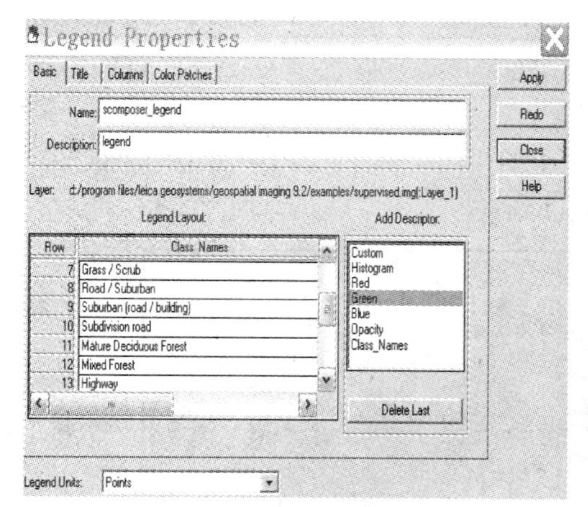

图 6.7 Basic 选项卡

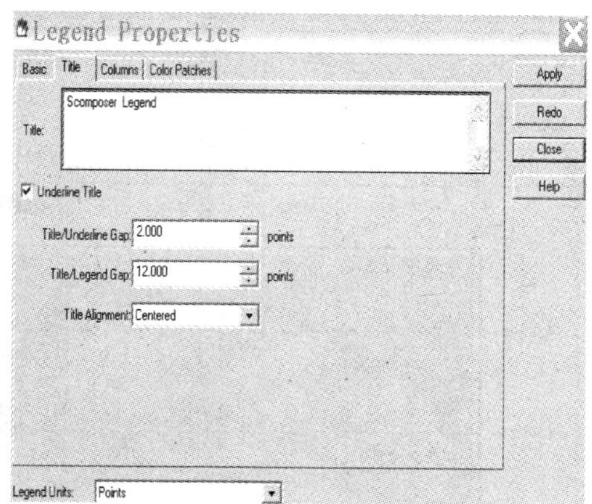

图 6.8 Title 选项卡

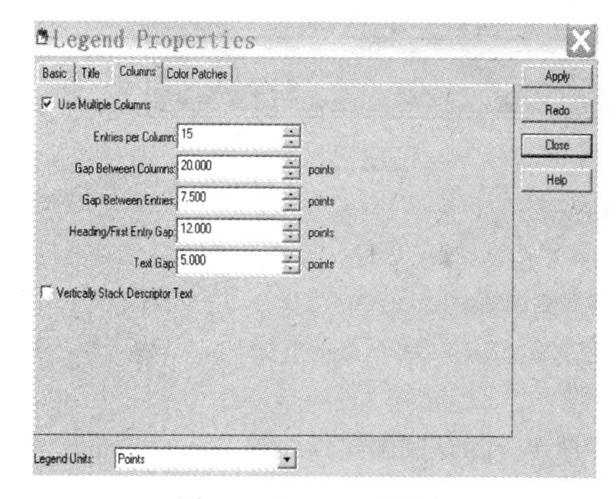

图 6.9 Columns 选项卡

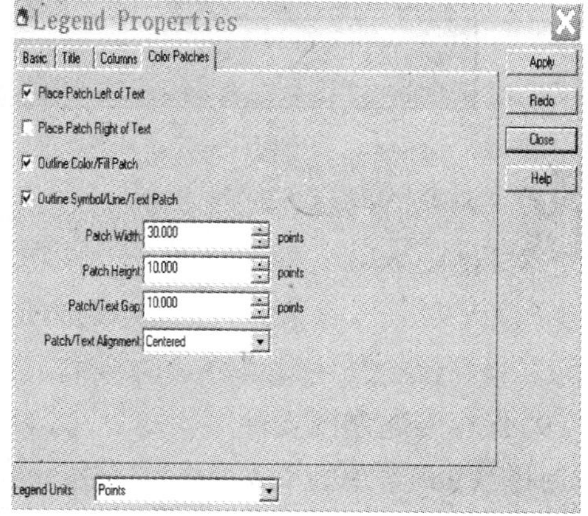

图 6.10 Color Patches 选项卡

(7)绘制指北针

在"Map Composer"视窗菜单条，选择"Annotation/Styles"命令，打开"Styles for Composer"对话框。

选择"Symbol Styles/Other"命令，打开"Symbol Chooser"对话框，确定指北针类型。

在Annotation工具面板，单击图标 ，鼠标左键放置指北针。

(8)放置地图图名

在"Map Composer"视窗菜单条，选择"Annotation/Styles"命令，打开"Styles for Composer"对话框。选择"Text Styles/Other"命令，打开"Text Style Chooser"对话框，选择字体。

在"Annotation"工具面板，单击图标 。放置图名位置，随即打开"Annotation Text"对话框。在"Annotation Text"对话框中输入图名字符串。单击"Apply"按钮，单击"OK"按钮，如图6.11所示。

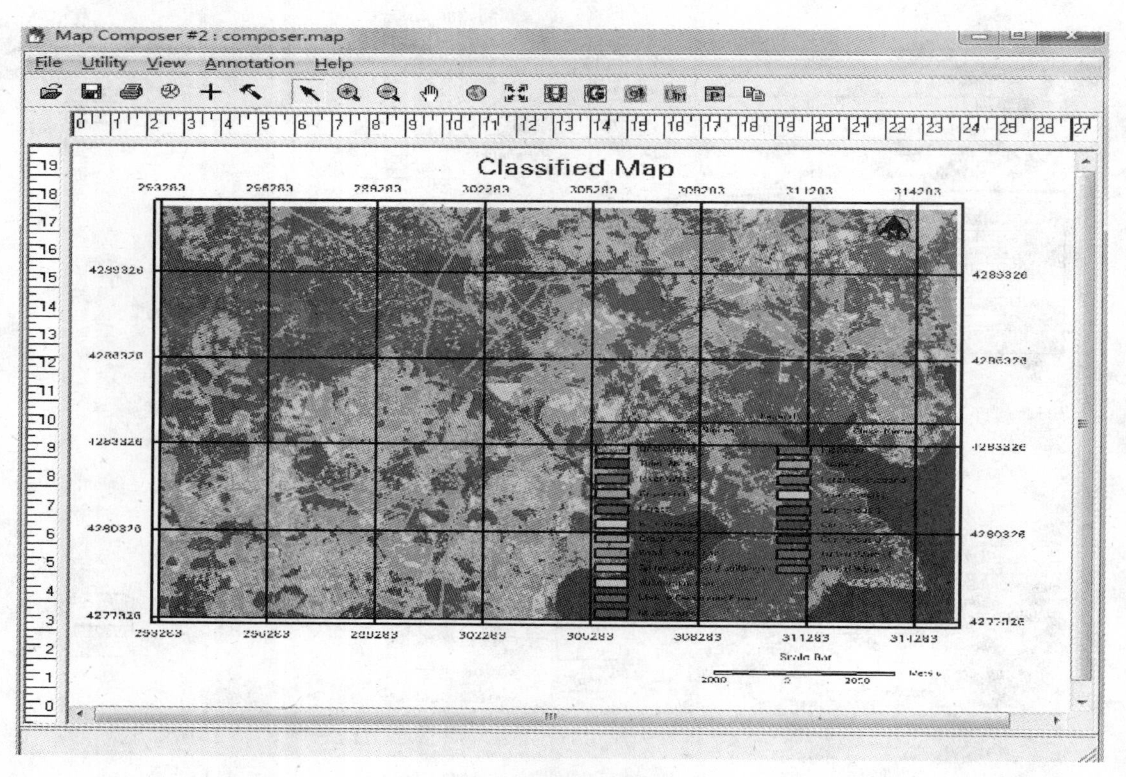

图6.11 专题制图结果

(9)保存专题制图文件

选择"File"菜单"/Save/Map Composition"命令，保存制图文件(scomposer. map)。

6.2 土地利用图

6.2.1 土地利用图的概述

土地利用图是表达土地资源的利用现状、地域差异和分类的专题地图。它是研究土地利用的重要工具和基础资料，同时也是土地利用调查研究的主要成果之一。在编制土地利用图的基础上，对当前利用的合理程度和存在的问题、进一步利用的潜力、合理利用的方向和途径，进行综合分析和评价。因此，土地利用图是调整土地利用结构，因地制宜进行农业、工矿业和交通布局、城镇建设、区域规划、国土整治、农业区划等的一项重要科学依据。

就内容而言，土地利用图包括：土地利用现状图、土地资源开发利用程度图、土地利用类型图、土地覆盖图、土地利用区划图和有关土地规划的各种地图。此外，还有着重表达土地利用某一侧面的专题性土地利用图，如垦殖指数图，耕地复种指数图，草场轮牧分区图，森林作业分区图，农村居民点、道路网、渠系、防护林分布图，荒地资源分布和开发规划图等。其中以土地利用现状图为主，要求如实反映制图地区内土地利用的情况、土地开发利用的程度、利用方式的特点、各类用地的分布规律，以及土地利用与环境的关系等。遥感图像具有实时性、现势性的特点，利用遥感图像制作土地利用现状图可以快速、及时、准确地反映目前土地的利用情况，并且遥感资料的综合性因素有利于土地覆盖与类型的分析与划分，土地覆盖要素在图像上有明显的特征，选用最佳时期的图像可以提取更多的类型，能缩短野外土地利用调查研究和室内成图的周期，并减少费用，尤其对难以考察地区的土地调查和土地利用有更大的优越性。

6.2.2 土地利用图的制作

1. 土地利用图的制作步骤

利用遥感影像进行土地利用图的制作步骤如下：

(1)数据收集和预处理

数据预处理包括：

①波段组合。在波段组合时，主要考虑两个方面因素：波段间相关性最小和组合波段的信息量最大。

②图像校正。主要是对图像进行几何校正。几何校正是进行多时相图像土地利用及其变化信息提取的前提，校正精度直接影响分类精度。

③图像增强。图像增强处理能够较好地为识别和提取地物信息作参考。常用的图像增强处理方法有空间增强处理、辐射增强处理、光谱增强处理等。

④分类体系的确定。遥感图像的分类体系是进行遥感图像分类的重要依据和基础。2007 年国家发布的《土地利用现状分类》标准采用一级、二级两个层次的分类体系，共分 12 个一级类、57 个二级类，详见表 6.1。

表6.1 土地利用现状分类及编码

一级类		二级类		含义
编码	名称	编码	名称	
01	耕地			指种植农作物的土地，包括熟地，新开发、复垦、整理地，休闲地(含轮歇地、轮作地)；以种植农作物(含蔬菜)为主，间有零星果树、桑树或其他树木的土地；平均每年能保证收获一季的已垦滩地和海涂。耕地中包括南方宽度<1.0m、北方宽度<2.0m固定的沟、渠、路和地坎(埂)；临时种植药材、草皮、花卉、苗木等的耕地，以及其他临时改变用途的耕地
		011	水田	指用于种植水稻、莲藕等水生农作物的耕地。包括实行水生、旱生农作物轮种的耕地
		012	水浇地	指有水源保证和灌溉设施，在一般年景能正常灌溉，种植旱生农作物的耕地。包括种植蔬菜等的非工厂化的大棚用地
		013	旱地	指无灌溉设施，主要靠天然降水种植旱生农作物的耕地，包括没有灌溉设施，仅靠引洪淤灌的耕地
02	园地			指种植以采集果、叶、根、茎、汁等为主的集约经营的多年生木本和草本作物，覆盖度大于50%或每亩株数大于合理株数70%的土地，包括用于育苗的土地
		021	果园	指种植果树的园地
		022	茶园	指种植茶树的园地
		023	其他园地	指种植桑树、橡胶、可可、咖啡、油棕、胡椒、药材等其他多年生作物的园地
03	林地			指生长乔木、竹类、灌木的土地，及沿海生长红树林的土地。包括迹地，不包括居民点内部的绿化林木用地，铁路、公路征地范围内的林木，以及河流、沟渠的护堤林
		031	有林地	指树木郁闭度≥0.2的乔木林地，包括红树林地和竹林地
		032	灌木林地	指灌木覆盖度≥40%的林地
		033	其他林地	包括疏林地(指树木郁闭度≥0.1、<0.2的林地)、未成林地、迹地、苗圃等林地

续表

一级类		二级类		含义
编码	名称	编码	名称	
05	商服用地			指主要用于商业、服务业的土地
		051	批发零售用地	指主要用于商品批发、零售的用地。包括商场、商店、超市、各类批发(零售)市场，加油站等及其附属的小型仓库、车间、工场等的用地
		052	住宿餐饮用地	指主要用于提供住宿、餐饮服务的用地。包括宾馆、酒店、饭店、旅馆、招待所、度假村、餐厅、酒吧等
		053	商务金融用地	指企业、服务业等办公用地，以及经营性的办公场所用地。包括写字楼、商业性办公场所、金融活动场所和企业厂区外独立的办公场所等用地
		054	其他商服用地	指上述用地以外的其他商业、服务业用地。包括洗车场、洗染店、废旧物资回收站、维修网点、照相馆、理发美容店、洗浴场所等用地
06	工矿仓储用地			指主要用于工业生产、物资存放场所的土地
		061	工业用地	指工业生产及直接为工业生产服务的附属设施用地
		062	采矿用地	指采矿、采石、采砂(沙)场，盐田，砖瓦窑等地面生产用地及尾矿堆放地
		063	仓储用地	指用于物资储备、中转的场所用地
07	住宅用地			指主要用于人们生活居住的房基地及其附属设施的土地
		071	城镇住宅用地	指城镇用于生活居住的各类房屋用地及其附属设施用地。包括普通住宅、公寓、别墅等用地
		072	农村宅基地	指农村用于生活居住的宅基地
08	公共管理与公共服务用地			指用于机关团体、新闻出版、科教文卫、风景名胜、公共设施等的土地
		081	机关团体用地	指用于党政机关、社会团体、群众自治组织等的用地
		082	新闻出版用地	指用于广播电台、电视台、电影厂、报社、杂志社、通讯社、出版社等的用地

续表

一级类		二级类		含 义
编码	名称	编码	名称	
08	公共管理与公共服务用地	083	科教用地	指用于各类教育，独立的科研、勘测、设计、技术推广、科普等的用地
		084	医卫慈善用地	指用于医疗保健、卫生防疫、急救康复、医检药检、福利救助等的用地
		085	文体娱乐用地	指用于各类文化、体育、娱乐及公共广场等的用地
		086	公共设施用地	指用于城乡基础设施的用地。包括给排水、供电、供热、供气、邮政、电信、消防、环卫、公用设施维修等用地
		087	公园与绿地	指城镇、村庄内部的公园、动物园、植物园、街心花园和用于休憩及美化环境的绿化用地
		088	风景名胜设施用地	指风景名胜(包括名胜古迹、旅游景点、革命遗址等)景点及管理机构的建筑用地。景区内的其他用地按现状归入相应地类
09	特殊用地			指用于军事设施、涉外、宗教、监教、殡葬等的土地
		091	军事设施用地	指直接用于军事目的的设施用地
		092	使领馆用地	指用于外国政府及国际组织驻华使领馆、办事处等的用地
		093	监教场所用地	指用于监狱、看守所、劳改场、劳教所、戒毒所等的建筑用地
		094	宗教用地	指专门用于宗教活动的庙宇、寺院、道观、教堂等宗教自用地
		095	殡葬用地	指陵园、墓地、殡葬场所用地
10	交通运输用地			指用于运输通行的地面线路、场站等的土地。包括民用机场、港口、码头、地面运输管道和各种道路用地
		101	铁路用地	指用于铁道线路、轻轨、场站的用地。包括设计内的路堤、路堑、道沟、桥梁、林木等用地
		102	公路用地	指用于国道、省道、县道和乡道的用地。包括设计内的路堤、路堑、道沟、桥梁、汽车停靠站、林木及直接为其服务的附属用地

续表

一级类		二级类		含义
编码	名称	编码	名称	
10	交通运输用地	103	街巷用地	指用于城镇、村庄内部公用道路(含立交桥)及行道树的用地。包括公共停车场，汽车客货运输站点及停车场等用地
		104	农村道路	指公路用地以外的南方宽度≥1.0m、北方宽度≥2.0m的村间、田间道路(含机耕道)
		105	机场用地	指用于民用机场的用地
		106	港口码头用地	指用于人工修建的客运、货运、捕捞及工作船舶停靠的场所及其附属建筑物的用地，不包括常水位以下部分
		107	管道运输用地	指用于运输煤炭、石油、天然气等管道及其相应附属设施的地上部分用地
11	水域及水利设施用地			指陆地水域，海涂，沟渠、水工建筑物等用地。不包括滞洪区和已垦滩涂中的耕地、园地、林地、居民点、道路等用地
		111	河流	指天然形成或人工开挖河流常水位岸线之间的水面，不包括被堤坝拦截后形成的水库水面
		112	湖泊	指天然形成的积水区常水位岸线所围成的水面
		113	水库	指人工拦截汇集而成的总库容≥10万m^3的水库正常蓄水位岸线所围成的水面
		114	坑塘	指人工开挖或天然形成的蓄水量<10万m^3的坑塘常水位岸线所围成的水面
		115	沿海滩涂	指沿海大潮高潮位与低潮位之间的潮浸地带。包括海岛的沿海滩涂。不包括已利用的滩涂
		116	内陆滩涂	指河流、湖泊常水位至洪水位间的滩地；时令湖、河洪水位下的滩地；水库、坑塘的正常蓄水位与洪水位间的滩地。包括海岛的内陆滩地。不包括已利用的滩地
		117	沟渠	指人工修建，南方宽度≥1.0m、北方宽度≥2.0m用于引、排、灌的渠道，包括渠槽、渠堤、取土坑、护堤林
		118	水工建筑用地	指人工修建的闸、坝、堤路林、水电厂房、扬水站等水位岸线以上的建筑物用地
		119	冰川	指表层被冰雪常年覆盖的土地

续表

一级类		二级类		含义
编码	名称	编码	名称	
12	其他用地			指上述地类以外的其他类型的土地
		121	空闲地	指城镇、村庄、工矿内部尚未利用的土地
		122	设施农用地	指直接用于经营性养殖的畜禽舍、工厂化作物栽培或水产养殖的生产设施用地及其相应附属用地，农村宅基地以外的晾晒场等农业设施用地
		123	田坎	主要指耕地中南方宽度≥1.0m、北方宽度≥2.0m的地坎
		124	盐碱地	指表层盐碱聚集，生长天然耐盐植物的土地
		125	沼泽地	指经常积水或浸水，一般生长沼生、湿生植物的土地
		126	沙地	指表层为沙覆盖、基本无植被的土地
		127	裸地	指表层为土质，基本无植被覆盖的土地；或表层为岩石、石砾，其覆盖面积≥70%的土地

(2)训练区的选择

对于非监督分类来说，也要选择样区以辅助对簇分析结果的归类，对于监督分类而言，训练区用于提取各类的特征参数以对各类进行模拟。

(3)对像元进行分类

非监督分类不需要任何先验知识，仅根据遥感图像地物光谱特征的分布规律，按照不同的地面光反射(灰阶)实现分类，分类结果是对不同的地物类别实现区分，但不能确定类别的属性，属性是通过事后对各类光谱进行分析后确定的。

实际应用中，监督分类是在分类之前通过实地的抽样调查，配合人工目视判读，对遥感图像上抽样区的图像地物类别属性拥有先验的知识，计算机按照这些已知类别的特征去“训练”判别函数，以此完成对整幅图像的分类。监督分类通常经过建立模板、评价模板、确定初步分类结果、分类后处理、分类特征统计、矢量栅格转换等步骤实现的。

(4)对分类结果进行后处理

对分类结果进行后处理包括纠正明显错分的类型及制图综合等。

(5)评价分类准确度

将分类结果与已知准确的类型进行比较，得到分类图的客观分对率，得出误差矩阵，如果分类结果不够准确，需要检查前几步的步骤看看有无改善的可能。

2. 土地利用图软件操作

对于遥感图像的预处理、遥感图像的分类方法，前面章节中有较详细叙述，此处不再赘述。

(1)遥感图像分类图的制作

根据前文介绍的方法，首先运用ERDAS IMAGINE中的“Signature Editor”定义监督分类的模板。其次，利用 Contingency Matrix 方法对图像训练区进行可能性矩阵分析，要求得到的误差矩阵大于85%，模板精度即符合要求。再次，利用 Supervised Classification 功能完成初步监督分类，如图 6.12 所示。最后，对分类图像进行分类处理，利用 Clump 和 Eliminate 功能，联合完成小图斑的处理工作，如图 6.13 所示。

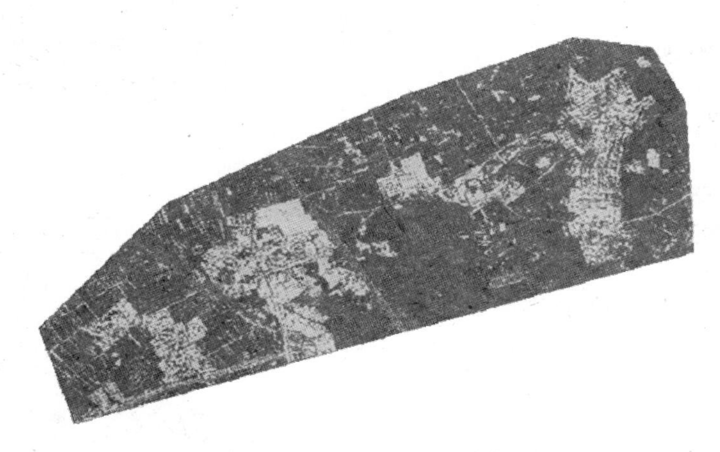

图 6.12 初步分类结果

图 6.13 分类后处理结果

(2)图斑勾绘

在分类处理后的专题图上，新建一个矢量层，在“File”菜单的子菜单“New”中选择“Vector Layer”，新建一个 Shape 文件，并命名为“Block. shp”，选择 Shapefile 类型为“Polygon Shape”，如图 6.14 所示，然后在“View”菜单中选择“Arrange Layers”，将新建的矢量层调整到最上方。再选择“Vector”菜单中的 Enable Editing，使得矢量层可编辑。单击 Vector 菜单中的 Tool 子菜单，弹出矢量编辑工具，单击 图标进行多边形的创建。以分类后处理图为底图，分别对各种类型地物的轮廓进行勾绘。每一类型的图斑勾绘完毕，选择“Vector”菜单中的子菜单“Symbology”，在弹出的对话框中选择“Automatic”菜单下的“Unique Value”项，将多边形的 ID 号作为唯一标识，如图 6.15 所示。选择勾绘的多边形，改变其颜色。最后将图斑矢量层和图斑符号保存。在"Symbology"对话框中，选择"File"菜单下的"Save As"子菜单，图斑勾绘结果如图6.16所示。

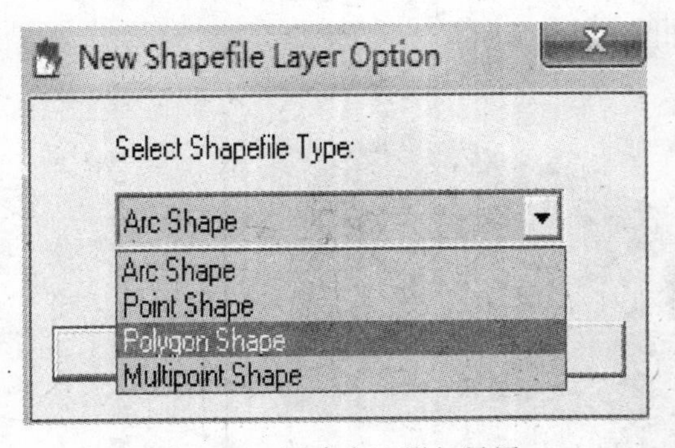

图6.14 新建多边形矢量层

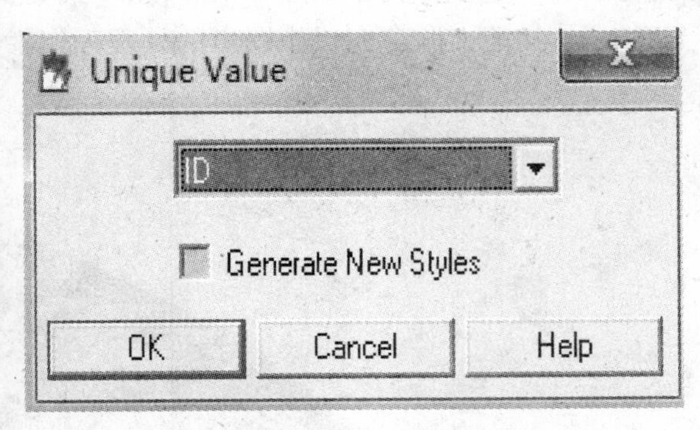

图6.15 选择图斑标识值

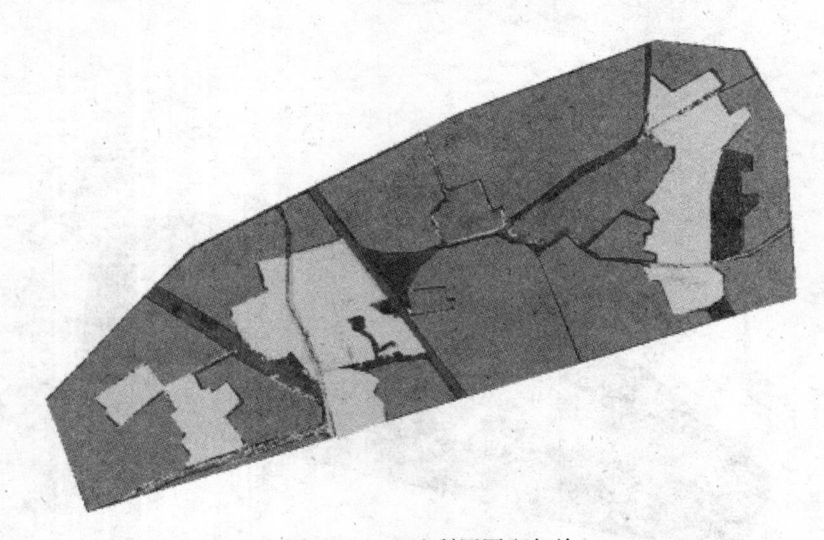

图6.16 土地利用图斑勾绘

(3)专题制图

土地利用现状专题图可按照遥感图像地图制图的步骤进行，包括新建地图、绘制地图图框、绘制地图比例尺、绘制地图图例、放置地图图名等。图斑类型编码按照土地利用现状分类编码进行设置。本例中只进行了一级类的分类，如耕地编码为01，水域编码为11，居民地编码为07，工矿编码为06，最后完成土地利用现状专题图的制作。

6.3 植被指数图

6.3.1 植被指数的概述

植被指数是遥感监测地面植物生长和分布的一种方法。遥感图像上植被指数提取的根据是植被在可见光红波段和近红外波段的光谱反射特性及其差异。植被红光波段 0.55～0.681μm 有一个强烈的吸收带，它与叶绿素密度成反比；而近红波段 0.725～1.1μm 有一个较高的反射峰，它与叶绿素密度成正比。两个波段的比值和归一组合与植被的叶绿素含量、叶面积及生物量密切相关。通过对红波段和近红外波段反射率的线性或非线性组合，可以消除地物光谱产生的影响，得到的特征指数称为植被指数。

由于植被光谱受到植被本身、土壤背景、环境条件、大气状况、仪器定标等因素的影响，因此，植被指数往往具有明显的地域性和时效性。20 多年来，国内外学者已研究发展了几十种不同的植被指数模型。大致可归纳为以下 3 类：

1. 比值植被指数(RVI)

由于可见光红波段(R)与近红外波段(NIR)对绿色植物的光谱响应十分不同，且具倒转关系，故两者简单的数值比能充分表达两反射率之间的差异。比值植被指数可表达为：

$$RVI = DN_{NIR}/DN_R \text{ 或 } RVI = \rho_{NIR}/\rho_R \tag{6-3}$$

式中，DN 代表近红外、红外波段图像的灰度值，ρ 为植被的反射率。

绿色植物叶绿素引起的红光吸收和叶肉组织引起的近红外强反射，使其在红光波段图像的灰度值与近红外波段图像的灰度值有较大的差异，RVI 值高。而对于无植被的地面包括裸土、人工特征物、水体以及枯死或受胁迫植被，因不显示这种特征的光谱响应，则 RVI 值低。因此，比值植被指数能增强植被与土壤背景之间的辐射差异。

土壤一般有近于 1 的比值，而植被则会表现出高于 2 的比值。可见，比值植被指数可提供植被反射的重要信息，是植被长势、丰度的度量方法之一。同理，可见光绿波段与红波段图像灰度值之比 G/R 也是有效的。比值植被可从多种遥感系统中得到，但主要用于 Landsat 的 MSS、TM 和气象卫星的 AVHRR。

2. 归一化植被指数(NDVI)

归一化植被指数 NDVI，又称标准化植被指数，其定义是近红外波段与可见光红波段图像灰度值之差和这两个波段图像灰度值之和的比值。即

$$NDVI = (DN_{NIR} - DN_R) / (DN_{NIR} + DN_R) \tag{6-4}$$

$$\text{或 } NDVI = (\rho_{NIR} - \rho_R) / (\rho_{NIR} + \rho_R) \tag{6-5}$$

式中，DN_{NIR} 代表近红外波段图像的辐射亮度值，DN_R 代表可见光红波段图像的辐射亮度值。归一化植被指数 NDVI，在使用遥感图像进行植被研究以及植物物候研究中得到广泛应用。它是植物生长状态以及植被空间分布密度的最佳指示因子，与植被分布密度呈线性相关。因此又被认为是反映生物量和植被监测的指标。

但是，NDVI 的一个缺陷在于对土壤背景的变化较为敏感。实验证明，当植被盖度小于 15%时，植被的 NDVI 值高于裸土的 NDVI 值，植被可以被检测出来，但若植被盖度很低时，如干旱、半干旱地区，其 NDVI 很难指示区域的植物生物量；当植被盖度达 25%～80%时，其 NDVI 值随植物量的增加呈线性迅速增加；当植被盖度大于 80%时，其 NDVI 值增加延缓而呈现饱和状态，对植被检测敏感度下降。

实验表明，作物生长初期 NDVI 将过高估计植被盖度，而在作物生长的结束季节，NDVI 值偏低。因此，NDVI 更适用于植被发育中期或中等覆盖度的植被检测。

3. 差值植被指数(DVI)

又称环境植被指数(EVI)，被定义为近红外波段与可见光红波段图像灰度值之差。即

$$DVI = DN_{NIR} - DN_R \tag{6-6}$$

差值植被指数的应用远不如RVI、NDVI应用广泛。它对土壤背景的变化极为敏感，有利于对植被生态环境的监测。另外，当植被覆盖浓密(大于80%)时，它对植被的灵敏度下降，适用于植被发育早—中期，或低—中覆盖度的植被检测。

目前在常见的Landsat TM遥感图像中，TM3(波长0.63~0.69μm)为红外波段，为叶绿素主要吸收波段；TM4(波长0.76~0.90μm)为近红外波段，对绿色植被的差异敏感，为植被通用波段。MODIS遥感图像中，其第一波段(0.62~0.67μm)、第二波段(0.841~0.876μm)分别是可见光红波段和近红外波段，可以用第一和第二波段计算植被指数。

6.3.2 植被指数图的制作

植被指数图的制作流程一般为：计算并生成植被指数图像文件、对植被指数图像文件进行非监督分类、分类重编码、制作植被指数专题图。

1. 计算并生成植被指数图像

在"Interpreter"模块中，选择"Spectral Enhancement"中的"Indices"菜单。弹出的对话框(图6.17(a))，在"Input File"中输入一幅TM图像，在"Output File"中输入生成的指数图像文件ndvi.img。选择传感器类型为Landsat TM，计算方法为"NDVI"，可以看到计算方法的具体表达式为"band4-band3 / band4 + band3"。选择数据输出类型，必须选择为Float型。单击"OK"后自动计算并生成植被指数图像，如图6.17(b)所示。

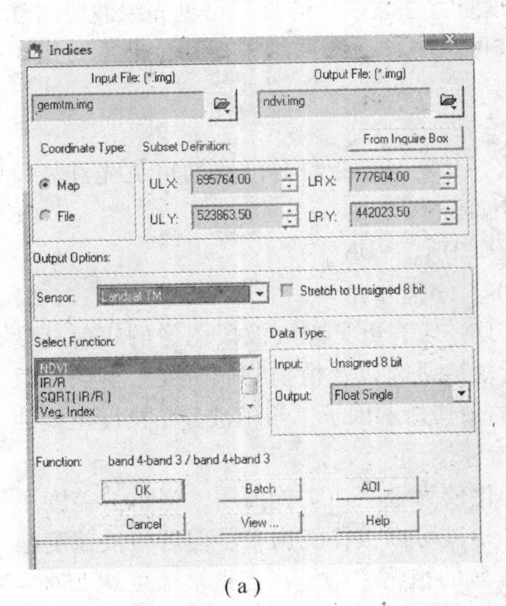

(a)

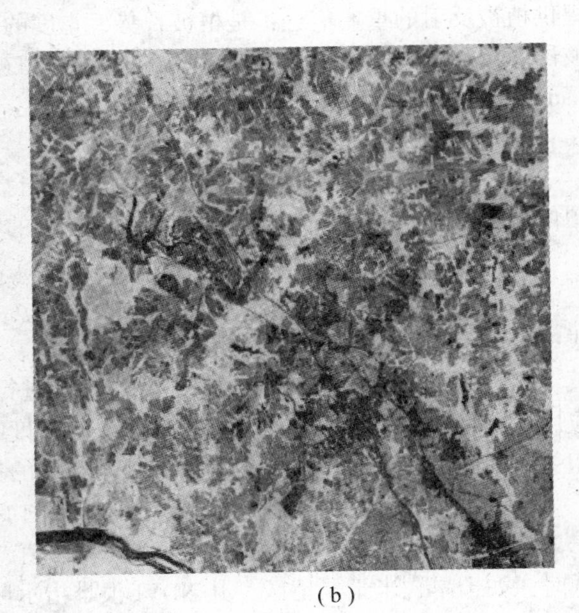
(b)

图6.17 生成植被指数影像

2. 对植被指数图像进行非监督分类

按照遥感图像非监督分类的步骤对ndvi.img进行非监督分类。确定输出文件为"ndvi_class.img"，确定初始聚类方法为"Initialize from Statistics"(按照图像统计值产生自由聚类），确定初始分类数为“10”，定义最大循环次数为“24”，设置循环收敛阈值为“0.95”，单击“OK”执行非监督分类，如图6.18(a)所示。聚类过程严格按照像元的光谱特征进行统计分类，因而所分的10类表示的植被覆盖率为0~10%，10%~20%，…，90%~100%，分类结果如图6.18(b)所示。

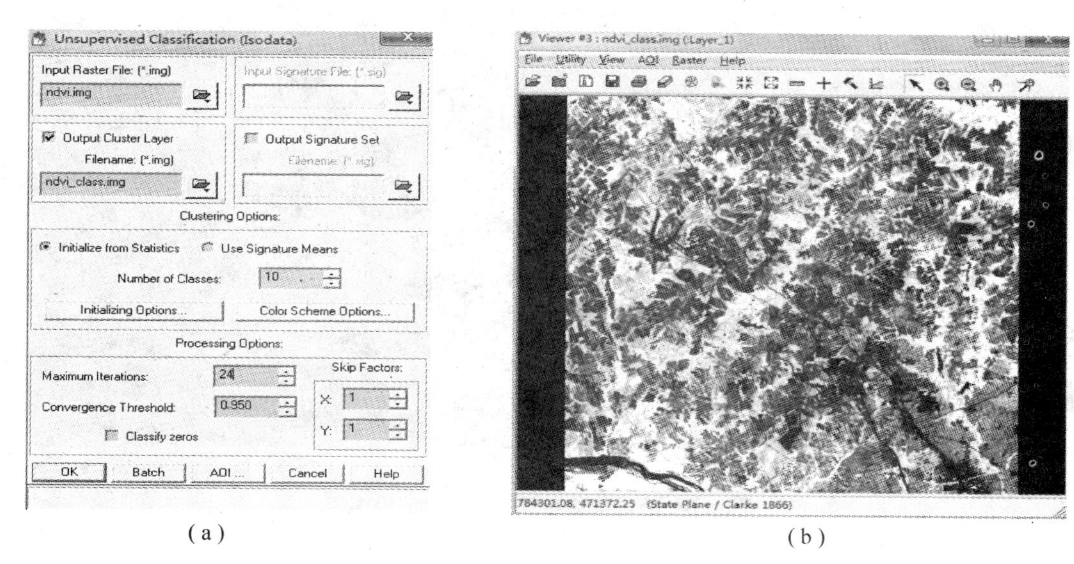

(a) (b)

图6.18 植被指数影像的非监督分类

3. 分类重编码

在“Interpreter”模块中，选择“GIS Analysis”中的“Recode”菜单，弹出分类重编码对话框，如图6.19(a)所示，输入文件为“ndvi_class.img”，输出文件为“ndvi_class_recode.img”。单击“Setup Recode”，把以上分类结果进行两两合并，改变New Value字段下的类型值，分成5类，如图6.19(b)所示，代表0~20%，20%~40%，40%~60%，60%~

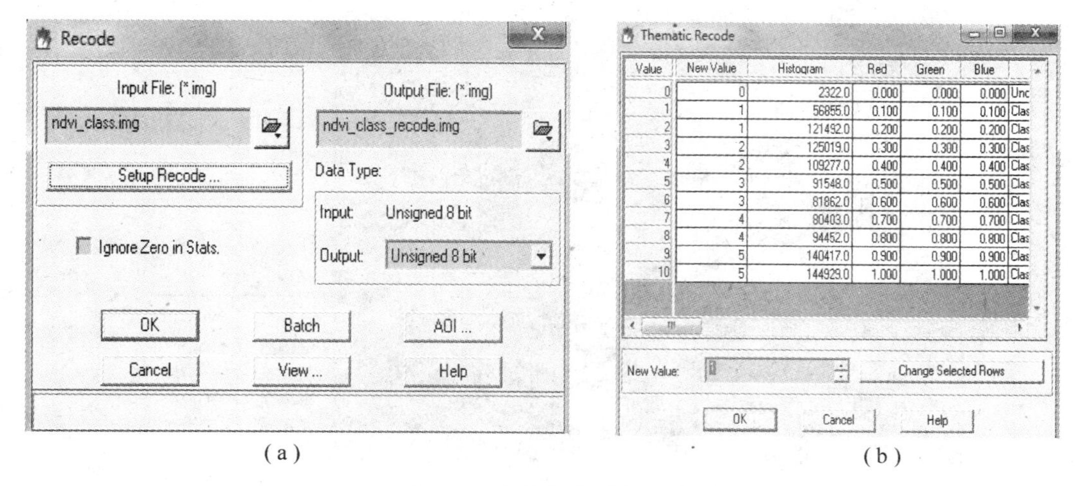

(a) (b)

图6.19 分类重编码参数设置

80%，80%~100%的植被覆盖度类型，然后在“Raster”菜单中的“Attribute”中将这5类赋予不同的颜色，如图6.20(a)所示，最后生成植被指数图，如图6.20(b)所示。

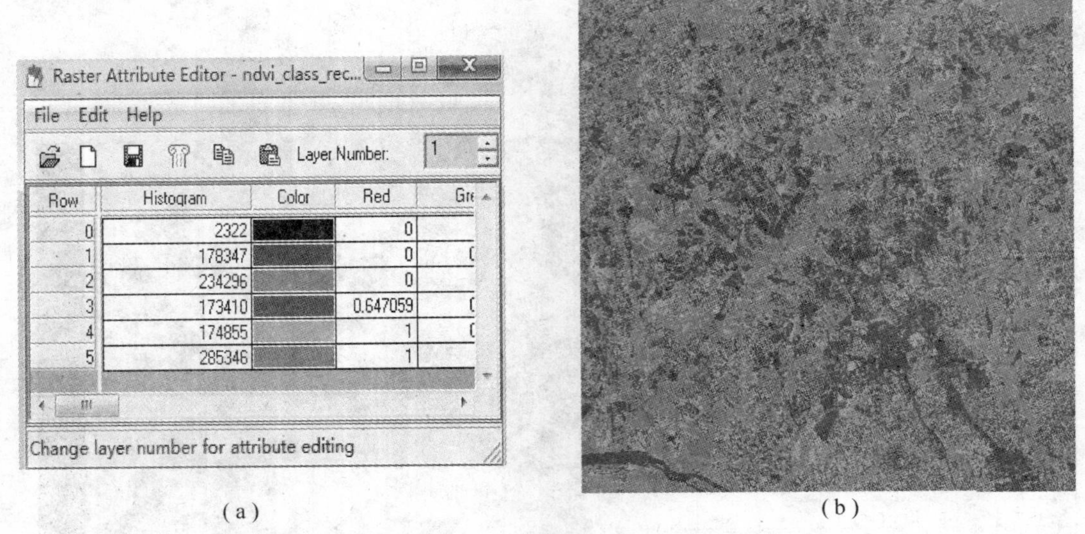

(a) (b)

图6.20 植被指数影像的分类重编码图

4. 制作植被指数专题图

在“Composer”模块中的“New Map Composition”菜单中实现植被指数专题图的制作，具体方法如前面任务一所述。其中主要是进行图例制作。打开图例基本参数设置对话框后，删除当前所有字段，并增加一个自定义字段，命名为“NDVI”。根据分类重编码的结果输入对应的植被覆盖率。最后将所对应的记录选中(黄色标识)，单击“Apply”，完成植被指数图的制作，如图6.21所示。

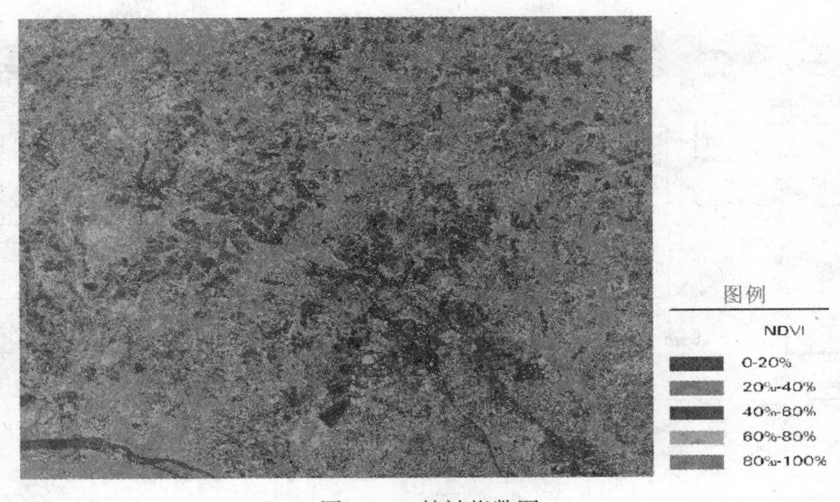

图6.21 植被指数图

6.4 三维景观图

6.4.1 三维景观图的概述

三维地形景观图(图 6.22(c))是采用透视学原理，将平面的地形图(图 6.22(b))投影到 DEM(图 6.22(a))模型上，通过调整光源的位置和强度，利用 DEM 模型的三维特性在视觉上产生立体效果，使人产生立体感，使地形图更直观、易读。

三维地形景观图具有很强的真实感和可读性，使地图的信息量更加丰富，可广泛地应用于山地、丘陵、沙漠等地域的各种工程规划和优化设计，可以在虚拟现实中进行模拟和实验，找出最佳方案，减少外业调查的费用。

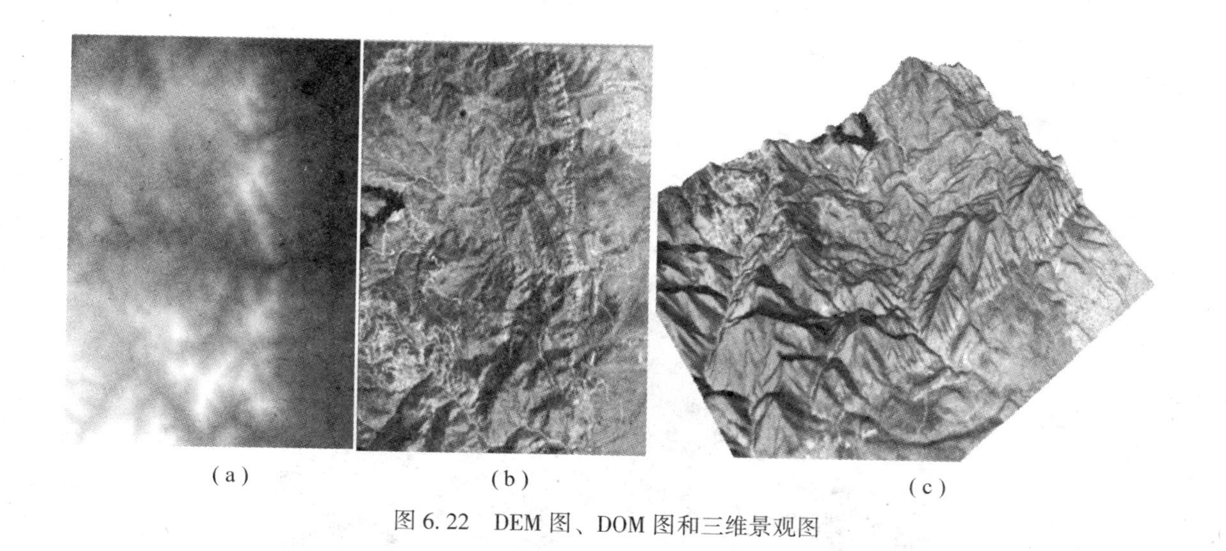

(a) (b) (c)

图 6.22 DEM 图、DOM 图和三维景观图

DEM 是数字高程模型(Digital Elevation Models)的英文缩写，数字高程模型是定义在 X、Y 域离散点(规则或不规则)的以高程表达地面起伏形态的数据集合。DEM 数据通过灰度晕渲，形成可视的地形形态。可以用于与高程分析有关的地貌形态分析，透视图、断面图制作以及坡度分析、土石方计算、表面积统计、通视条件分析、洪水淹没区分析等许多方面。

不论采用何种方法采集的 DEM 数据，为了制作三维地形景观图，其格式都需要转为 ERDAS 的 IMG 格式，这样才能在 ERDAS 的 VirtualGIS 模块中读取。

6.4.2 三维景观图的制作

制作三维景观图的步骤为：打开 DEM 数据、叠加 DOM 数据、设置场景属性、设置太阳光、设置 LOD、设置视点与视场。

1. 打开 DEM 数据

在 VirtualGIS 模块中选择“VirtualGIS Viewer”，在“File”菜单的“Open”子菜单中，选

择“DEM”，弹出“Select Layer To Add”对话框，如图6.23所示。在“File”选项卡中选择“DEM”，然后在“Raser Options”选项卡中，选择“DEM”。单击“OK”，DEM加载到VirtualGIS视窗中，如图6.24所示。

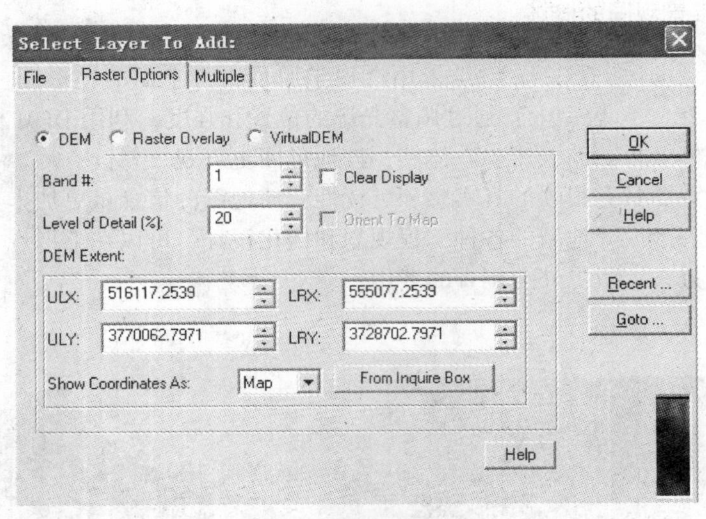

图6.23 “Select Layer To Add”对话框

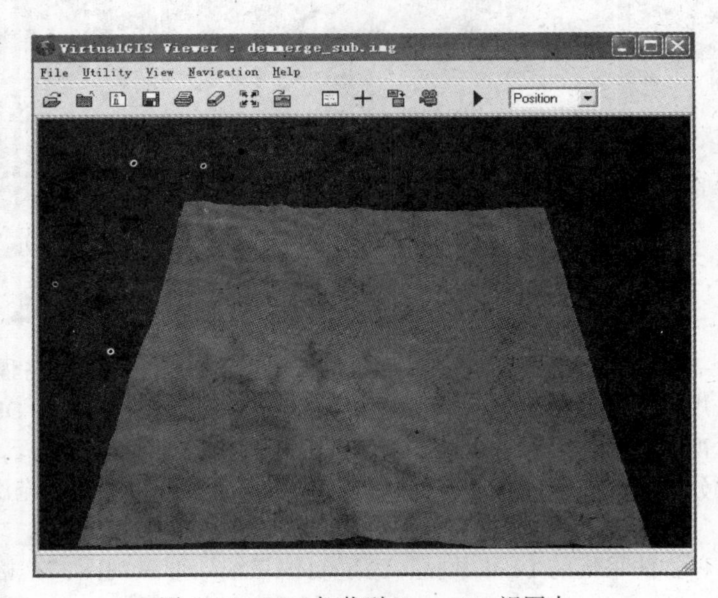

图6.24 DEM加载到VirtualGIS视图中

2. 叠加DOM数据

在打开DEM的基础上，叠加栅格图像文件。在“VirtualGIS Viewer”的“File”菜单中的“Open”子菜单中选择“Raster Layer”，弹出“Select Layer To Add”对话框，如图6.25所示。在“File”选项卡中选择“DOM”文件，然后在“Raser Option”选项卡中，选择“Raster

Overlay”，表示将 DOM 叠加到 DEM 上显示。单击“OK”按钮，DOM 加载到 VirtualGIS 视窗中并叠加在 DEM 上显示，如图 6.26 所示。

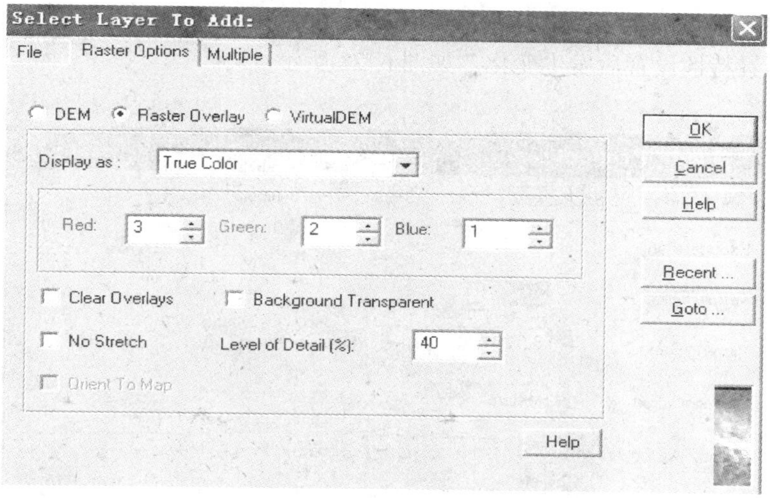

图 6.25 “Select Layer To Add”对话框

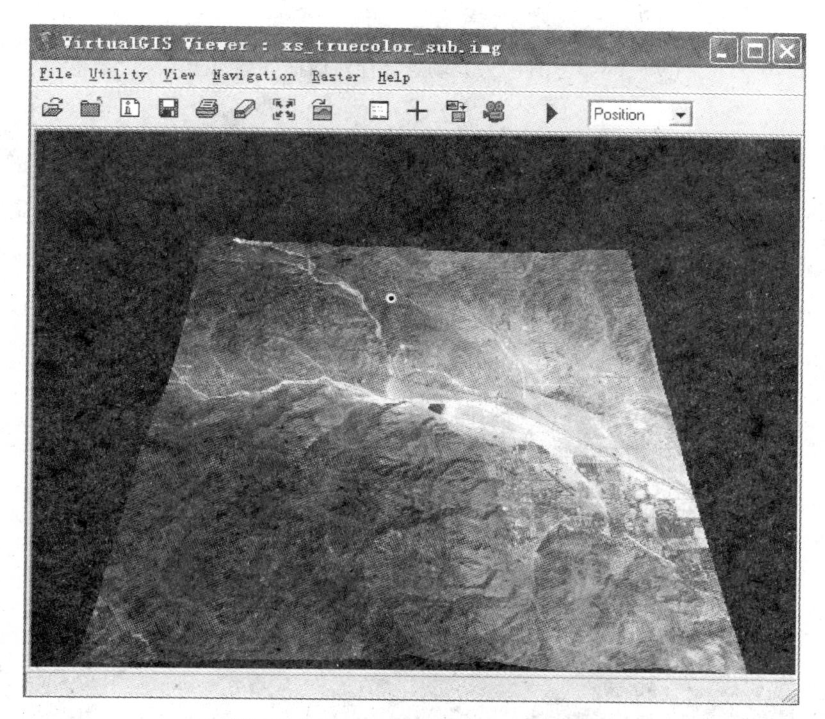

图 6.26 DOM 加载到 DEM 上显示

3. 设置场景特性

场景特性设置包括 DEM 显示特性、雾特性、背景特性、漫游特性、立体显示特性和注记符号特性等。

在“VirtualGIS Viewer”的“View”菜单中选择“Scene Properties”子菜单，弹出的场景特性对话框，如图6.27所示。DEM特性包括高程夸张系数、地形颜色、可视范围和单位等。设置高程夸张系数为5，设置背景颜色为蓝色，其他参数为默认。单击“Apply”后，三维景观的场景特性设置后发生变化，如图6.28所示。

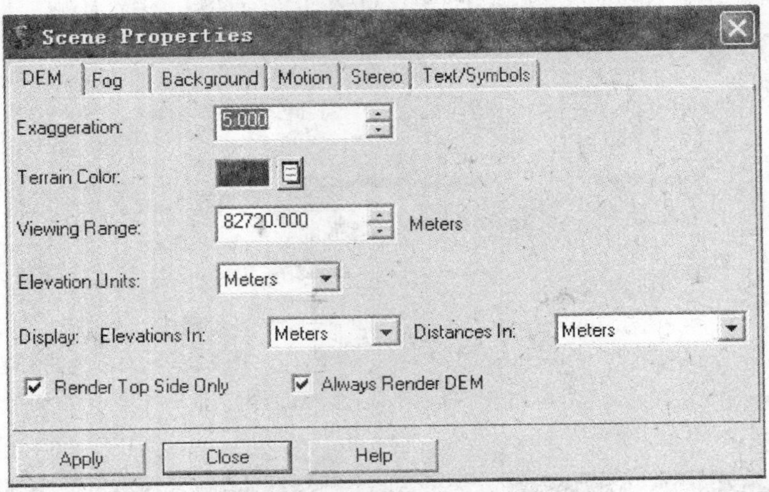

图6.27　场景特性对话框

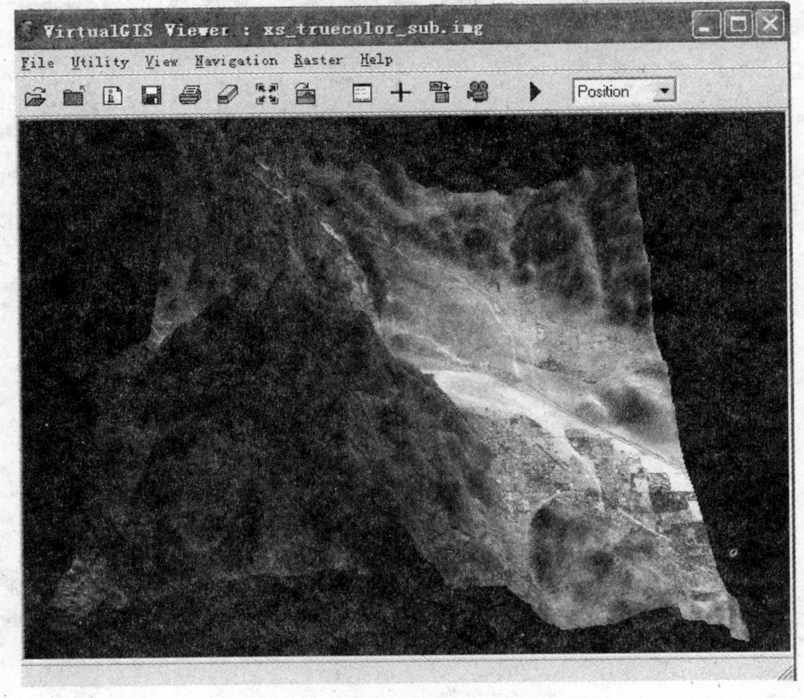

图6.28　场景特性设置后的三维景观

4. 设置太阳光

设置太阳光包括设置太阳方位角(Azimuth)、太阳高度角(Elevation)和光照强度(Ambience)等参数。这些参数可以直接由用户指定，其中太阳方位角还可以通过时间和地点由系统计算得到。

在"VirtualGIS Viewer"的"View"菜单中选择"Sun Positioning"子菜单，弹出太阳光设置对话框，如图 6.29 所示。将"Use Lighting"和"Auto Apply"勾选，则参数设置的结果即刻应用于三维场景中。单击"Advance"按钮，弹出通过时间和位置设置太阳高度角的对话框如图 6.30 所示，例如，输入 2015 年 5 月 1 日 12：00，北纬 25°52′31.5″、东经 102°35′00.03″。观察 VirtualGIS 视图中的三维场景发生的变化。

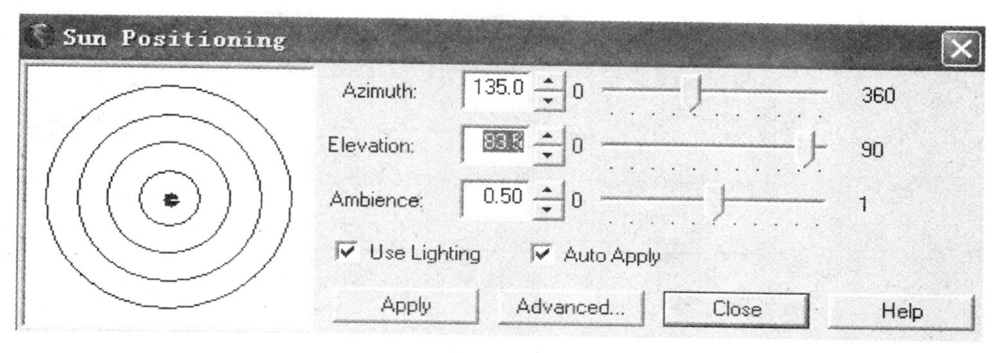

图 6.29　设置太阳光对话框

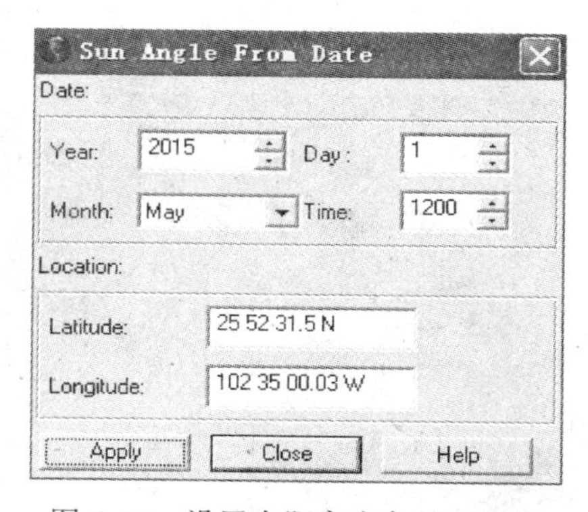

图 6.30　设置太阳高度角的对话框

5. 设置 LOD

显示三维场景的详细程度，可以根据对场景质量和显示速度的需要进行调整，包括 DEM LOD 和 DOM LOD。

在"VirtualGIS Viewer"的"View"菜单中选择"Level of Detail Control"子菜单，分别调整 DEM 和 DOM 的 LOD 值为"100%"和"10%"，分别如图 6.31 和图 6.32 所示，详细程度为 100%的三维场景比 10%的情况下细节显示更为清晰，如图 6.33 和图 6.34 所示。

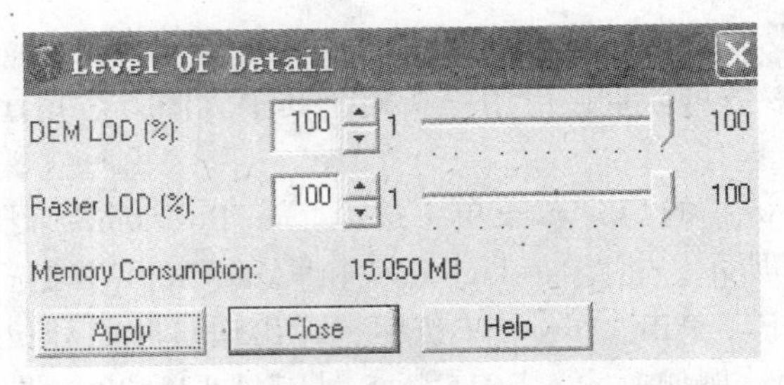

图 6.31 LOD 设置对话框(100%详细程度)

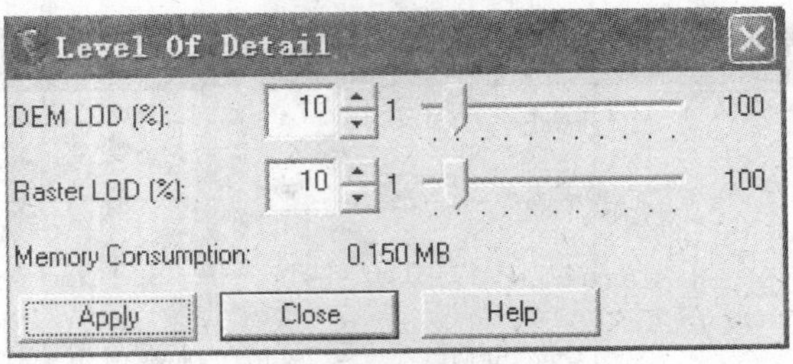

图 6.32 LOD 设置对话框(10%详细程度)

图 6.33 100%详细程度对应的三维场景

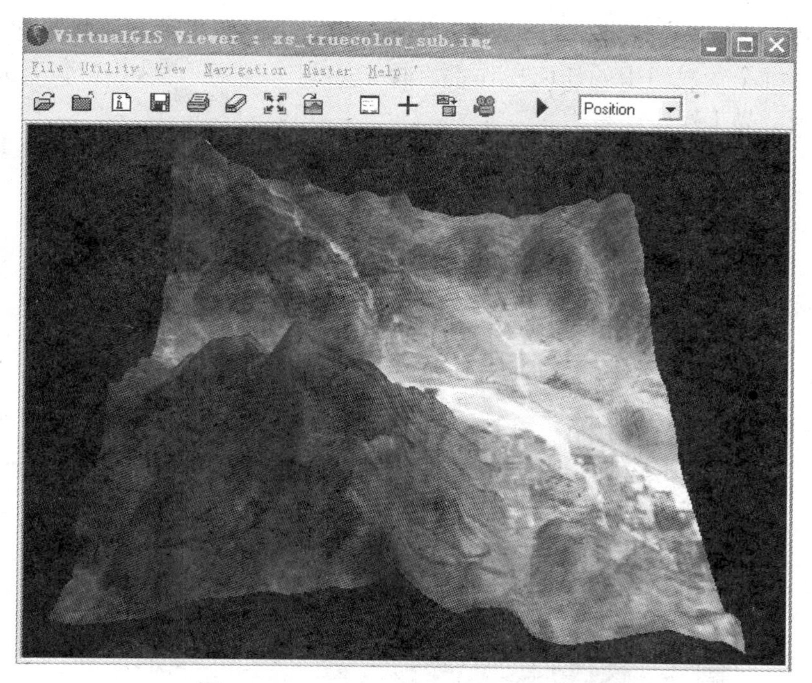

图 6.34 10%详细程度对应的三维场景

6. 设置视点

视点的设置有两种方式，一种是利用二维全景视窗，另一种是利用视点编辑器进行。

在“VirtualGIS Viewer”的“View”菜单中选择“Create Overview Viewer”子菜单，弹出二维全景视图，如图 6.35 所示。在二维全景视图中，包含三维场景的二维平面图、视点、观察目标和连接视点到观察目标的视线。可以通过对视点与观察目标的拾取进行位置的任

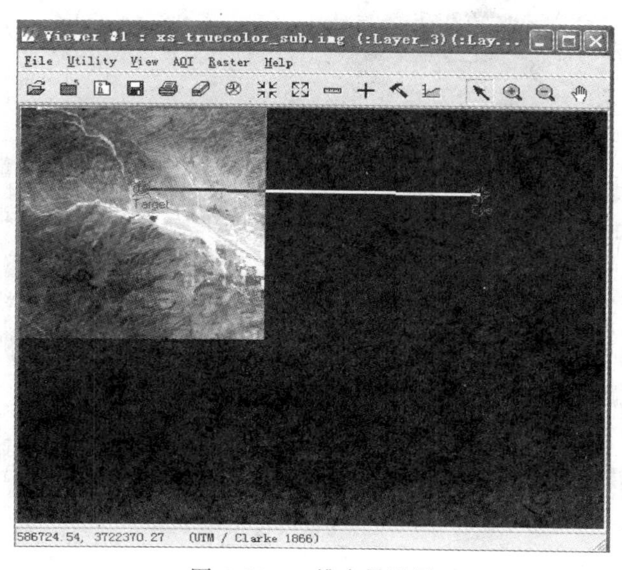

图 6.35 二维全景视图

意移动，如图 6.36 所示。由于二维全景视图与 VirtualGIS 视图的三维场景建立了相互连接关系，在二维全景视图中的任何操作都直接影响到三维场景，如图 6.37 所示。因此，效果非常直观，易于操作。

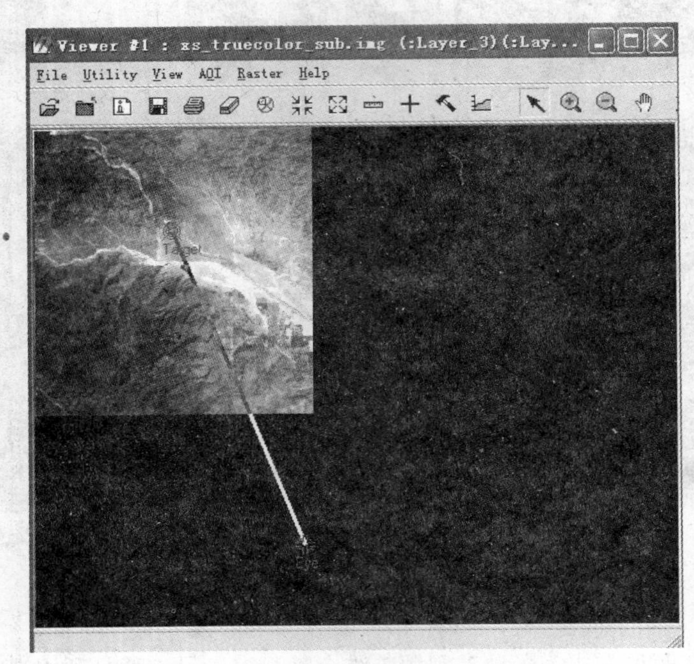

图 6.36 改变二维全景视窗中的视点位置

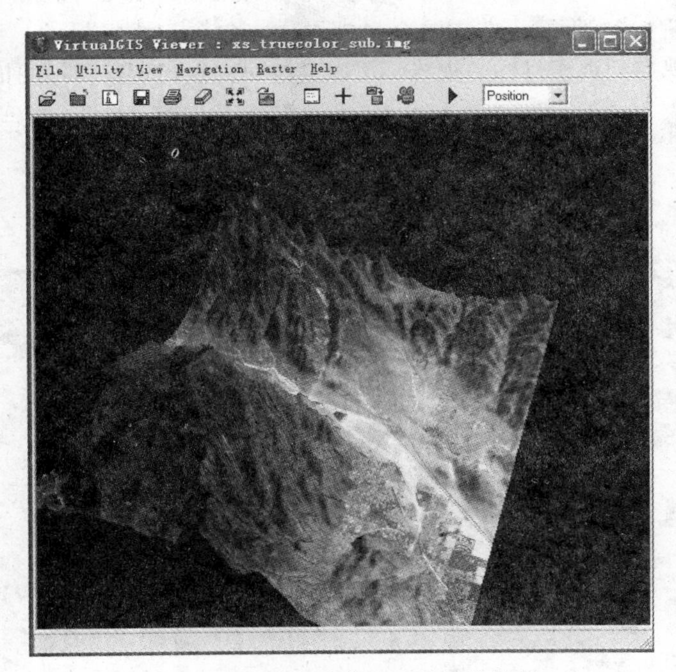

图 6.37 改变视点位置后的三维景观

在“VirtualGIS Viewer”的“Navigation”菜单中选择“Position Editor”子菜单，弹出视点编辑对话框，如图 6.38 所示。视点位置包括平面位置 XY、高度位置 AGL(地平面高度)、ASL(海平面高度)。视点方向包括视场角(FOV)、俯视角(Pitch)、方位角(Azimuth)和旋转角(Roll)。二维剖面示意图中的红色射线段为视线，可以被拾取拖动，两条绿色射线构成视场角，底部绿色区域代表三维场景区域。改变视点位置和视点方向的参数，二维剖面示意图和三维场景都相应地发生变化，如图 6.39 所示。

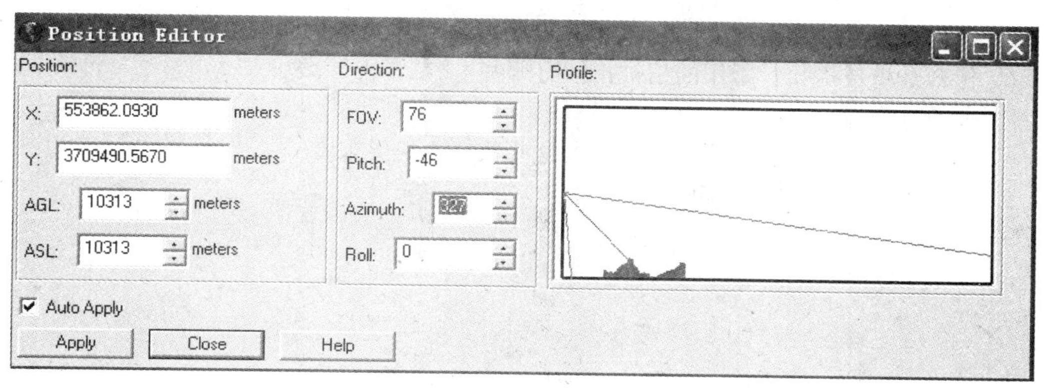

图 6.38 视点编辑对话框

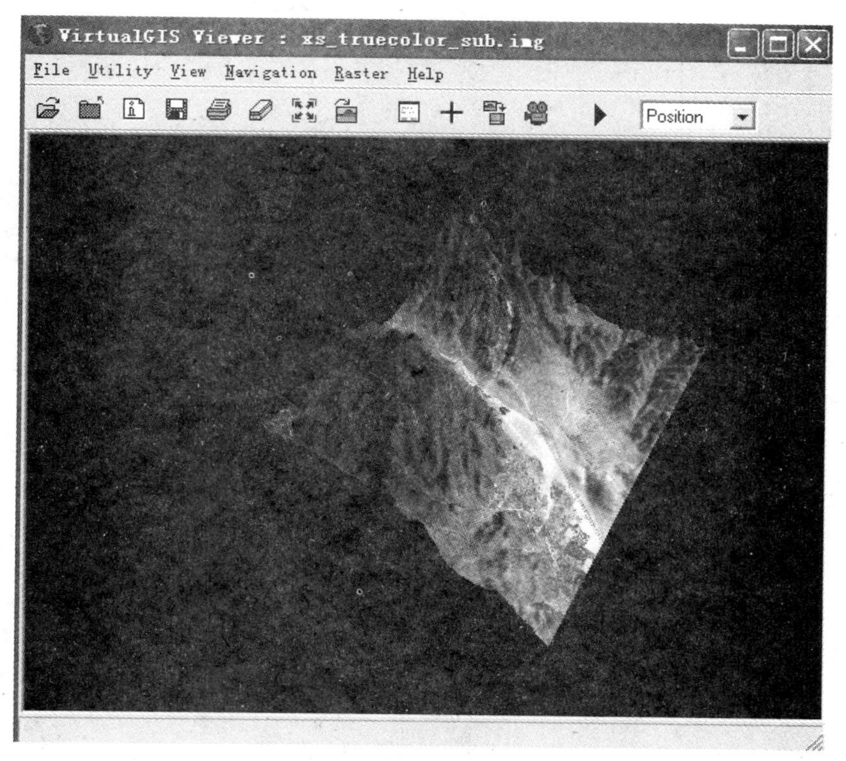

图 6.39 视点编辑后的三维场景

习题与思考题

1 遥感影像地图包括哪些要素？
2. 如何制作遥感影像地图？
3. 土地利用图是如何分级的？
4. 哪些遥感影像适合制作土地利用现状图？
5. 如何制作土地利用现状图？
6. 什么是植被指数？常用的植被指数有哪些？
7. 如何制作植被指数图？有什么意义？
8. 制作三维景观图需要哪些数据？对这些数据有何要求？
9. 三维景观图的质量与哪些因素有关？

参考文献

[1]党安荣，王晓栋，陈晓峰，等. ERDAS IMAGINE 遥感图像处理方法[M]. 北京：清华大学出版社，2003.

[2]梅安新，彭望禄，秦其明，等. 遥感导论[M]. 北京：高等教育出版社，2006.

[3]王敏. 摄影测量与遥感[M]. 武汉：武汉大学出版社，2011.

[4]吴华玲，王坤. 遥感测量[M]. 郑州：黄河水利出版社，2012.

[5]陈国平. 摄影测量与遥感实验教程[M]. 武汉：武汉大学出版社，2014.

[6]张占睦，芮杰. 遥感技术基础[M]. 北京：科学出版社，2007.

[7]闫利. 遥感图像处理实验教程[M]. 武汉：武汉大学出版社，2009.

[8]尹占娥. 现代遥感导论[M]. 北京：科学出版社，2008.

[9]奥勇，王小峰. 遥感原理及遥感图像处理实验教程[M]. 北京：北京邮电大学出版社，2009.

[10]李德仁. 摄影测量与遥感概论[M]. 北京：测绘出版社，2008.

[11]梅安新. 遥感导论[M]. 北京：高等教育出版社，2002.

[12] 杨昕. ERDAS 遥感数字图像处理实验教程[M]. 北京：科学出版社，2009.

[13] 韦玉春. 遥感数字图像处理教程[M]. 北京：科学出版社，2008.

[14] 孙家抦. 遥感原理与应用[M]. 第三版. 武汉：武汉大学出版社，2013.